易学快修家电丛书

易学快修空调器

张新德　张新春　等编著

机械工业出版社

本书以易学快修为主线，突出维修现场，从维修现场的硬件筹备、维修现场的知识储备到维修现场的分步操作，通过“第一现场”形式分章进行讲述。书中首先讲解空调器（变频）维修现场选址、工具的选用操作、上门维修操作和开业指导，再讲解空调器电子技术基础、工作原理概述、元器件功能和维修方法。通过以上两章的学习，广大空调器维修人员从事实际维修的准备工作已经就绪，进入实习演练阶段。此时再分三步结合维修现场和案例展示，书中将空调器现场维修操作分解成详细说明和演练，使空调器维修的理论知识与具体维修操作直观结合，以期达到筹备指导、分步进行、快速推进、现场示范空调器维修的目的。书末还介绍了空调器资料查阅和易学快修维修经验总结，供广大读者日常参考。本书读者对象为电器维修实习学员、技师学院师生、职业技术学校师生、上门及坐店维修学徒工、售后维修人员、社区家电维修服务人员，另外本书也可作为职业学院实习参考教材。

图书在版编目（CIP）数据

易学快修空调器/张新德等编著. —北京：机械工业出版社，2018.4

（易学快修家电丛书）

ISBN 978-7-111-59475-8

Ⅰ.①易… Ⅱ.①张… Ⅲ.①空气调节器-维修 Ⅳ.①TM925.120.7

中国版本图书馆 CIP 数据核字（2018）第 056589 号

机械工业出版社（北京市百万庄大街 22 号 邮政编码 100037）

策划编辑：张俊红 责任编辑：吕 潇 责任校对：王 延

封面设计：路恩中 责任印制：张 博

三河市国英印务有限公司印刷

2018 年 5 月第 1 版第 1 次印刷

145mm×210mm · 9.375 印张 · 264 千字

标准书号：ISBN 978-7-111-59475-8

定价：30.00 元

凡购本书，如有缺页、倒页、脱页，由本社发行部调换

电话服务	网络服务
服务咨询热线：010-88361066	机 工 官 网：www.cmpbook.com
读者购书热线：010-68326294	机 工 官 博：weibo.com/cmp1952
010-88379203	金 书 网：www.golden-book.com
封面无防伪标均为盗版	教育服务网：www.cmpedu.com

前 言

我国电子设备装配调试人员、电子产品维修人员等职业资格证的取消，为广大的从业人员提供了更为广阔的从业机会，同时也需要广大的从业人员具备真正实在的操作维修能力。要学到这些技能，到维修现场去学习维修操作技能则是一种简单直观、快速见效的学习方式，也是理论与实践相结合，学以致用、用以促学的重要环节。许多学电子技术的学员理论知识学了很多，但到实践中却感到力不从心，其原因就在于所学理论与实践是脱离的，没有将理论知识与实践操作完美结合。将所学理论知识与实践通过现场教学的模式进行结合是将理论知识与实践经验进一步结合的有效模式，也是广大学员实习作业的重要一环。

鉴于此，我们组织策划了“易学快修家电丛书”。通过快学快修的方式，将安装（需要安装的电器才涉及安装内容）维修技能快速直观地呈现给广大读者，将电器维修的硬件筹备、知识储备、现场分步操作等知识点和操作要领集成于一书，手把手地将现场一线维修操作教给广大读者。使广大读者阅读时有如临维修现场手把手的感觉，同时也能获得一线维修案例的操作要领。希望本套丛书的出版能将电器维修理论与电器维修实践在一线现场快速呈现，同时也为广大的电器维修实习学员带来切实有效的帮助。

本套丛书的特点：

1）理论实践结合，突出易学快修理念。

2）直观示范性讲解，精选一线维修案例。

3）随修随记维修心得，授人以渔维修指导。

《易学快修空调器》是丛书之一，本书从空调器维修现场的硬件筹备、维修现场的知识储备到维修现场的分步操作均做了详细介绍。全书突出循序渐进的讲解模式，体现理论与实践相结合的方式，呈现

维修现场学技能的直观性和时效性，将空调器维修从开店指导、理念知识到现场操作一一进行解说。让广大实习学员快速入门和提高，弄通实操基础，掌握现场维修实操方法和技能，以弥补空调器维修职业技术实习学员、维修店学徒、自学维修人员现场维修类参考书目过少的不足。

本书在编写和出版过程中，得到了出版社领导和编辑的热情支持和帮助，张新春、张新德、张泽宁、刘淑华、张利平、陈金桂、罗小姣、张云坤、王光玉、王娇、刘桂华、张美兰、周志英、刘玉华、王灿等同志也参加了部分内容的编写。值此出版之际，向这些领导、编辑和本书所列空调器生产厂家及其技术资料编写人员和维修同仁一并表示衷心感谢！

由于作者水平有限，书中不妥之处在所难免，敬请广大读者批评指正。

编著者

目 录

第一章 易学快修的硬件筹备

第一节　门店选址指导

目前市面上维修场地大多采用门店的形式，有些公司化的维修场地则采用公寓或住房的形式，维修场地选址主要是针对门店的选址。维修场地选址是一项科学而缜密的工作，前期往往需要做出大量的市场调查和分析，科学地做出选择。不要错误的认为门店选址是一件小事，很多店铺经营失败都和选址不当多多少少有点关系，甚至有直接的关系。

空调器因体积较大，管道和配件较多，同时需要清洗、加制冷剂等与其他电器不同的维修操作，因此空调器维修现场需要较大的门店或住房空间。空调器维修场地应选用 $20m^2$ 以上的门店或 $60m^2$ 以上住房作为维修场地，且门店外面应有足够的空坪作为清洗、拆机和加制冷剂的场地。如图 1-1 所示。

图 1-1　维修场地选址参考

若选用住房作为现场维修场地，则应选用电梯房或低楼层的楼梯房作为维修场地较为理想。因为空调器体积大，质量大，搬动起来需要较大的体力，因此选用电梯房，通过电梯运输可减少人力消耗，也方便消费者上门维修。若采用电梯房作为现场维修场地，还要考虑电梯房的阳台和厕所，应选大阳台和大厕所的电梯房，半密封式阳台是最好，方便拆机加制冷剂操作，空调器的清洗则放在电梯房的厕所内进行。

维修场地的选址，首先是要注意门店或住房附近一定要有足够的人流量和密集的住宅区，交通一定要便利，一个交通不便利的地方，生意是很难做的。门店或住房的位置离公交站点，地铁站点越近越好，因为公交站点和地铁站点汇聚人流，你的门店才会备受关注。

说到具体的门店选址位置，空调维修特别适用“角”上或“边”上的铺位，这些地段作为维修场地往往是不错的，一是这些门店的外部场地宽，二是街角汇聚四方人流，人们要立足的时间长，因而街角门店因人流多必带来财气旺。而用住房或写字楼作为维修场地，则选用有点名气的住宅小区或写字楼较为合适，因为这些住宅小区或写字楼容易让顾客找到维修点，便于顾客送货上门。

门店选址还要考虑目标人群，若以安装空调为主，则选住宅新区的住户作为目标人群；若以维修空调为主，则选用密集的住宅老区住户作为目标人群，因为老区的空调大多使用了一定的年数了，到了空调的故障多发期，维修的工作量自然要大些，也是门店选址的重要目标参数。

门店选址不可只考虑位置和目标人群。还要考虑竞争环境位置。如果周围有几家相同的店，那么，作为空调维修现场来说就不是特别理想的位置，除非你的技术超群，可以让你的对手自动退出。

最后就是现场维修门店或住房的租金和户型的选择，租金当然是同面积越低越好，而户型则应选择带卫生间的、带阁楼或单间住房的较为理想。卫生间便于清洗空调器，阁楼则使用收纳多余的维修配件和主机，单间住房便于夜间维修和中午休息。维修空调器需要水电设施齐全的住房或门店，这是最基本的要求。

现场维修门店的的阴阳面也很重要。在北方，顾客喜欢在街道的阳面走，阴面的客流较小。而南方则是冬天顾客喜欢在街道的阳面走，夏天则喜欢在街道的阴面走。对商家来说，同样的租金，阴面和

阳面的门店，营业额却相差两倍的都有，尽量在最聚客的地方或其附近开店。因为店址差一步就会差三成买卖，这与人流动线有关，顾客可能走到这就拐弯了，所以选址时要考虑人流动线会不会被竞争对手截住。

第二节　维修工作台的选用及注意事项

人体是最为常见的静电源，人在活动中都会产生静电，人在干燥环境中活动所产生的静电可达几千伏到几万伏，而大部分电子器件所能承受的静电破坏电压都在几百至几千伏，例如：肖特基二极管静电破坏电压为300~3000V；双极性晶体管静电破坏电压为380~7000V；石英压电晶体小于10000V。因此，对人体的静电防护是最为重要的。

最有效的防静电措施是让人体与大地相“连接”，保持同电位。具体的解决办法有戴防静电手腕环或脚腕环、穿防静电鞋、防静电服、敷设专用的防静电线路，有条件的在地上敷设防静电地板等。广大的电子维修工作者受条件的限制，无法参照大公司大厂家规范的做法，下面介绍一种简单可行的防静电检测工作台的选用及注意事项。

★一、防静电检测工作台的选用及注意事项

防静电工作台是由防静电台垫、接地扣、L形接地插座、防静电手环和接地线、防静电手套和带接地线电烙铁等组成，如图1-2所示。

1. 防静电台垫

防静电台垫又称绝缘胶板，主要用导静电材料、静电耗散材料及合成橡胶等通过多种工艺制作而成。产品一般为两层结构，表面层为静电耗散层，底层为导电层。防静电台垫可以释放人体静电，使人体与台面上的ESD（静电释放）镊子、工具、器具、仪表等达到均一的电位使静电敏感器件（SSD）不受静电放电现象产生的干扰，从而达到静电防护的效果。

防静电台垫最好不要直接接触高温，电烙铁不用时应置于烙铁支架上，避免温度过高烫坏台垫。

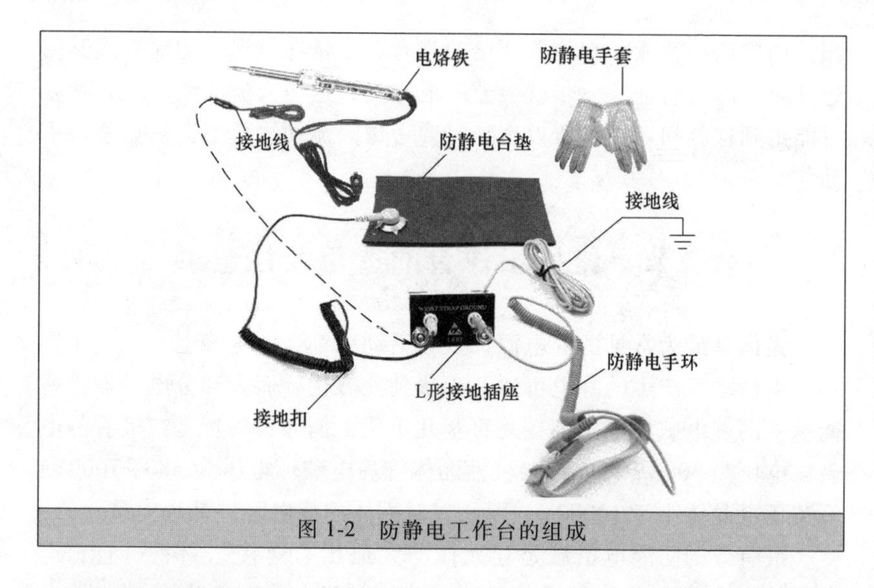

图 1-2 防静电工作台的组成

2. 接地扣

防静电接地线采用 PVC 及 PU 原料制成，弹性好，配有爪钉，方便直接安装于台垫上，安装方法如图 1-3 所示。

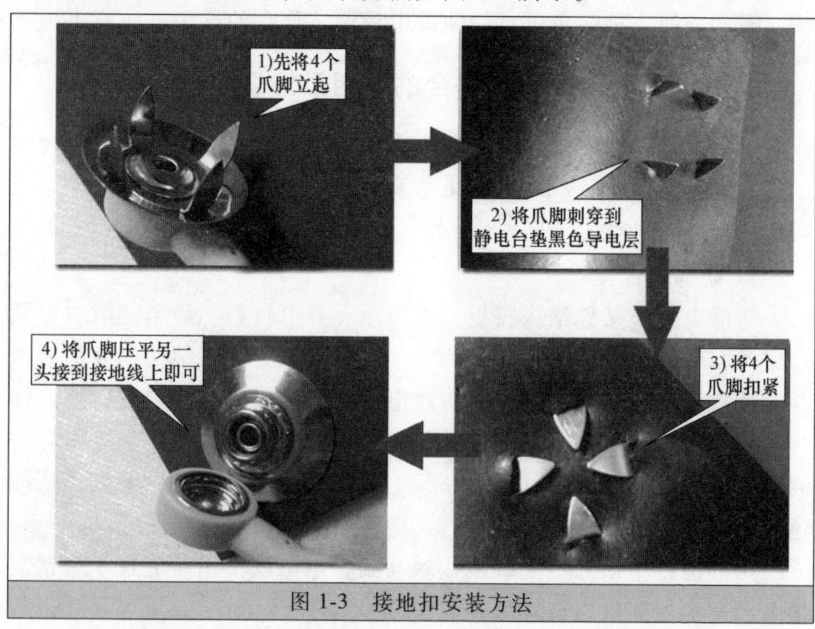

图 1-3 接地扣安装方法

接地线另一端配有香蕉头和鳄鱼夹，方便插入接地插座和直接夹住接地线。注意接地线应与电源线分开，禁止将市电电源地线直接与防静电工作台面地线连接。

3. L 形接地插座

接地插座与手腕带/接地扣等配合使用，手腕带与接地扣的拔掉一端的鳄鱼夹突出的端子插入孔内有效接地。接地插座可安装在工作台及方便接地处。

4. 防静电手环

防静电手环是一种配戴于人体手腕上，泄放人体聚积静电电荷的器件。它分为有线型、无线型，有金属环和橡筋导电丝混编环。使用防静电手环可有效保护零阻件，免于受静电之干扰，用以泄放人体的静电。它由防静电松紧带、活动按扣、弹簧软线、保护电阻及夹头组成。松紧带的内层用防静电纱线编织，外层用普通纱线编织。

防静电有线手环的原理是通过腕带及接地线将人体的静电导到大地。使用时腕带与皮肤接触，并确保接地线直接接地，这样才能发挥最大功效。戴上这种防静电腕带，可以在 0.1s 时间内安全地除去人体内产生的静电，接地手腕带是防静电装备中最基本的，也是最为普遍使用的。

使用防静电手环应注意，必须与皮肤直接接触，并确保接地线有效接地，或必须与台垫连接好，这样才能发挥最大的功效。

5. 接地线

接地线的一端接 L 形接地插座，一端与大地相连，一般用截面大于 $16cm^2$ 的金属，埋于湿地 1m 以下，并引出接线端作地端。

6. 防静电手套

防静电手套通常采用防滑、抗 ESD 材料制成。它具有减少静电电荷产生、积累的特性。防静电手套的主要作用是在对电器的拆装或元器件的检测过程中，防止人体产生的静电对电子元器件可能造成的损害，另外还可防止金属部件对维修操作人员双手的伤害。修理中用手拿半导体元器件尤其是集成电路和 MOS 管时，一定要戴上防静电手套。

使用防静电手套应注意以下事项：

1）防静电手套不具有耐高温和绝缘性能。不得用于高温作业场所，绝对不允许作为绝缘手套使用。

2）防静电手套一旦受到割破，会影响防护效果，请勿使用。

3）防静电手套在储存时应保持通风干燥，防止受潮、发霉。

4）使用防静电手套过程中，禁止接触腐蚀性物质。

7. 带接地线电烙铁

大多数维修人员所用电烙铁的电源线插头均为二芯插头，无接地线，这样很不安全，容易损坏集成电路、发光二极管等元器件。改正措施是，应将电烙铁金属头部用导线接地，以防烙铁头漏电，损伤电子元器件。

使用电烙铁进行焊接工作时，应将电烙铁的接地端子与防静电工作台的L形接地扣插座相连。

对于三芯电源线插头的电烙铁，也应检查电源插座内是否有可靠的接地线，以防接地线虚设。

★二、维修测试模块的选用及注意事项

维修测试模块在维修时用来检测交、直流电路的工作电压、电流、波形信号，以及元器件的电阻值、晶体管的一般参数和放大器的增益等。通常维修测试模块是由数字万用表、指针式万用表、示波器等仪器组成，如图1-4所示。

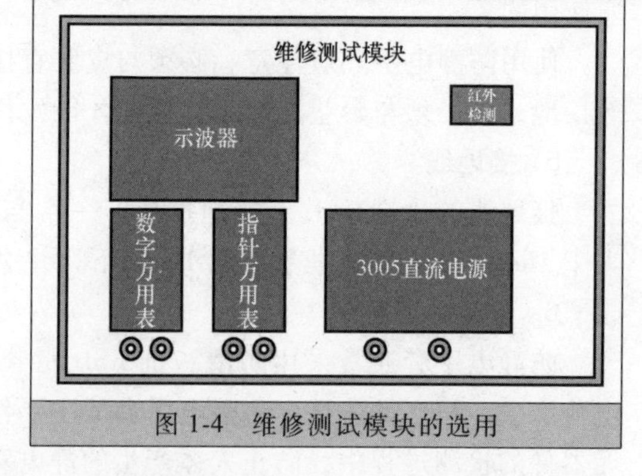

图1-4　维修测试模块的选用

使用测试模块测试电子电路时应熟练掌握万用表的使用方法，严格按照仪器的相应操作规程进行检测操作。不正确的检测方法会给设备、元器件和仪表造成损坏。带电测量过程中应注意防止发生短路和触电事故。

★三、焊接工具模块的选用及注意事项

焊接工具模块在检修时用来对电子电路故障元器件进行补焊、拆焊等。通常焊接工具模块是由热风枪、风枪温度表、电烙铁和电烙铁温度表组成，如图 1-5 所示。

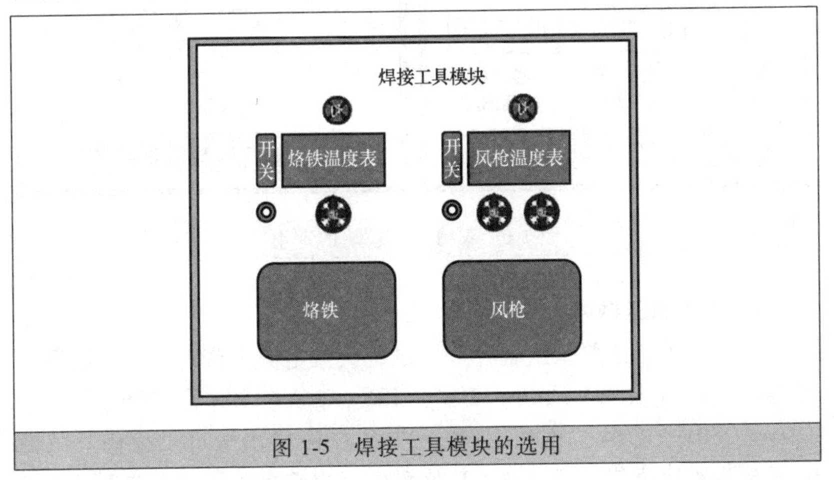

图 1-5　焊接工具模块的选用

使用焊接工具时应注意以下事项：

1）选用合适的焊锡，应选用焊接电子元器件用的低熔点焊锡丝。

2）助焊剂，用 25%的松香溶解在 75%的酒精（重量比）中作为助焊剂。

3）焊接时间不宜过长，否则容易烫坏元器件，必要时可用镊子夹住引脚帮助散热。

4）集成电路应最后焊接，电烙铁要可靠接地，或断电后利用余热焊接。或者使用集成电路专用插座，焊好插座后再把集成电路插上去。

5）焊接完成后，要用酒精把线路板上残余的助焊剂清洗干净，以防炭化后的助焊剂影响电路正常工作。

6）电烙铁不能随意放置，应放在烙铁架上。

★四、维修电源模块的选用及注意事项

一般的维修电源应该包括交流调压器、直流调压器和直流高压等

多种电压输出，如图 1-6 所示。

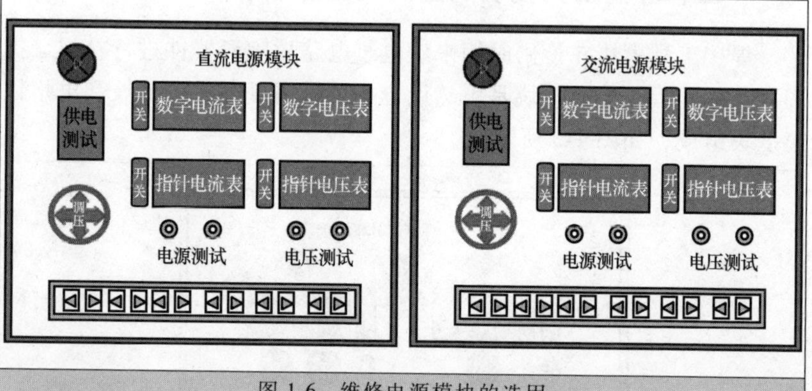

图 1-6　维修电源模块的选用

1. 交流调压器

交流调压器主要供给各种电子设备交流电源维修时使用，电源变压器二次侧有 3V、6V、10V、20V、36V、85V、120V、180V、220V、250V、270V。例如，180～270V 交流输出端可供检修与电源电压有关的软故障，同时亦可检修彩电对交流电压的适应范围。又例如，36V/50Hz 交流电源可并接电话机输入线代替程控机输出的交流振铃信号，供检修响铃电路。再例如，变压器二次侧的 220V，可检修空调开关电源，此时变压器变比为 1∶1，起隔离作用。

2. 直流调压器

直流调压器能提供 1.5～30V 可调直流电压，可用于检修电路板，也可作为直流 30V 以下各种电子仪器的电源。又例如提供电压可调的双电源，可用于一切具有双电源的电子仪器检修时使用。再例如，提供 90～120V 可调的直流电压，可作为各种空调主板的维修电源。

3. 直流高压

直流高压可提供直流 3000V 以上的电压，用以检测电容器的耐压及其性能好坏，例如检修电磁炉等设备。

需要注意的是，如果以上功能都是使用一个变压器，由于接地点不一样，所以不能同时使用于一个电路，用了隔离交流就不能在同一电路中同时再使用直流稳压，双电源也不能与直流稳压同时使用。还

有就是实际维修操作中，应按待修设备的额定电压接入相应的维修电源，严禁将“高压”接入直流低压设备，例如将维修电源的“高压”接入空调主板，这样的话会造成严重烧坏空调的后果。

★五、信号发生模块的选用及注意事项

信号发生模块一般可分为低频信号发生器、高频信号发生器、函数发生器、脉冲信号发生器、频率合成式信号发生器等。

1）低频信号发生器。包括音频（200～20000Hz）和视频（1Hz～10MHz）范围的正弦波发生器。主振级一般用RC式振荡器，也可用差频振荡器。为便于测试系统的频率特性，要求输出幅频特性平和波形失真小。

2）高频信号发生器。频率为100kHz～30MHz的高频、30～300MHz的甚高频信号发生器，300MHz以上超高信号源。一般采用LC调谐式振荡器，频率可由调谐电容器的刻度盘刻度读出。主要用途是测量各种接收机的技术指标。

3）函数发生器，又称波形发生器。它能产生某些特定的周期性时间函数波形（主要是正弦波、方波、三角波、锯齿波和脉冲波等）信号。频率范围可从几毫赫兹甚至几微赫兹的超低频直到几十兆赫兹。除供通信、仪表和自动控制系统测试用外，还广泛用于其他非电测量领域。

4）脉冲信号发生器。产生宽度、幅度和重复频率可调的矩形脉冲的发生器，可用以测试线性系统的瞬态响应，或用模拟信号来测试雷达、多路通信和其他脉冲数字系统的性能。

5）频率合成式信号发生器。这种发生器的信号不是由振荡器直接产生，而是以高稳定度石英振荡器作为标准频率源，利用频率合成技术形成所需之任意频率的信号，具有与标准频率源相同的频率准确度和稳定度。输出信号频率通常可按十进位数字选择，最高能达11位数字的极高分辨力。频率除用手动选择外还可程控和远控，也可进行步级式扫频，适用于自动测试系统。

使用信号发生器时应注意：信号发生器的负载不能存在高压、强辐射、强脉冲信号，以防止功率回输造成仪器的永久损坏。功率输出

负载不要短路，以防止功率放大电路过载。

第三节　维修场地的选用及注意事项

★一、气焊设备的选用及注意事项

气焊设备（如图1-7所示）在空调器维修检测中经常用到，为了保证检测过程中万无一失，排除安全隐患的发生。操作者除应熟练掌握其使用方法以外，使用前，还应对操作场地进行检查，做到严禁烟火，保持工作环境的完全通风。

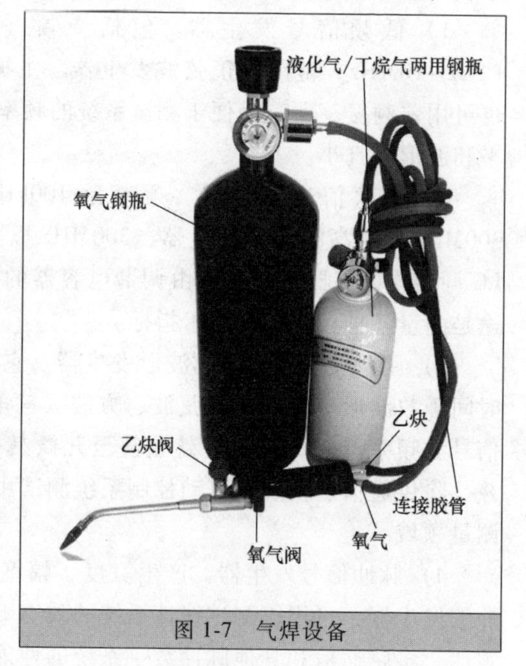

图1-7　气焊设备

★二、氧气瓶的选用及注意事项

空调器维修检测中，氧气瓶的使用应注意以下安全事项：

1）使用的氧气瓶应为正规厂家生产，在出厂前按照《气瓶安全监察规程》经过严格技术检验合格的产品，正规厂家生产的气瓶通常在球面部分有明显的标志。氧气瓶必须定期检查，安装减压阀前，先将瓶阀微开1~2s，并检验氧气质量，合乎要求方可使用。

2）氧气瓶在运送的过程中必须戴上瓶帽，并避免相互碰撞，不能与可燃气体的气瓶、油料及其他可燃物同车运输。搬运气瓶时，不得将氧气瓶放在地上随便滚动。最好使用专用小车，并固定牢固。

3）使用气瓶时，应远离高温、明火熔融金属飞溅物和可燃易爆

等物品。通常规定相距10m以上。

4）严禁氧气瓶阀、氧气减压器、焊炬、氧气胶管等粘上易燃物质和油脂等，以免造成火灾或爆炸。

5）夏季使用氧气瓶时，必须放置在凉棚内，严禁阳光照射；冬季注意远离火炉和距离暖气不要太近，以防发生爆炸。

6）氧气瓶通常应竖立放置，并必须安放稳固，以防倾倒。

7）取瓶帽时，正确方法是用手或扳手旋转，禁止用铁器敲击。

8）在瓶阀上安装减压器之前，应先拧开瓶阀，吹尽出气口内的杂质，再轻轻地关闭阀门。装上减压器后，要缓慢开启阀门，若开得太快，容易造成减压器燃烧和发生爆炸。

9）在瓶阀上安装减压器时，操作者应避开阀门喷出方向，与阀口连接的螺母要拧紧固，以防止开气时发生脱落。

10）氧气瓶内的氧气不能完全用完，最好要留0.1~0.2MPa的氧气，以便充气时鉴别气体的性质和防止空气或可燃气体倒流入氧气瓶内。尚有剩余压力的氧气瓶，应将阀门拧紧，注上“空瓶”标记。

11）氧气瓶阀若发生着火时，应迅速关闭阀门，停止供气，使火焰自行熄灭。若邻近建筑物或可燃物失火，应尽快先将氧气瓶转移到安全地点，防止受火场高热而发生爆炸。

★三、乙炔瓶的选用及注意事项

空调器维修检测中，使用乙炔瓶时除必须遵守氧气瓶的安全使用操作规定外，还应严格遵守以下安全事项：

1）乙炔瓶在搬运或使用过程中，不能遭受剧烈振动和撞击，以免造成乙炔瓶爆炸。

2）乙炔瓶在搬运和使用时，不能躺卧，以免丙酮流出，造成燃烧爆炸。

3）使用乙炔瓶前，应先装置乙炔回火防止器，以防止回火传入瓶内。

4）由于温度过高会降低丙酮对乙炔的熔解度，从而使瓶内乙炔压力急剧增高，因此乙炔瓶体表面的温度不应超过30~40℃。

5）当乙炔瓶阀发生冻结时，千万不能用明火烘烤。必要时可用

40℃以下的温水进行解冻处理。

6）使用乙炔前，应检查乙炔减压器的连接是否可靠，严禁在漏气情况下使用。

7）开启乙炔瓶阀时应缓慢，开度不要超过一圈半，通常只需开启四分之三圈即可。

8）乙炔瓶内的乙炔不能全部用完，应留下0.03MPa以下的乙炔气。最后将瓶阀关紧防止漏气。

★四、焊炬的选用及注意事项

空调器维修检测中，焊炬的使用应注意以下安全事项：

1）射吸式焊炬，在点火前务必先检查其射吸性能是否正常，各连接部位及调节手轮的针阀等处是否存在漏气现象。经以上检查合格后，方可点火。点火时先开启乙炔轮，点燃乙炔并立即开启氧气调节手轮，调节火焰。也可以在点火时先将氧气调节手轮稍微开启，再开启乙炔调节手轮并立即点火。前一种操作方法优点是，燃烧平稳，可以避免点火出现鸣爆现象，容易发现焊炬是否发生堵塞等弊病。缺点是，刚点火时会发生很浓的黑烟。后一种操作方法，不会产生冒烟，但焊炬一旦有堵塞时氧气有可能进入乙炔通道，形成回火条件。因此，从安全操作要求方面考虑，通常采用前面一种操作方法。

2）操作时，应根据焊件的厚度选择适当的焊炬及焊嘴。为避免漏气，使用前，应用扳手将焊嘴拧紧。使用过程中，若发现气体通路或阀门有漏气现象，必须停止工作，消除漏气故障后，方可继续使用。停止使用时，应先关掉乙炔调节手轮，以防止发生回火和产生黑烟。

3）使用的焊炬各气体通路均不允许沾染油脂，以防氧气遇到油脂而燃烧爆炸。

4）使用焊炬时应当注意尽可能防止产生回火，以下几种原因造成混合气体的流动速度异常而产生回火。应急速关闭乙炔调节手轮，再关闭氧气调节手轮。当出现焊嘴头被堵塞时，严禁嘴头与平板摩擦，而应用通针进行清理，以消除堵塞物。

① 因熔化金属的飞溅物、碳质微粒及乙炔的杂质等堵塞焊嘴或

气体通道。或焊嘴过分接近熔融金属，焊嘴喷孔附近的压力增大，导致混合气体流动不畅通。

② 焊嘴过热，温度超过 400℃，混合气体受热膨胀，压力增高，流动阻力增大，部分混合气体即在焊嘴内自燃。

③ 胶管受压、阻塞或打折等，导致气体压力降低。

5）严禁将正在燃烧的焊炬随手卧放在焊件或地面上。工作暂停或结束后，应关闭氧气与乙炔瓶，并将压力表指针调到零位。同时还要盘好焊炬和胶管，挂在靠墙的架子上或拆下橡皮管将焊炬存放在工具箱内。

★五、氧气与乙炔胶管选用及注意事项

空调器维修检测中，氧气与乙炔胶管的使用应注意以下安全事项：

1）使用的氧气与乙炔胶管应具有足够的抗压强度和阻燃特性。应达到 GB 2550—92 氧气胶管国家标准和 GB 2551—92 乙炔胶管国家标准规定的合格产品。两种胶管不允许互相代用。

2）在保存、运输和使用胶管时必须维护、保持胶管的清洁和不受损坏。使用前，应检查胶管有无磨损、划伤、穿孔、裂纹、老化等现象，若发现出现情况，应及时修理和更换。

3）新胶管在使用前，必须先把胶管内壁的滑石粉吹除干净，防止焊炬的通道发生堵塞。但禁止用氧气吹除乙炔胶管内的堵塞物。

4）氧气、乙炔管与回火防止器等导管连接时，管径应相互吻合，并用管卡或细铁丝夹紧。严禁使用被回火烧损的胶管。

5）若操作过程中，乙炔管出现脱落、破裂或着火时，应立即关闭焊炬的所有调节手轮，将火焰熄灭，并停止供气。

★六、高处、强电场地作业注意事项

空调器安装、维修以及拆除等操作均需要在高处作业，存在很大的安全风险。在我国空调器安装和维修工人以散工为主，成型和有规模的安装维修企业不多，部分企业主体责任制未落实到位，再加上国家没有相关的安全规范，企业“重业绩，轻管理”的问题日益凸显，

宣传培训跟不上，为作业人员提供的防护装备不齐全，甚至不提供相应的防护装备，空调器安装和维修工人防护意识淡薄，缺乏系统的个体防坠落知识，不系安全带违规操作导致不慎坠楼，造成的人身意外事故频频发生。下面介绍高处作业场地安装、维修注意事项。

（一）安全带操作规范要求

1）安全带必须是带有国家“安鉴 GB 6095—85”标志，在使用安全带之前应仔细检查安全带是否外观有破损，是否各部件有松动、脱落的情况，如有则不能使用。每年要更换新的安全带。

2）将安全带的腰带和护带按安全带说明书上的操作方法固定在安装人员身上，如图 1-8 所示，注意要保证将卡扣卡紧，防止松动；但也不能卡的太紧，防止坠落时，护带对人体的冲击力过大。

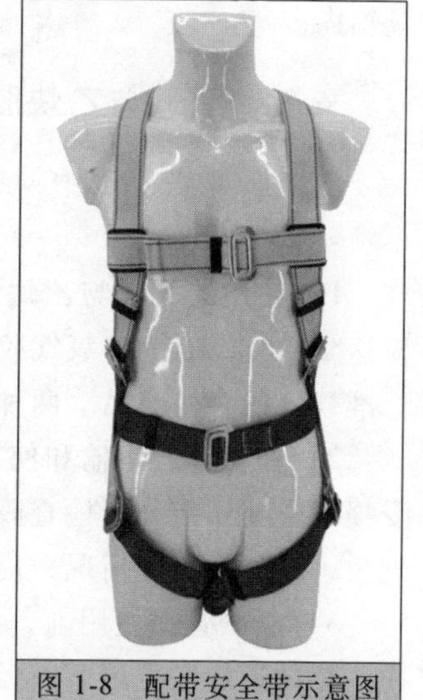
图 1-8　配带安全带示意图

3）将安全带的金属自锁钩一端固定在用户家的固定端上，注意固定端要坚固可靠，不能固定在固定承载强度不够的固定物上，并确保金属卡头牢固可靠，并确保安全带的金属自锁钩处于全部锁定状态。

4）安全绳应高挂使用，防止摆动，不能打结，防止碰撞，3m 以上的安全绳应加缓冲器。

5）不准将绳打结使用并挂在连接环上使用。

6）当室外施工作业时，环境周围无安全带的固定位置选择时，可在室外机支架安装牢固后，检查墙体和安装支架装配牢固强度，应确保达到能够承载机组重量 4 倍以上（或 200kg 以上）的重量，可将安全带自锁钩固定在室外机的安装支架横梁内确保牢固可靠，安全带系在安装挂钩上，可以解决安全带固定的问题，提高服务人员的安全性。

（二）空调器安装、维修注意事项

1）在 2m 以上的高处安装空调外机或进行移机操作时务必佩戴安全带。

2）不要使用因安装支架或室外机安装面选择承重强度差、不能达到承重室外机机组重量4倍以上（200kg以上）违规操作。

3）给未配插头的柜式空调器必须使用断路器，不能擅自加装插头。

4）在安装维修前必须保证空调电源的相、零线与供电电源的相、零线正确连接（即相对相、零对零），千万不能在不检查供电电源的相、零位置就直接操作。

5）在拆卸机壳及带电部件前，应先将电源断掉（变频机必须在断电5~10min才可操作），避免发生触电。

6）在安装空调室外机和支架时，务必把固定螺栓装齐，千万不能偷工，少装固定螺栓。

7）检查变频空调控制基板上的低压电路（包括：电脑芯片、热敏电阻等的控制电路、膨胀阀、继电器等的驱动电路）的GND端子，由于与压缩机驱动用电源（DC280V“-”侧）是连接在一起的，因此检测上述非绝缘电路部位时，应防止电击。如图1-9所示。

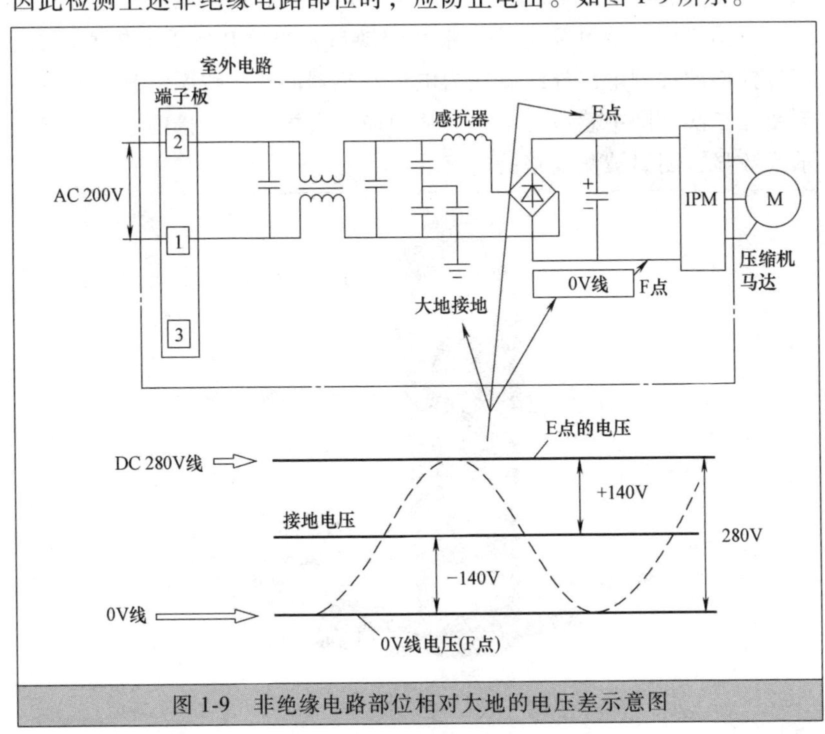

图1-9　非绝缘电路部位相对大地的电压差示意图

第四节 维修工具的准备与操作指南

★一、钳形万用表的准备与操作指南

钳形表是一种应用十分广泛的测量仪器，也是制冷设备电气故障检修中最常用的工具，它可以测量交流或直流电压、交流电流、电阻、电容、频率、温度等。传统的测电流方式需要将万用表串接在电路中进行测量，使用起来比较烦琐，而钳形表只需要将电线夹入钳头在不断电的情况下即可测出机器当前工作电流，使用效率非常高。

钳形万用表主要由一只电流互感器和一只电磁式电流表组成，如图 1-10 所示，为 VC3267A/B 自动量程数字钳形电流万用表外形结构图。电流互感器的铁心在捏紧扳手时可以张开，被测电流所通过的导线可以不必切断就可穿过铁心张开的缺口，当放开扳手后铁心闭合。穿过铁心的被测电路导线就成为电流互感器的一次线圈，其中通过电流便在二次线圈中感应出电流。从而使二次线圈相连接的电流表有指示或数显，测出被测线路的电流。

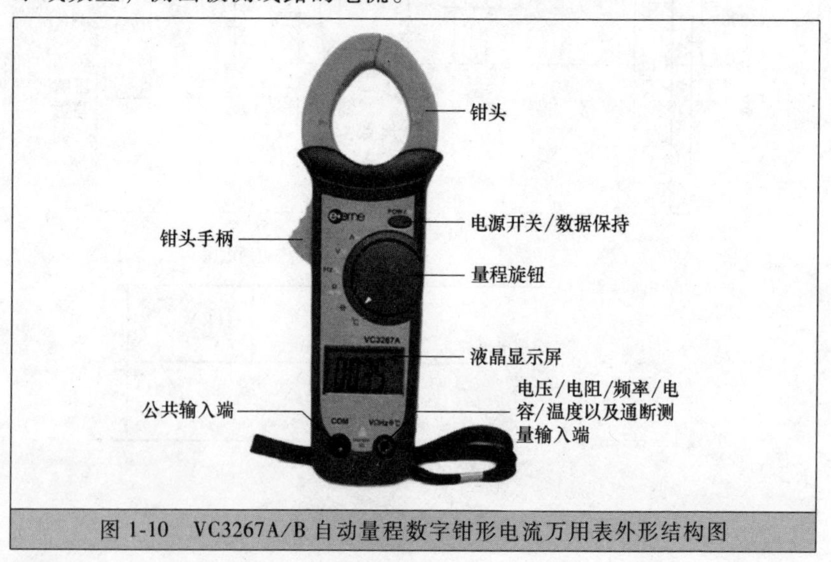

图 1-10 VC3267A/B 自动量程数字钳形电流万用表外形结构图

1. 交流电流测量

测量交流电流的操作方法及注意事项如下：

1）首先将功能量程开关置于1000A~交流电流测量档。

2）按下板扣，张开钳头夹住一根导线（夹住两根或以上的不同电流流向导线的测量将得不到正确的测量结果）。

3）从显示器上读取测量结果，为正弦波有效值（平均值响应）。

4）为避免触电，在测量电流前，要断开表笔与被测电路的连接，并从仪表输入端拿掉表笔。

5）为保证测量精确度，被测导线应垂直穿过钳头有标示三点的测量刻度中心位置，如图1-11所示。

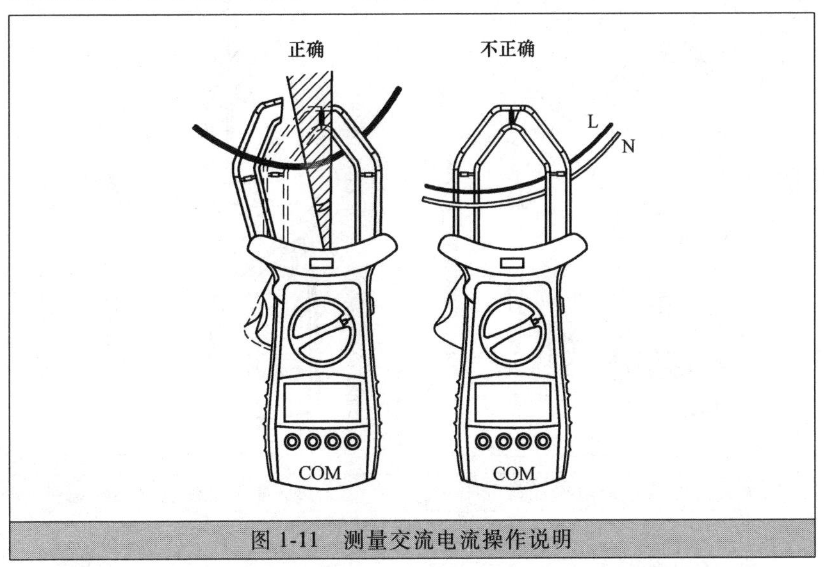

图1-11　测量交流电流操作说明

6）在完成所有的测量操作后，要将钳头离开被测导线。

2. 直流电流测量

测量直流电流的操作方法及注意事项如下：

1）首先将红表笔插入“V”插孔，黑表笔插入“COM”插孔，如图1-12所示。

2）将功能量程开关置于直流电压测量档，并将表笔并联到待测电源或负载上。

3）从显示器上读取测量结果。

4）不要输入高于1000V或600V的电压，显示更高的电压是可能的，但有损坏仪表的危险。

5）在测量高电压时，要特别注意避免触电。

6）在完成所有的测量操作后，要断开表笔与被测电路的连接，并从仪表输入端拿掉表笔。

3. 交流电压测量

测量交流电压的操作方法及注意事项如下：

1）首先将红表笔插入“V”插孔，黑表笔插入“COM”插孔，如图1-13所示。

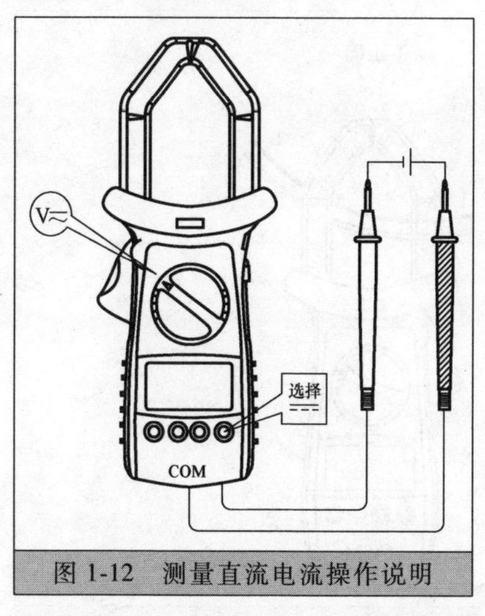

图1-12　测量直流电流操作说明

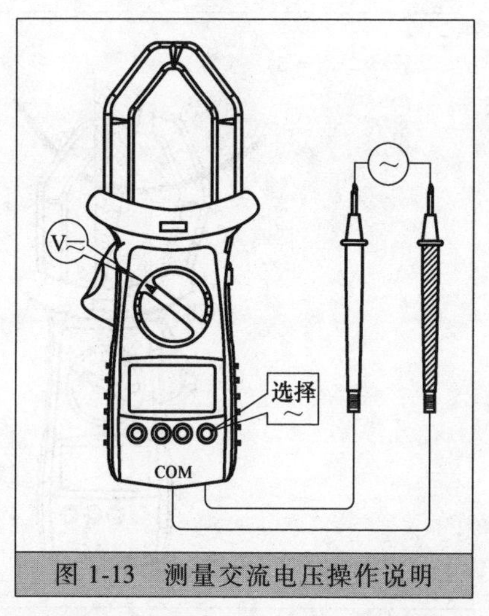

图1-13　测量交流电压操作说明

2）将功能量程开关置于交流电压测量档，并将表笔并联到待测电源或负载上。

3）从显示器上读取测量结果，为正弦波有效值（平均值响应）。

4）不要输入高于1000V或600V电压，显示更高的电压是可能的，但有损坏仪表的危险。

5）在测量高电压时，要特别注意避免触电。

6）在完成所有的测量操作后，要断开表笔与被测电路的连接，

并从仪表输入端拿掉表笔。

4. 电阻测量

测量电阻的操作方法及注意事项如下：

1）首先将红表笔插入“⊣⊢·))) ⊳⊢ HzΩ”插孔，黑表笔插入“COM”插孔，如图1-14所示。

2）将功能量程开关置于“Ω”档（电阻测量功能为默认值），并将表笔并联到被测电阻上。

3）从显示器上读取测量结果。

4）如果被测电阻开路或阻值超过仪表最大量程时，显示器将显示“OL”。

5）当检查在线电阻时，在测量前必须先将实测线路内所有电源隔断，并将所有电容器充分放电。

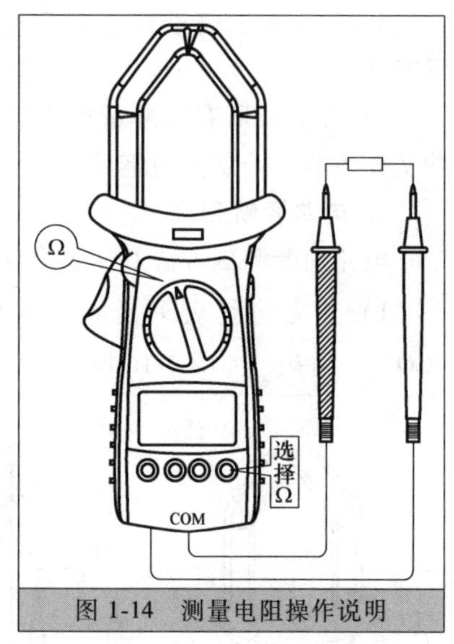

图1-14　测量电阻操作说明

6）在测量电阻时，表笔会带来0.1~0.2Ω电阻的测量误差。在进行低阻测量时（400.0档），为获得精确读数，应首先将表笔短接，然后按REL⊿键使显示器置“0”，利用相对测量功能在测量结果中会自动减去表笔的附加电阻。

5. 二极管测试

二极管测试操作方法及注意事项如下：

1）首先将红表笔插入“⊣⊢·))) ⊳⊢ HzΩ”插孔，黑表笔插入“COM”插孔。红表笔极性为“+”。黑表笔极性为“-”，如图1-15所示。

2）将功能量程开关置于“⊳⊢”测量档，再按SEECTL键选择进入二极管测试功能，红表笔接到被测二极管的正极，黑表笔接到二极管的负极。

3）从显示器上读取被测二极管的近似正向压降值，一般为0.5~0.8V。

4）如果被测二极管开路或极性反接时，显示器将显示“OL”。

5）当检查在线二极管时，在测量前必须先将实测线路内所有电源关断，并将所有电容器充分放电。

6）不要输入高于直流60V或交流30V以上的电压，避免伤害人身安全。

7）在完成所有的测量操作后，要断开表笔与实测电路的连接，并从仪表输入端拿掉表笔。

6. 电路通断测试

电路通断测试方法及注意事项如下：

1）首先将红表笔插入“┤├·))) ─▷├ HzΩ”插孔，黑表笔插入“COM”插孔，如图1-16所示。

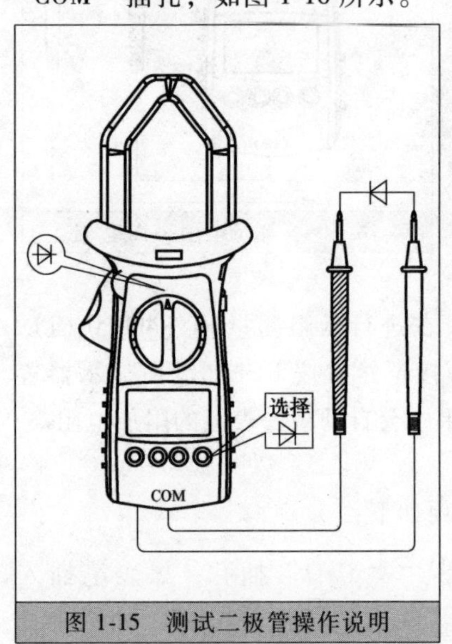

图1-15　测试二极管操作说明

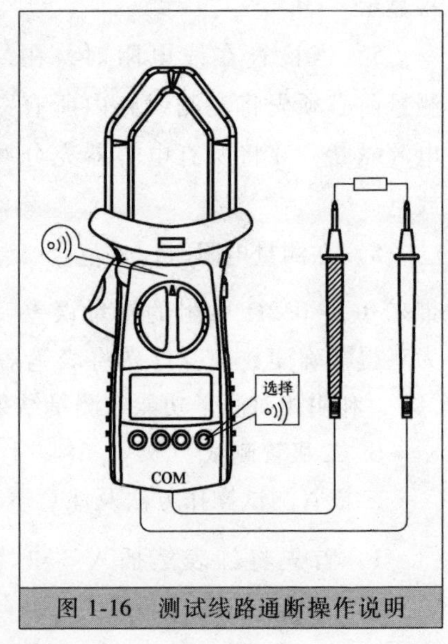

图1-16　测试线路通断操作说明

2）将功能量程开关置于“·）））”档，再按SEECTL键选择进入电路通断测试功能，并将表笔并联到被测电路两端。

3）如果该两端之间的电阻低于70Ω，内置蜂鸣器将会发出响声

表示被测电路为导通。

4）如果被测电路处于开路状态时，显示器将显示“OL”或“1”。

5）当检查电路通断情况时，在测量前必须先将被测线路内所有电源关断并将所有电容器充分放电。

6）不要输入高于直流60V或交流30V以上的电压，避免伤害人身安全。

7）在完成所有的测量操作后，要断开表笔与被测电路的连接，并从仪表输入端拿掉表笔。

7. 电容测量

测量电容的操作方法及注意事项如下：

1）首先将红表笔插入“⊣⊢·))) ⊣▷⊢ HzΩ”插孔，黑表笔插入“COM”插孔。

2）将功能量程开关置于“⊣⊢”测量档，恢复按SEECTL键进入电容测量功能，并将表笔并联到被测电容上，如图1-17所示。

3）从显示器上读取测量结果。

4）如果被测电容短路或容值超过仪表的最大量程时，显示器将显示“OL”。

5）所有的电容在测试前必须全部充分放电。

6）如果被测试的电容为有极性电容，应将红色带夹短测试线接电容的正极，黑色带夹短测试线接负极。

7）测量大容值的电容时需要较长的测量时间，在200μF量程档约30s。

8）对于电容测量的表笔线应尽可能短，以减少表笔线分布电容的影响。小电容测量的准确度可以按REL⊿键使显示器置“0”而得到改善，利用相对测量功能在测量结果中自动减去测试导线的分布电容。

9）电容器的残余电压、绝缘阻抗、电介质吸收等都可能引起测量误差。

10）不要输入高于直流60V或交流30V以上的电压，避免人身伤害。

11）在完成所有的测量操作后，要断开表笔与被测电路的连接，并从仪表输入端拿掉表笔。

8. 频率/占空比测量

测量频率/占空比的操作方法及注意事项如下：

1）首先将红表笔插入“⊣⊢ ·))) ⊳| HzΩ”插孔，黑表笔插入“COM”插孔。

2）将功能量程开关置于频率测量档，并将表笔并联到待测信号源上，如图 1-18 所示。

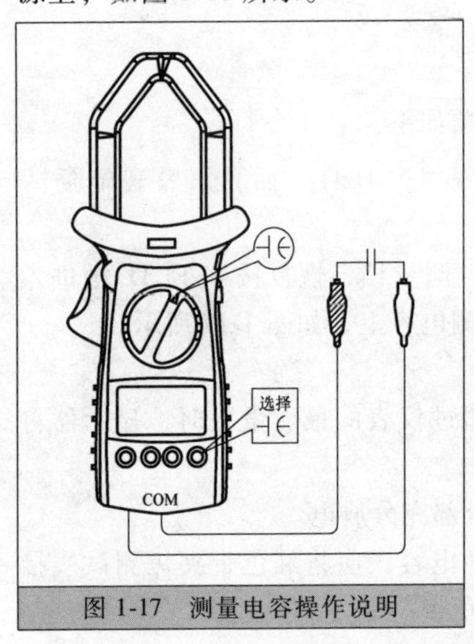

图 1-17 测量电容操作说明

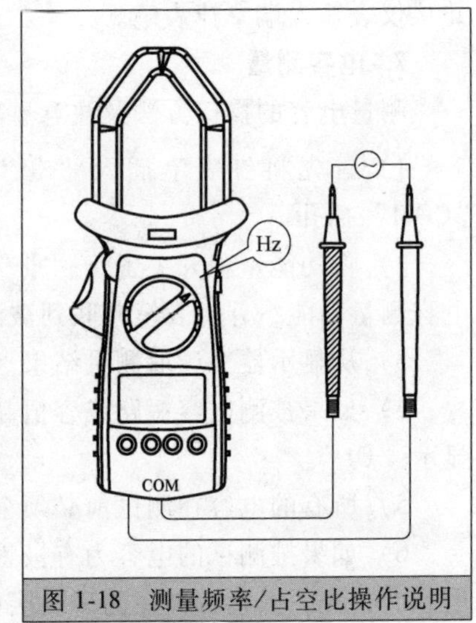

图 1-18 测量频率/占空比操作说明

3）在进行频率测量时，按一次 Hz 键可选择进入占空比测量功能，再按一次 Hz 键则返回频率测量功能。

4）在进行电压或电流测量时，按一次 Hz 键即进入频率测量功能，再按一次 Hz 键即进入占空比测量，第三次按 Hz 键则返回原测量功能。

5）在使用 Hz 键转换测量过程中，仪表会自动将现时自动量程切换至手动量程。要恢复自动量程，往反方向旋转功能量程开关即可。

6）从显示器上读取测量结果。

7）在占空比测量时，当输入信号为高或低电平时显示器将显示

“000.0%”。

8）不要输入高于直流 60V 或交流 30V 以上的电压，避免伤害人身安全。

9）在完成所有的测量操作后，要断开表笔与被测电路的连接，并从仪表输入端拿掉表笔。

9. 温度测量

测量温度的操作方法及注意事项如下：

1）首先将温度探头的输出端（正、负极）分别接入仪表“┤├·))) ─▷├ HzΩ”“COM”输入插孔，如图 1-19 所示。

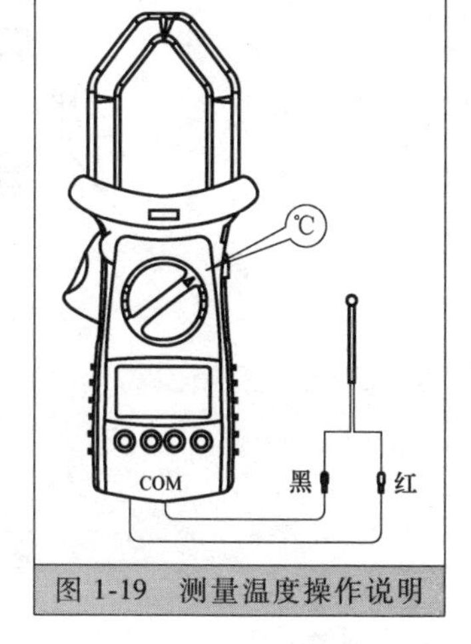

图 1-19　测量温度操作说明

2）将功能量程开关置于℃温度测量档，将温度探头的测温端置于待测物面上或内部。

3）从显示器上读取测量结果。

4）无温度探头信号输入时，显示器自动显示仪表内部温度值。

5）不要输入高于直流 60V 或交流 30V 以上的电压，避免伤害人身安全。

★二、修理阀的准备与操作指南

修理阀是安装、维修空调器必备的工具之一，常用于空调器抽真空、充注制冷剂及测试压力，其有三通修理阀和复式修理阀两种，一般现在的制冷行业中都是使用复式修理阀。复式修理阀由低压表、高压表、阀门、制冷系统管道接口、压缩机接口等组成，该表外面结构如图 1-20 所示。

在与系统连接使用之前，应查看压力表指针是否在零位，否则打开表盖，调速螺钉 3 把指针调到零位。

1. 与系统连接

1）先关上低压阀门（6）、高压阀门（7）；

2）接口（4）与蓝管（低压快速接头）连接后再与系统低压连

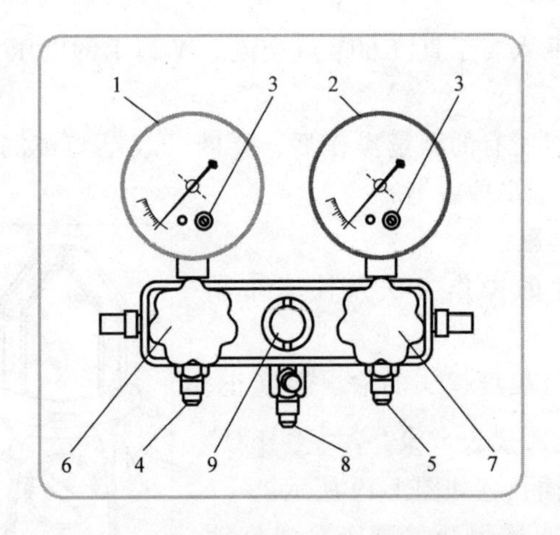

图 1-20　复式修理阀外观结构

1—低压表（蓝）　2—高压表（红）　3—零位调整螺钉　4—1/4 SAE 低压标准接口　5—1/4 SAE 高压标准接口　6—低压阀门（蓝）　7—高压阀门（红）　8—1/4 SAE 真空或制冷剂标准接口　9—视液镜

接并锁紧；

3）接口（5）与红管（高压快速接头）连接后再与系统高压连接并锁紧；

4）接口（8）与黄管、真空泵连接并锁紧。

2. 系统抽真空（注意：该步骤必须在系统常压下才能进行，否则应先进行系统卸压）

1）完成上述连接后，再开启真空泵；

2）打开低压阀门（6），高压阀门（7），然后打开高低压快速接头，此时系统开始抽真空；

3）一定时间（10~30min）后检查系统是否完全真空，若未抽真空时检查系统的泄漏处并修复后重新抽真空；

4）同时关闭高低压阀门（6、7），最后关闭真空泵。

3. 系统加注制冷剂

1）将黄管与真空泵的连接脱开，然后接到制冷剂瓶上紧，先打开制冷剂瓶（正向放置），打开表组上的气门心，排尽黄管内空气；

2）倒置制冷剂瓶，打开低压阀门（6）、高压阀门（7）加入制冷剂；

3）至规定量后（按各系统厂家提供的加注量），关闭高压阀门（7）、低压阀门（6）；

4）开启系统试运行一段时间后（约 5～10min），核对系统压力和温度；

5）若制冷剂不足，将制冷剂瓶正置，缓慢打开低压阀门（6）（此时严禁打开高压阀门（7）），加入适量气体制冷剂；

6）若过高则应关闭钢瓶，缓慢打开高压阀门，从表组气门心处排放适量制冷剂（此时应注意喷出的制冷剂伤人）后关闭高压阀门，再重新检测；如上往复直到正常；

7）运行正常后，关闭制冷剂瓶和阀门（6、7），再将（高低压快速接头）与系统脱开（此时注意防高温烫手）。

★三、真空泵的准备与操作指南

真空泵是用来抽去制冷系统内的空气和水分的。由于系统真空度的高低直接影响到空调器的质量，因此，在充注制冷剂之前，都必须对制冷系统进行抽真空处理。反之，当系统中含有水蒸气时，系统中高、低压的压力就会升高，在膨胀阀的通道上结冰，不仅会妨碍制冷剂的流动，降低制冷效果，而且增加了压缩机的负荷。甚至还会导致制冷系统不工作，使冷凝器压力急剧升高，造成系统管道爆裂。

真空泵的外形结构如图 1-21 所示。

真空泵上有吸气口和排气口，使用时，吸气口通过真空管与三通修理阀压力表连接。在安装或维修空调器时，一般选用排气量为 2L/s，且带有 R410 接头的变频空调专用真空泵。操作过程及注意事项如下：

1）使用加制冷剂管将真空泵吸气口与修理阀连接，修理阀另一端与三通阀的检修口连接，同时将修理阀处于三通状态，开启真空泵电源，制冷系统内空气便从真空泵排气口排出。

2）运行一段时间（一般需要 20min 左右）达到真空度要求后，首先关闭修理阀，再关闭真空泵电源，将加制冷剂管连接至氟瓶并排

除加制冷剂管中的空气后，即可为空调器加制冷剂。

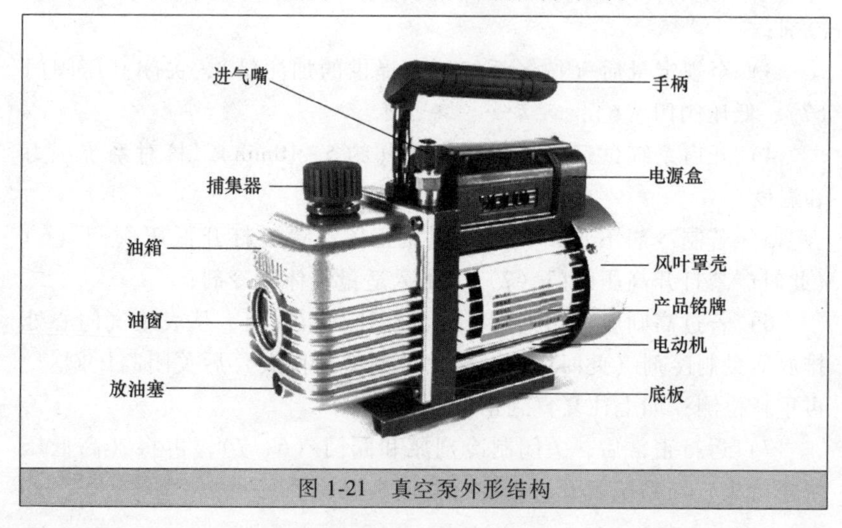

图 1-21　真空泵外形结构

3）开启真空泵电源前要保证制冷系统已完全封闭，二、三通阀芯也已完全打开，修理阀处于三通状态。

4）关闭真空泵电源时要注意顺序：先关闭修理阀，再关闭电源。顺序相反则容易使系统内进入空气。

5）真空泵运行 15min 后，室内机蒸发器和连接管道就会达到真空度要求，而室外机冷凝器由于毛细管的阻碍作用还会有少许空气，这时可将压缩机通电 3min 左右使系统循环，室外机冷凝器便能很快达到真空度要求。

6）真空泵在使用中要注意油位变化，油位太低会降低泵的性能，油位太高则会造成油雾喷出。当油窗内油位降至单线油位线以下 5mm 或双线位线下限以下时，应及时补加真空泵油。

★四、割管刀的准备与操作指南

割管刀也称为割管器，是专门切断紫铜管、铝管等金属管的工具。在修理安装空调时，经常需要使用到割管刀切割不同长度和直径的铜管，割管刀有不同的规格。

切割铜管时，须将铜管放到割管刀的两个滚轮之间，顺时针旋转

进刀钮，将铜管卡在割刀与滑轮之间，然后边旋转进刀钮，边转绕铜管旋转割管刀，如图 1-22 所示。

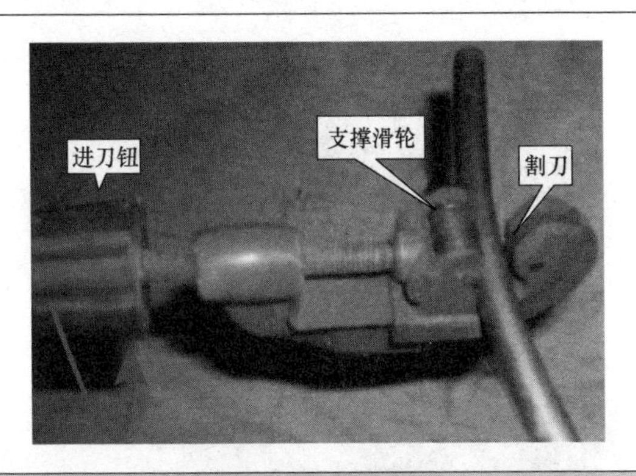

图 1-22　割管刀

旋转进刀钮时，用力一定要均匀柔和，否则可能会将铜管挤压变形，铜管切断后，还要用绞刀将管口边缘上的毛刺去掉，以防止铜屑进入制冷系统。

★五、胀管器的准备与操作指南

胀管器又称为扩管器。主要用来制作铜管的喇叭口和圆柱形口，胀管器的夹具分成对称的两半，夹具的一端使用销子连接，另一端用紧固螺母和螺栓紧固。两半对合后形成的孔按不同的管径制成螺纹状，目的是便于更紧的夹住铜管。

胀管器的使用方法如图 1-23 所示，首先将退火的铜管放入管钳相应的孔径内，铜管伸出夹管钳的长度随管径的不同而有所不同，管径大的铜管，胀管长度应大一点，管径小的铜管，胀管长度则小一点，对于 $\phi8$ 的铜管，一般胀管长度为 10mm 左右，拧紧夹管钳两端的螺母，使铜管被牢固地夹紧，插入所需口径的胀管头，顺时针缓缓旋转胀管器的螺杆，胀到所需长度为止。

★六、电子卤素检漏仪的准备与操作指南

电子卤素检漏仪的灵敏度远高于卤素捡漏灯，它主要用于精密检

漏。电子卤素检漏仪主要由探头、卤素检测元件、放大器、微安表和蜂鸣器等组成，其外形结构如图 1-24 所示。

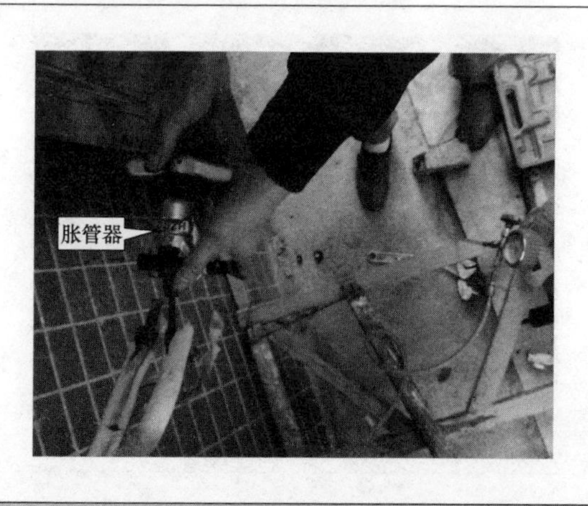

图 1-23　胀管器

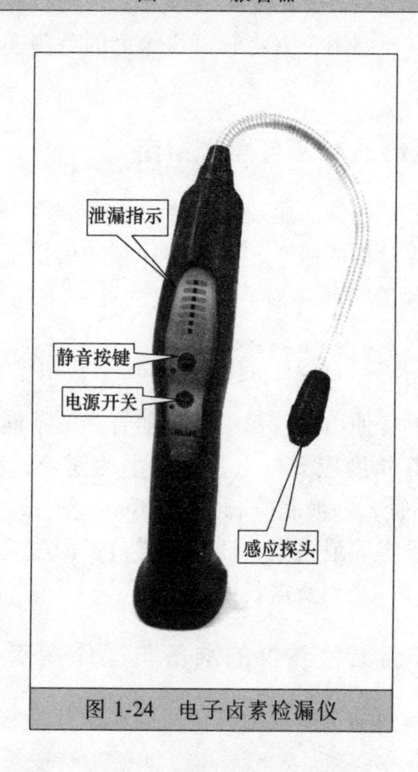

图 1-24　电子卤素检漏仪

使用电子卤素检漏仪时，要让探头在被检处缓慢移动，探头移动速度不能大于50mm/s，探头与被检部位应保持3~5mm的距离。若有氟利昂泄漏，蜂鸣器会发出报警声。

由于电子卤素检漏仪的灵敏度很高，检漏场所必须保持通风及空气清洁，以防外界卤素或其他烟雾干扰。

第五节　门店开业指导与上门指导

★一、开业筹备与经营技巧

开一家以制冷维修为主的家电维修店，首先要做好充分的筹备工作，我们说万事开头难，做好了开店前的准备工作，能为店铺后续的经营锦上添花，可以说是起着重要性的作用。下面介绍开制冷维修店需要做的准备工作。

1. 技术准备

必须要有一定的实际维修经验，能够排除空调器、电冰箱等家电的常见故障。

2. 工具准备

有MF50型等万用表一块，电烙铁一只，常用的尖嘴钳、斜嘴钳、镊子等各一把，常用的十字头和一字头螺钉旋具，必要的松香焊丝，最好还要备个放大镜，以便观看细微的裂缝。还需要准备示波器、热风台等维修工具。

除上述基本维修工具以外，还需要提前准备专用的制冷维修工具，包括修理阀、真空泵、割管刀等。

3. 配件准备

手边要备一些常用的电容、电阻、电源开关管、功率模块、电源块、晶体振荡器、光耦合器等，以便置换检查之必需。如果附近就有电子元件店，可尽量少配，要用时随时去买。

4. 营业执照办理

开家电维修店还需要到工商局进行营业执照的办理和备案。办理

家电维修店营业执照手续简单，费用低廉，只需要几十元钱，以后每年的验照手续也方便。办理家电维修店营业执照需要的材料是：身份证原件和复印件一份，店铺的场地表明文件（房产证或者土地证复印件），租赁合同原件和复印件，证件相片一张。在有的地方还需要资格证或者相关技能的培训资格证。

以上所有的事情办理完毕之后就可以进行开张营业了，经营家电维修店关键要在技术和服务上下功夫，技术好才有口碑，有人脉才会带来好生意。这也是该行业的主要特点，属于耐用消费品行业，这类客户基本是几年才打一次或几次招呼，接触的频率很低，不像卖米卖粮，卖化妆品等接触频率很高的快消费行业。既然客户跟我们接触频率很低，那么客户就不容易记住我们，而等到想维修的时候，就麻烦了，我们既不知道谁家的家电坏了，客户也不知道该如何找到我们，因此，店面的推广和经营技巧非常重要。

下面一些经验可做为参考。

1. 维修技术是第一生产力

由于家用电器越来越精细，品种也越来越多，技术越来越复杂，家电厂家芯片级技术不断更新，而且有些要更换程序的产品，小家电维修店根本无从下手，这就要求维修者需要学习更多的技术才能维修。目前家电价格不断往下跌，导致维修行业处于低迷状态，很多从业人员误以为家电维修行业已是“夕阳行业”。

其实不然。维修的困境只是在于技术越来越复杂了，复杂了就大量换板维修，导致维修价格很高，“修不如换”。因此，经营一个出色的家电维修店，技术应走在前面，只有平时不断地学习新的技术知识，积累维修经验，才能顺应历史潮流，创造出更多的财富。

2. 线上线下齐推广

随着网络时代的来临，人们生产、生活已离不开网络，只有深入融合网络才能得到更大的发展。家电维修行业也一样，客户不再局限于“上门请师傅”“电话联系师傅”，开始通过互联网 O2O 模式预约维修或上门服务。因此，利用新的维修门店开业之际，可在当地有影

响力的微信平台或58同城等网络平台对新开业的门店进行推广介绍，以获得最大的效益。

所谓线下推广，是利用门店开业之前或维修空调的淡季，每个月花上一天的时间走进附近的居民社区针对五保老人的电器进行义修，给自己的门店树立形象，扩大影响力。注意应选择比较大的老居民社区，老社区新婚家庭少，旧家电使用率高，维修的业务量就可能大。

3. “多元化”经营

为创造更大的财富，一家好的家电维修店不仅仅只依靠维修家电来赚钱，还可采用“多元化”经营，从而在有限的条件下产生更大的利润。以下建议可以做为参考。

1）家电清洗是维修门店必须扩展的业务，就是对家用电器进行清洁的保养，以增加家电运作效率以及使用寿命，使人们更好地利用家电，保持家庭清洁使人们更加健康。

2）维修的同时顺带销售一些小家电产品和品牌平板电脑、智能手机等数码产品配件。开展这项业务也算是与时俱进，而且销售数码配件也能带来一笔额外的收入。

3）开展旧家电回收业务，将回收过来的旧家电进行归类处理：能修好的就当二手家电销售，不能修好的拆下来一些能用的零配件，剩下的再卖给废品回收队。二手家电的毛利润率比修家电高很多，生意好的时候一天就能卖两件，生意一般的时候，一周也能进账六七百元。

4）开展电脑维修业务，提供系统安装、电脑组装、配件销售等服务，不仅能获得利润还能积淀客源，扩大店面的影响力。

5）在空调安装的淡季，还可与装修公司合作，找些监控、网络和办公设备业务来做。

6）把多余的不用的主板或者配件挂到闲鱼上卖，也可增加收入。

7）有了理论和实践经验，维修门店到一定规模后，可以开办维修培训班。培训班一个人收取500元的学费，学期为2周，相比外面培训班的学费（2000~3000元）便宜多了。2周培训结束后学不会，继续学（不用再交学费），直到学会为止。虽然培训的利润少了点，但是却增加了维修店的信誉度。

★二、服务项目收费指导价建议

1. 清洗服务收费指导价建议

表 1-1 清洗服务收费指导价建议

【单位：人民币/元】

机型		室内机	外机	整机
窗机				70
挂机	$Q \leqslant 5000$W	50	70	100
	$Q>5000$W	60	80	120
柜机	$Q \leqslant 5000$W	60	80	120
	5000W$<Q<$10000W	70	90	140
	10000W$\leqslant Q \leqslant$16000W	80	110	170
天井机	$Q \leqslant 7000$W	80	90	150
	$Q>7000$W	90	100	180

说明：

（1）清洗要求。

① 电器无油污：洗洁精兑入清水后洗刷。上门维修技师自备洗洁精；

② 电器有油污：使用空调专用清洗剂，然后再用清水反复冲洗。上门维修技师自备专用清洗剂。

（2）清洗范围：外壳、两器、风叶、接水盘、排水管吹污、过滤网及其他。

（3）备注：

① Q 代表制冷量，单位为 W；

② 以上价格为收费指导价，工作中须根据机器脏污程度、工作量、楼层高度等现场实际情况与用户友好协商收费。

2. 拆装机服务收费指导价建议

表 1-2　拆装机服务收费指导价建议

【单位：人民币/元】

		分体挂壁式			分体立柜式			天井式		一拖二	一拖三	窗机	
		$Q<4000W$	$4000W \leqslant Q \leqslant 5000W$	$Q>5000W$	$Q \leqslant 5000W$	$5000W<Q<10000W$	$10000W \leqslant Q \leqslant 16000W$	$Q \leqslant 7000W$	$7000W<Q \leqslant 12000W$			$Q \leqslant 4000$	$Q>4000$
拆机	室内机	60	80	100	80	100	150	190	220	60×2	60×3		
	外机	80	100	120	100	150	200	160	200	120	150		
	整机	110	130	160	130	180	250	260	320	160	200	80	100
安装	室内机	80	90	110	90	120	180	230	260	80×2	80×3		
	外机	100	120	150	120	170	220	180	220	150	170		
	整机	130	150	180	150	230	300	320	400	220	300	100	130
拆装机	室内机	120	140	170	140	200	230	300	380	10×2	10×3		
	外机	150	170	200	170	250	300	250	300	200	250	120	160
	整机	200	230	280	230	350	500	500	600	320	400		
加长连接管	价格	90/m	110/m	130/m	110/m	130/m	180/m	130/m	180/m	100/m	100/m		
	钢管厚度	单位：mm $\phi 6 \geqslant 0.5$、$\phi 9.5 \geqslant 0.7$、$\phi 12 \geqslant 0.8$、$\phi 16 \geqslant 1.0$、$\phi 19 \geqslant 1.0$											
	线径	单位：mm^2 2000～2600W≥1.0、2700～3600W≥1.5、4000～5000W≥2.5、7000～8000W（三相）≥1.5 7000～8000W（单相）≥2.5（单冷）4.0（冷暖）、10000～12000W（三相）≥1.5											

（续）

	分体挂壁式			分体立柜式			天井式		一拖二	一拖三	窗机	
	$Q<4000W$	$4000W \leq Q \leq 5000W$	$Q>5000W$	$Q \leq 5000W$	$5000W<Q<10000W$	$10000W \leq Q \leq 16000W$	$Q \leq 7000W$	$7000W<Q \leq 12000W$			$Q \leq 4000$	$Q>4000$
钻墙孔洞	砖墙:30/个 钢筋混泥土墙:50/个											
安装机器外部电源电路	须由持有电工证的专业人员操作，具体费用须结合现场施工情况，与用户协商满意后方可收费。（材料由用户提供或支付材料费）											
清洗	根据室内外机的脏污程度、工作量、楼层高度等现场实际情况，并结合专业清洁市场行情，与用户协商满意后方可收费											
拆装护栏/防盗网	根据拆装工作量、护栏大小重量、楼层高度影响等现场实际情况，结合当地市场专业施工队收费行情，与用户协商满意后方可收费											

说明：

1）环保冷媒空调拆装费在以上费用基础上加收 60 元，加长铜管在以上费用基础上加收 10 元/m，并必须使用真空泵抽真空；

2）环保冷媒空调加长连接管费用在以上费用基础上加收 10 元/m；

3）拆、装、拆装机均不含运输费、维修费、材料费，但已包含补加制冷剂利昂之费用。如环境特殊需要吊车吊装的，吊装费按实收取，或由用户请人吊装；

4）加长铜管包括气管和液管（各一条）、保温套、电源连接线、包扎带、焊接、补加制冷剂之费用。不足 1m 按 1m 计算，超过 1m 按实际加长长度计算；

5）Q 表示空调制冷量，单位为 W。

3. 维修服务收费指导价建议

表 1-3 维修服务收费指导价建议 【单位：人民币/元】

类别	维修项目及收费	分体挂壁式				分体立柜式					
		$Q\leqslant5000$W		$Q>5000$W		$Q\leqslant5000$W		$5000\text{W}<Q<10000\text{W}$		$10000\text{W}\leqslant Q\leqslant16000\text{W}$	
		R22	R410A	R22	R410A	R22	R410A	R22	R410A	R22	R410A
系统部分	更换压缩机	230	295	310	400	260	325	300	435	390	540
	更换蒸发器	120	185	130	220	130	195	150	255	200	350
	更换冷凝器	230	295	310	400	260	325	300	405	390	540
	更换室内机节流元件（毛细管、电子膨胀阀等）	115	180	120	210	120	185	130	235	160	310
	更换四通阀	230	295	250	340	230	295	280	385	350	500
	更换单向阀（氟系统）	190	255	230	320	210	275	250	355	310	460
	更换外机过滤器（分配器）	190	255	230	320	210	275	250	355	310	460
	补加制冷剂	65	130	70	160	70	135	80	185	100	250
	更换室内机接头	90	155	100	190	100	165	110	215	120	270
	室内机补漏或连接补漏	115	180	115	205	120	185	120	225	150	300
	更换室内机过滤器（分配器）	115	180	115	205	120	185	120	225	150	300

（续）

类别	维修项目及收费	分体挂壁式				分体立柜式					
		$Q \leqslant 5000W$		$Q > 5000W$		$Q \leqslant 5000W$		$5000W < Q < 10000W$		$10000W \leqslant Q \leqslant 16000W$	
		R22	R410A	R22	R410A	R22	R410A	R22	R410A	R22	R410A
系统部分	外机补漏	140	205	50	160	250	170	235	180	285	190
	更换外机管路	140	205	160	250	170	235	180	285	190	340
	更换喇叭口	85	150	90	180	90	155	100	205	120	270
	更换波纹管或连接管	115	180	115	205	130	195	140	245	150	300
	更换接管螺母	85	150	90	180	90	155	100	205	120	270
	冷凝器或蒸发器外表清洗	50	50	50	50	50	50	50	50	50	50
	更换储液罐	190	255	230	320	210	275	250	355	310	460
	更换电磁阀阀体	190	255	230	320	210	275	250	355	310	460
	更换室内机管路	115	180	115	205	120	185	120	225	150	300
	更换汽液分离器	190	255	230	320	210	275	250	355	310	460
	更换消声器	190	255	230	320	210	275	250	355	310	460
	更换压力开关	190	255	230	320	210	275	250	355	310	460
结构零部件	调整管路	65	65	65	65	65	65	65	65	65	65
	更换室内机风叶	105	105	105	105	105	105	105	105	105	105
	更换外机风叶	70	70	70	70	70	70	70	70	70	70

（续）

类别	维修项目及收费	分体挂壁式				分体立柜式					
		$Q \leqslant 5000$W		$Q>5000$W		$Q \leqslant 5000$W		5000W$<Q<$10000W		10000W$\leqslant Q \leqslant$16000W	
		R22	R410A	R22	R410A	R22	R410A	R22	R410A	R22	R410A
结构零部件	排除零部件噪音	65	65	65	65	65	65	65	65	65	65
	紧固松动、接线松脱	65	65	65	65	65	65	65	65	65	65
	更换导风、扫风机构	65	65	65	65	65	65	65	65	65	65
	处理接水盘及排水管堵漏	65	65	65	65	65	65	65	65	65	65
	更换室内机底壳、壳体	65	65	65	65	65	65	65	65	65	65
	更换外机外壳	70	70	70	70	70	70	70	70	70	70
	更换内出风框	65	65	65	65	65	65	65	65	65	65
	调整风叶	65	65	65	65	65	65	65	65	65	65
	其他调整	65	65	65	65	65	65	65	65	65	65
	内、外机更换、加贴海绵阻尼块	65	65	65	65	65	65	65	65	65	65
	更换室内机接水盘	85	85	85	85	85	85	85	85	85	85
	更换排水管	65	65	65	65	65	65	65	65	65	65
	更换室内机其他零部件	65	65	65	65	65	65	65	65	65	65

（续）

类别	维修项目及收费	分体挂壁式				分体立柜式					
		$Q\leqslant 5000W$		$Q>5000W$		$Q\leqslant 5000W$		$5000W<Q<10000W$		$10000W\leqslant Q\leqslant 16000W$	
		R22	R410A	R22	R410A	R22	R410A	R22	R410A	R22	R410A
结构零部件	更换外机其他零部件	70	70	70	70	70	70	70	70	70	70
	更换面板卡扣	65	65	65	65	65	65	65	65	65	65
	更换外机底板	110	110	120	120	110	110	120	120	140	140
电气部件	更换室内机控制板	75	75	75	75	80	80	85	85	85	85
	更换外机控制板	85	85	90	90	85	85	90	90	90	90
	更换显示板	65	65	65	65	70	70	70	70	70	70
	更换感温包	65	65	65	65	65	65	65	65	65	65
	更换遥控器	30	30	30	30	30	30	30	30	30	30
	更换变压器	65	65	65	65	65	65	65	65	65	65
	更换接收头	65	65	65	65	65	65	65	65	65	65
	更换交流接触器	70	70	70	70	70	70	70	70	70	70
	更换过载保护器	70	70	70	70	70	70	70	70	70	70
	更换过流保护器	70	70	70	70	70	70	70	70	70	70
	更换外机风扇电动机	140	140	150	150	150	150	180	180	200	200

（续）

类别	维修项目及收费	分体挂壁式				分体立柜式					
		$Q \leqslant 5000$W		$Q > 5000$W		$Q \leqslant 5000$W		5000W $< Q <$ 10000W		10000W $\leqslant Q \leqslant$ 16000W	
		R22	R410A	R22	R410A	R22	R410A	R22	R410A	R22	R410A
电气部件	更换扫风电动机	65	65	65	65	70	70	70	70	70	70
	更换压缩机电容	70	70	70	70	70	70	70	70	70	70
	更换风机电容	65	65	65	65	65	65	65	65	65	65
	更换保险管	65	65	65	65	65	65	65	65	65	65
	更换阀体线圈	70	70	70	70	70	70	70	70	70	70
	更换继电器	65	65	65	65	65	65	65	65	65	65
	更换电抗器	100	100	100	100	100	100	100	100	90	90
	更换开关电源	85	85	90	90	100	100	100	100	90	90
	更换限温器	70	70	70	70	70	70	70	70	70	70
	更换电加热管	80	80	80	80	80	80	85	85	85	85
	更换电源线、电源连接线	70	70	70	70	70	70	70	70	70	70
	更换信号控制连接线	70	70	70	70	70	70	70	70	70	70
	更换换气电动机	90	90	90	90	90	90	90	90	120	120
	更换室内机风扇电动机	105	105	105	105	105	105	105	105	105	105

（续）

类别	维修项目及收费	分体挂壁式				分体立柜式					
		$Q \leqslant 5000W$		$Q > 5000W$		$Q \leqslant 5000W$		$5000W < Q < 10000W$		$10000W \leqslant Q \leqslant 16000W$	
		R22	R410A	R22	R410A	R22	R410A	R22	R410A	R22	R410A
电气部件	更换其他电器元器件	65	65	65	65	65	65	65	65	65	65
	老鼠咬断线维修	50	50	50	50	50	50	50	50	50	50
	更换数码影像部件（包修期2年）					100	100	100	100	100	100
	更换室内机电器盒部件	75	75	75	75	80	80	85	85	85	85
	更换外机电器盒部件	90	90	90	90	90	90	90	90	90	90
	更换电加热带	70	70	70	70	70	70	70	70	70	70
	更换接线板	65	65	65	65	65	65	65	65	65	65
	更换空气开关耦合器	70	70	70	70	70	70	70	70	70	70
	更换压力传感器	65	65	65	65	65	65	65	65	65	65
	更换整流桥	90	90	90	90	90	90	90	90	90	90

说明：

1）系统部分的维修费用包括：清除系统内油污及肮脏物、焊接、冲氮捡漏、抽真空、加制冷剂等一系列过程。

2）如属一次维修且同时发生几个维修项目时，维修费只能按最高标准收取，不得重复计算。

3）故障维修后须保证使用一年以上，若一年内重复维修同一故障，且属非配件质量问题的一律不得再向用户收取费用。

4）服务人员上门维修任何故障，必须完成常规的维修项目检查，包括：空调线路及用户电源插头插座的电气安全检修、过滤网的清洗、进出风口温差等项目的测量。

5）Q 表示空调制冷量，单位为 W。

★三、上门维修工具包、备件

上门维修空调器，需要携带的工具包应该齐全，否则可能遇到空调器故障但是因为缺少工具或备件，无法进行空调器维修工作，耽误了宝贵时间，导致客户反感，也会因此丢了生意。

上门维修空调器需要携带的工具包见表 1-4。需要携带的备件主要有：交流接触器、传感器、继电器、扩口螺母、长尺配管、四通阀、截止阀、电加热管、变压器等。

表 1-4 上门维修工具包

工具名称	说明	工具名称	说明
万用表	1 块	钳形电流表	1 块
电烙铁	20W、100W、300W 各 1 把	修理阀	三通修理阀或复式修理阀 1 套（常用）
电动空心钻	用以打墙孔（小孔径可用冲击钻）、钻头选用 70mm、80mm 两种规格	低压测电笔	1 支
活板手	200mm、300mm 各 1 把	扳手	14mm、17mm、19mm、27mm 各 1 把
套筒扳手	1 套	内六角扳手	4mm 共 1 把

（续）

工具名称	说明	工具名称	说明
方榫扳手	1套	钢丝钳	200mm共1把
尖嘴钳	150mm共1把	十字螺钉旋具	100mm、150mm、200mm各1把
一字螺钉旋具	75mm、150mm、200mm各1把	什锦锉	1套
锉刀	圆、平、三角形200~300mm各1把	手弓钢锯	1把(常用)
手枪钻	配2~10mm钻头1把	冲击钻	配6~12mm钻头1把
剪刀	1把	锤子	铁锤、木锤、橡皮锤各1把
卡钳	1个	钢卷尺	3~5m共1个
温度计	-20~50℃共2只	ADS-2便携式焊具	套装
制冷剂	R22、R410a若干瓶	真空泵	一台

★四、与客户交流的方法与技巧

上门维修，我们面对的客户各种各样，每个客户的文化素质及当时心里状况都是我们所不能提前预料的。当维修人员只身到客户家中时，自己本身就呈现弱势，一旦与客户发生纠纷自己便形成孤立的一方。这就要求维修员会察言观色，通过与客户简单的交谈了解他的品行修养，对个别刁蛮客户态度要不卑不亢，甚至可以找借口脱身免去与其纠缠。即使与客户产生小摩擦也要以“和为贵，忍为高”的原则来处理，不要僵持下去。

最易产生纠纷的主要有维修价格、预期效果、维修失利等方面。维修员一定要通过用户口述机器的故障现象，判断大概故障部位后就价格予以估算，并先告知客户可能最高维修数额，让客户有一个心理准备。价格达成一致再拆机维修。如果不拆机一时不能判断维修费用，最迟也要在动手更换元件前就费用问题与客户达成一致。

有些机器使用年限较长，虽然用户报修的仅是一种故障，但实际该机器由于“年事已高”已是“百病缠身”。如果维修员在接修时不对机器修复完毕的预期效果提前告知客户，而对客户做了过高的承诺，都容易产生不好的效果。一定要把一些不太理想的效果都提前告知，尤其是空调器制冷制热效果等，千万不要轻易承诺修复后效果会如何如何，如果修复后没有达到承诺标准，客户不依不饶将会很难收场。

尽量不要在用户家“恋战”，以免造成用户对自己的维修水平不信任，而产生矛盾。如经过长时间维修，故障仍然无法排除时，必要时约好再次登门维修，利用这个时间上网查找资料准备元器件。

第二章 易学快修的知识储备

第一节 空调器电子技术基础

★一、空调器常用电路符号简介

空调器常用电路符号见表2-1。

表2-1 空调器常用电路符号

名称	字母代号	常见电路符号
电阻器	R	R
电容器	C、EC	+
电感器	L	线圈 磁芯线圈
变压器	T	T 空心变压器 T 铁心变压器
二极管	D、VD、ZD、LED	普通二极管 稳压二极管 发光二极管
晶体管	Q、VT	PNP型晶体管 NPN型晶体管

（续）

名称	字母代号	常见电路符号
晶闸管	V、VT	T_2 G T_1　T_2 G T_1
熔断器	F、FU	
蜂鸣器	H、HA、FM、LB、JD	
石英晶振	X、Y、Z	
指示灯	HL	HL
开关	S、SA、SB	6 单极六位开关　a)　单极四位开关 b)
压缩机电动机	M、FM、CM、LM、BD、BDJ、D	M 直流电动机　M 3~ 三相笼型异步电动机　M ~ 交流电动机　M 步进电动机　M 1~ 单相笼型异步电动机　MS 1~ 单相永磁同步电动机

（续）

名称	字母代号	常见电路符号
热继电器（过载保护器）	KT	动断(常闭)触点
热敏自动开关（热保护器）	FR	动断触点
温控器	ST	动断触点　先断后合型

★二、空调器制冷/制热工作原理

家用冷暖型空调器制冷系统工作原理如图 2-1 所示。

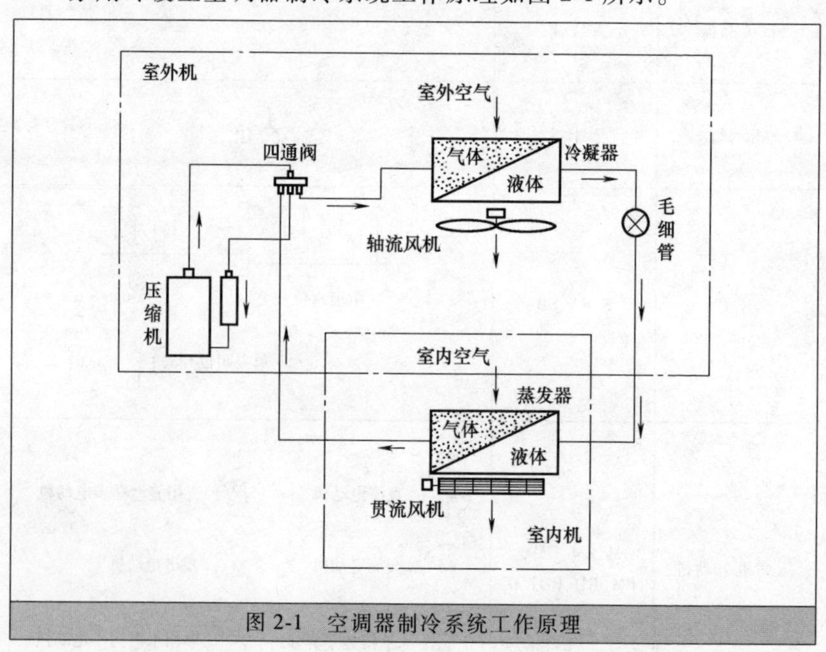

图 2-1　空调器制冷系统工作原理

1）空调工作时，制冷系统内的低压、低温制冷剂蒸汽被压缩机

吸入，经压缩为高压、高温的过热蒸汽后排至冷凝器。

2）同时室外侧风扇吸入的室外空气流经冷凝器，带走制冷剂放出的热量，使高压、高温的制冷剂蒸汽凝结为高压液体。

3）高压液体经过节流元件（毛细管）降压降温流入蒸发器，并在相应的低压下蒸发，吸取周围热量。

4）同时室内侧风扇使室内空气不断进入蒸发器的肋片间进行热交换，并将放热后的变冷的气体送向室内。

5）如此，室内外空气不断循环流动，达到降低温度的目的。

空调热泵制热是利用制冷系统的压缩冷凝热来加热室内空气的，整个制热工作原理如图 2-2 所示。

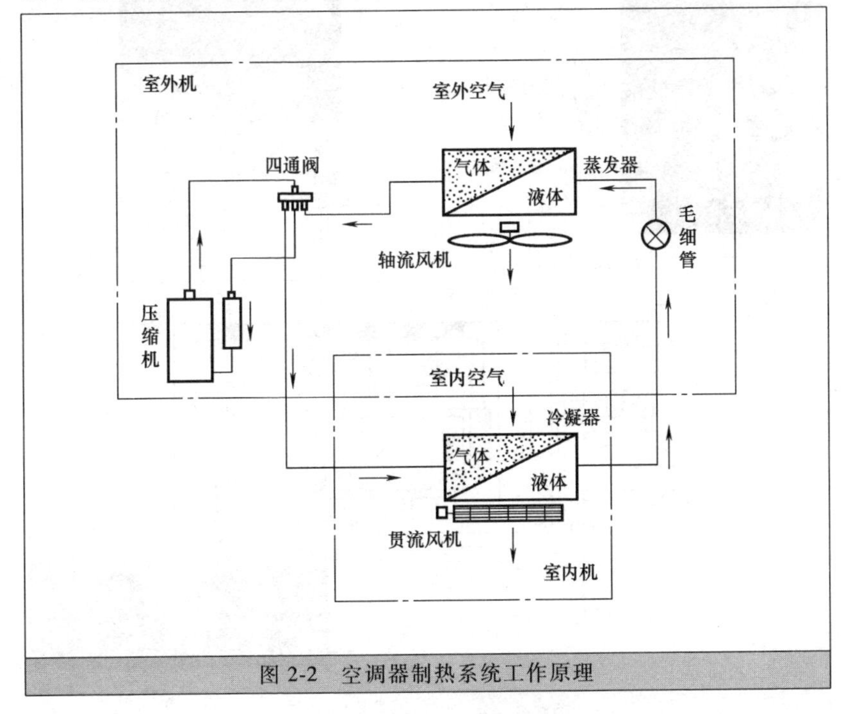

图 2-2 空调器制热系统工作原理

1）低压、低温制冷剂液体在蒸发器内蒸发吸热，而高温高压制冷剂气体在冷凝器内放热冷凝。

2）热泵制热时通过四通阀来改变制冷剂的循环方向，使原来制冷工作时作为蒸发器的室内盘管变成制热时的蒸发器。

3）这样制冷系统在室外吸热，室内放热，实现制热的目的。

第二节　空调器工作原理概述

★一、空调器电控系统工作流程

定频空调器电控系统如图 2-3 所示。

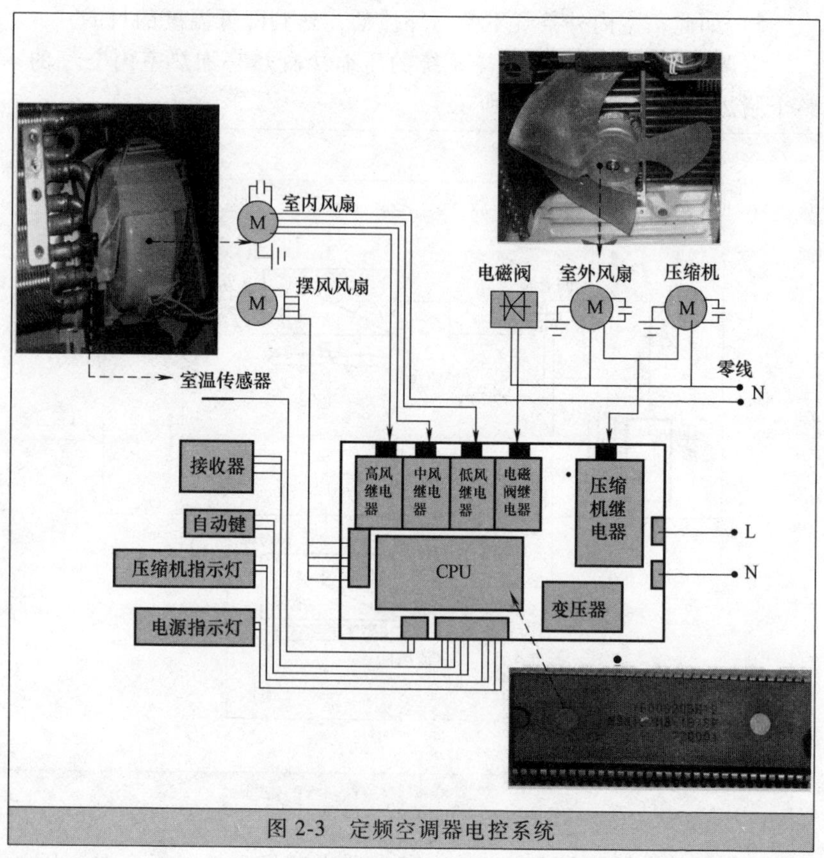

图 2-3　定频空调器电控系统

从图中可以看出，定频空调器电控系统主要由 CPU、电源电路板，以及外接的温度传感器电路、信号接收电路、摆风电动机、风扇电动机、变压器等组成。CPU 是空调控制系统的核心器件，完成空

调的检测和控制功能。

如图 2-4 所示为变频空调器电控系统工作原理简图。

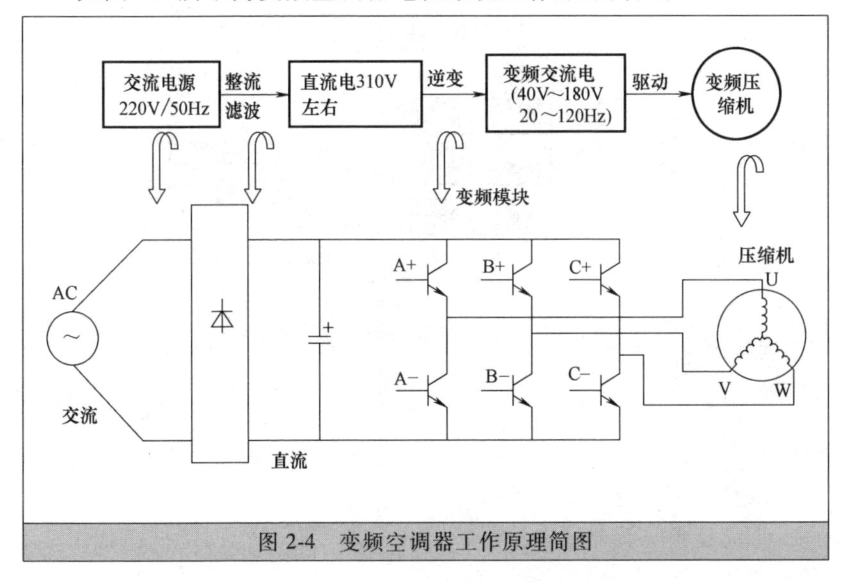

图 2-4 变频空调器工作原理简图

220V/50Hz 的交流电经过二极管整流后变成 310V 左右的直流电，然后经过变频模块转换成 20~120Hz 的三相交流电，供给变频压缩机使用。从图中可以看出，要得到可调频率的交流电，首先要把 220V 的交流市电整流为直流电，然后再由直流电变为可调频率的交流电，从而完成变频的过程。

★二、空调器电控系统内部框图

定频空调的电控系统内部框图如图 2-5 所示，主要是由 CPU 电路、电源电路、信号驱动电路、内、外风机控制电路、压缩机电路、四通阀电路等组成。室内机主板是整个电控系统的控制中心，对空调器进行控制，室外机不再设置电路板。

变频空调器的电控系统由室内机控制系统和室外机控制系统共同组成。变频空调器的室内机主板只是电控系统的一部分，工作时处理输入的信号，处理后传送至室外机主板，才能对空调器整机进行控制。

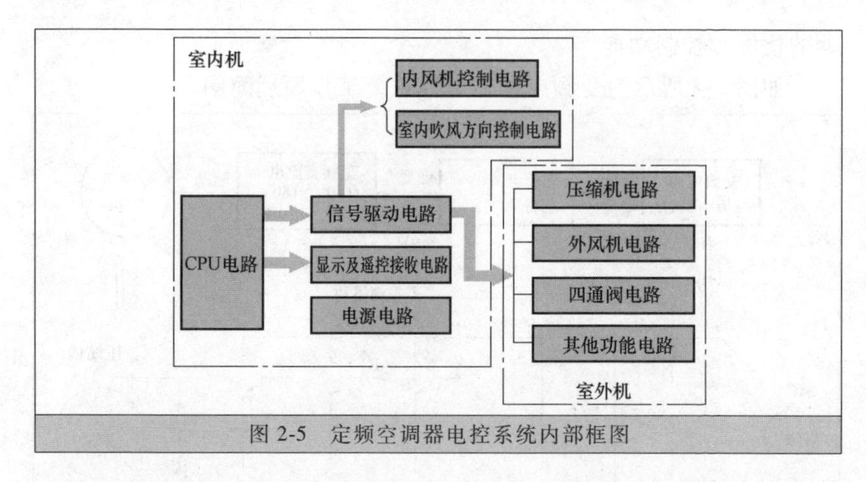

图 2-5　定频空调器电控系统内部框图

交流变频空调器室内控制系统与定频空调器室内控制系统的单元电路基本相同，大部分单元电路的工作原理也相同，因此学习或维修时可以参考定频空调器电控系统。

直流变频空调器室内控制系统和室外控制系统内部框图如图 2-6 所示、如图 2-7 所示。

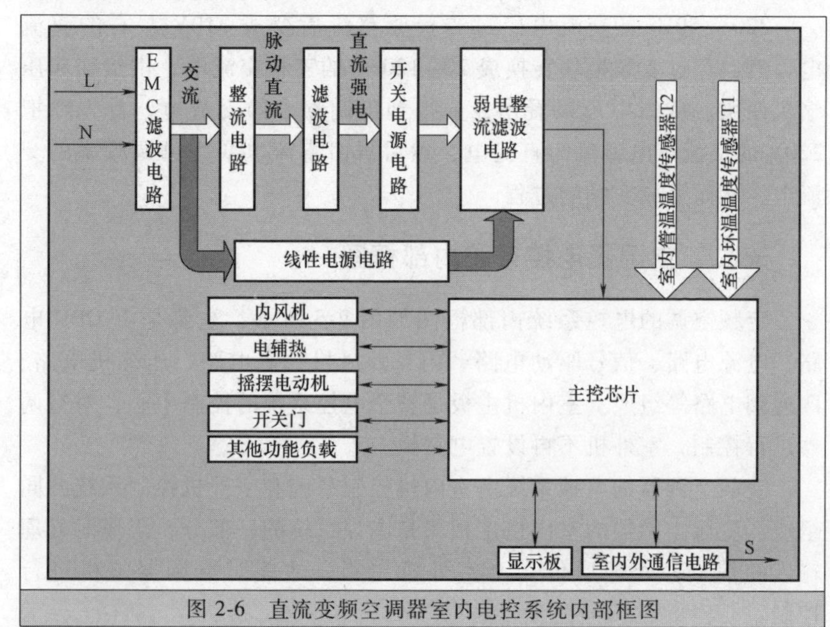

图 2-6　直流变频空调器室内电控系统内部框图

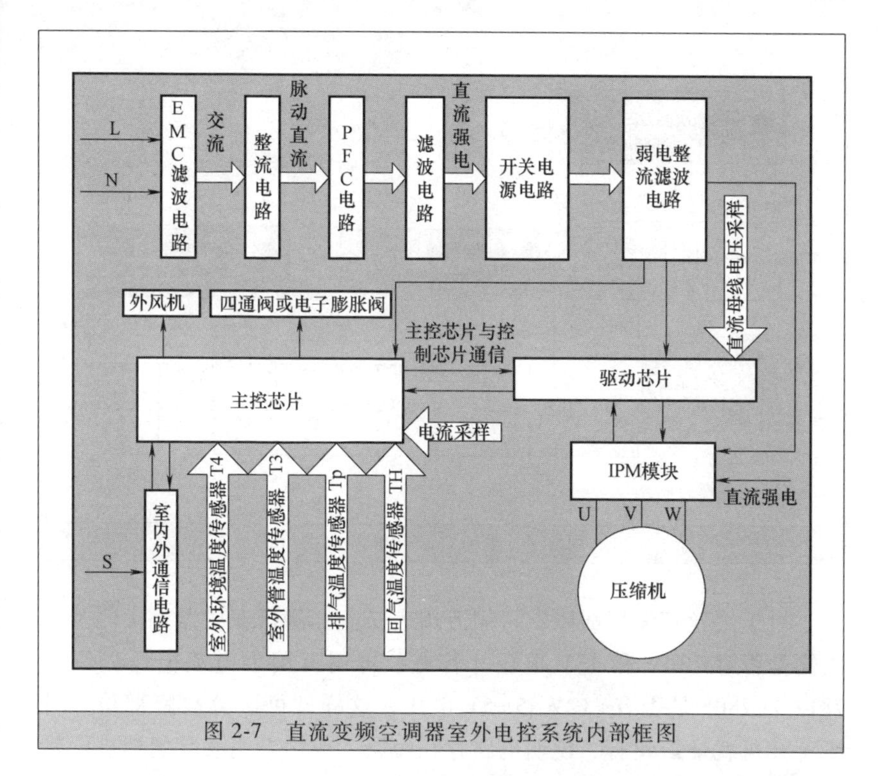

图 2-7　直流变频空调器室外电控系统内部框图

全直流变频空调器的压缩机、室内外风机均使用直流无刷电动机。直流变频并不是说压缩机是直流电供电，它的转化方式上与交流变频一样，都是采用“交→直→交”的方式。供给压缩机的电压还是交流的信号。

★三、电源电路简介

空调电路中，电源电路的作用是将交流 220V 电压降压、整流、经滤波、稳压成直流 12V、5V 为电路板供电。如图 2-8 所示，为典型的空调器电源电路原理图。

空调器电源电路造成的故障现象是指示灯不亮，整机不工作，故障的特征是熔丝管完好无损和一开机就烧熔丝管，该电路的易损元器件主要为熔丝管、变压器、整流二极管和电源稳压管 7805 等。对该类电源电路的检修方法如下。

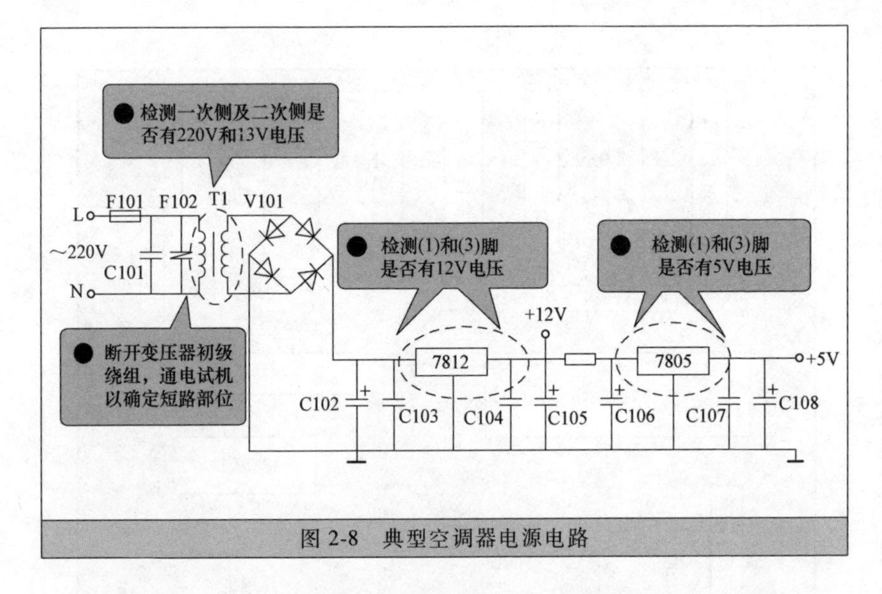

图 2-8 典型空调器电源电路

对于熔丝管无损故障，可用万用表交流档测量变压器一次侧及二次侧是否有 220V 和 13V 电压，若有，再用万用表直流电压档测量 7812 与 7805 是否有+12V 和+5V 电压，这样即可区分故障部位。对于一开机就烧熔丝管，说明电路存在短路，应用万用表欧姆档进行阻值检测，以判断电路的短路部位。同时，还可采用分割法来检查，如可通过断开变压器一次绕组，通电试机，如果还烧熔丝管，说明烧熔丝管是由于压敏电阻或瓷片电容存在短路，否则，是由于变压器或整流管等有短路现象。

★四、温度传感器电路简介

空调器温度传感器是通过热敏电阻将环境温度、管温温度、蒸发器温度、压缩机排气温度等温度的变化转化成一定数值电信号传给微处理器检测用，芯片根据电压值判断出此时的温度，使空调器按人设定的状态运行，创造一个舒适的空间环境。

采用微处理器电路控制的空调中，温度传感器是必备元器件，也是易损元器件。其损坏或性能不良，空调轻则工作状态失常，重则根本不能开机。图 2-9 所示为典型的温度传感器电路。

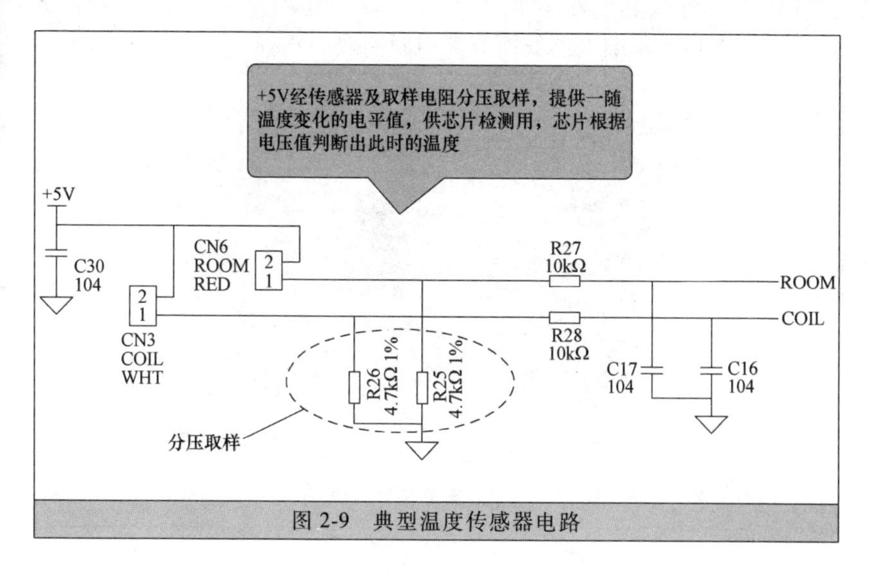

图 2-9　典型温度传感器电路

由于空调温度传感器采用的都是负温度系数热敏电阻，即在温度升高时其阻值减少，温度降低时阻值增大。热敏电阻的阻值因机型而异，例如，海尔空调 KFRd-48LW/z 在环境温度 25～30℃时室温传感器 23～18kΩ。因而，可用万用表欧姆档测量其电阻值判断好坏，如果所测量的电阻值为无穷大或很小，说明热敏电阻已损坏。

★五、继电器电路简介

空调器继电器电路是将微处理器发出的指令转化成控制压缩机、风机、四通阀等强电元器件的开、停的电路。它一般由集成功率驱动模块、继电器及相关元器件组成，该电路的关键元器件是继电器，如图 2-10 所示。

继电器电路由于工作在大电流条件下，故发生的故障比较多，故障多为集成功率驱动模块损坏、继电器线圈烧坏、触点粘连等，从而造成空调器不制冷或制冷异常。可按如下方法维修。

1）首先区分是集成功率驱动模块损坏或继电器损坏，如果开机按遥控器后，蜂鸣器有响声，但整机无工作，一般是集成功率驱动模块损坏；如果开机后，只是部分功能不正常，就有可能是继电器损坏，此时可继续通过听继电器是否有吸合声，来判断继电器是线圈烧坏或是触点粘连，继电器线圈烧坏时没有吸合声。

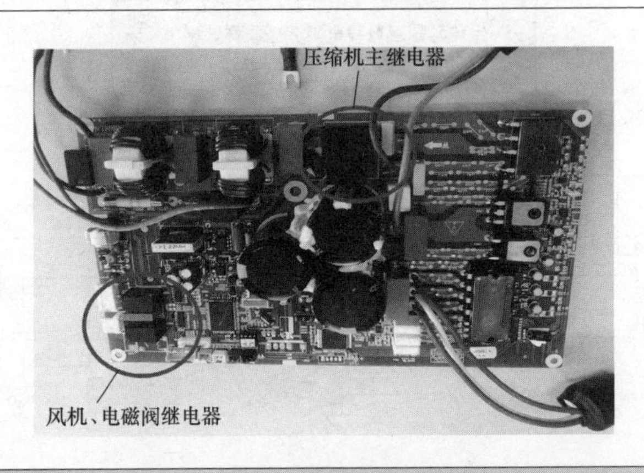

图 2-10　电控板上的继电器识别

2）继电器还可用万用表欧姆档判断好坏，断开电源，先测量线圈电阻值，正常的电阻值有几百欧姆，若为无穷大或为零，说明继电器损坏；然后测量触点，继电器为 12V 供电时，万用表测量触点阻值应为无穷大，如果电阻值为零则表明触点粘连。

★六、通信电路简介

典型的变频空调器通信电路由市电供电系统、室内微处理器 IC1、室外微处理器 U1 和光耦合器 PC1 ~ PC4 等元器件构成。如图 2-11所示，为室内机与室外机通信电路实物原理图。

室内、室外微处理器工作后，室内主控微处理器对室外负控微处理器进行检测，确认正常后才能进行通信控制。通常室内微处理器对室外微处理器发出控制信息，室外微处理器接收后进行处理完再延迟 50ms 发出应答信号，室内微处理器接收后方可执行下一步的控制，如果 500ms 后没有收到应答信号则再次重复发送数据，如果 1min 或 2min（直流变频空调为 1min，交流变频空调为 2min）内仍未收到应答信号，则室内微处理器判断外机微处理器异常，会输出通信异常的报警信号。

变频空调器有许多奇特的故障现象，常常是通信电路不良造成

的，所以通信电路是变频空调的检修重点，确认通信良好是排除故障的前提。在变频空调中，当空调器显示屏在开机后立即或隔一段时间显示通信异常或接线错误故障代码，则说明故障多出在通信电路。

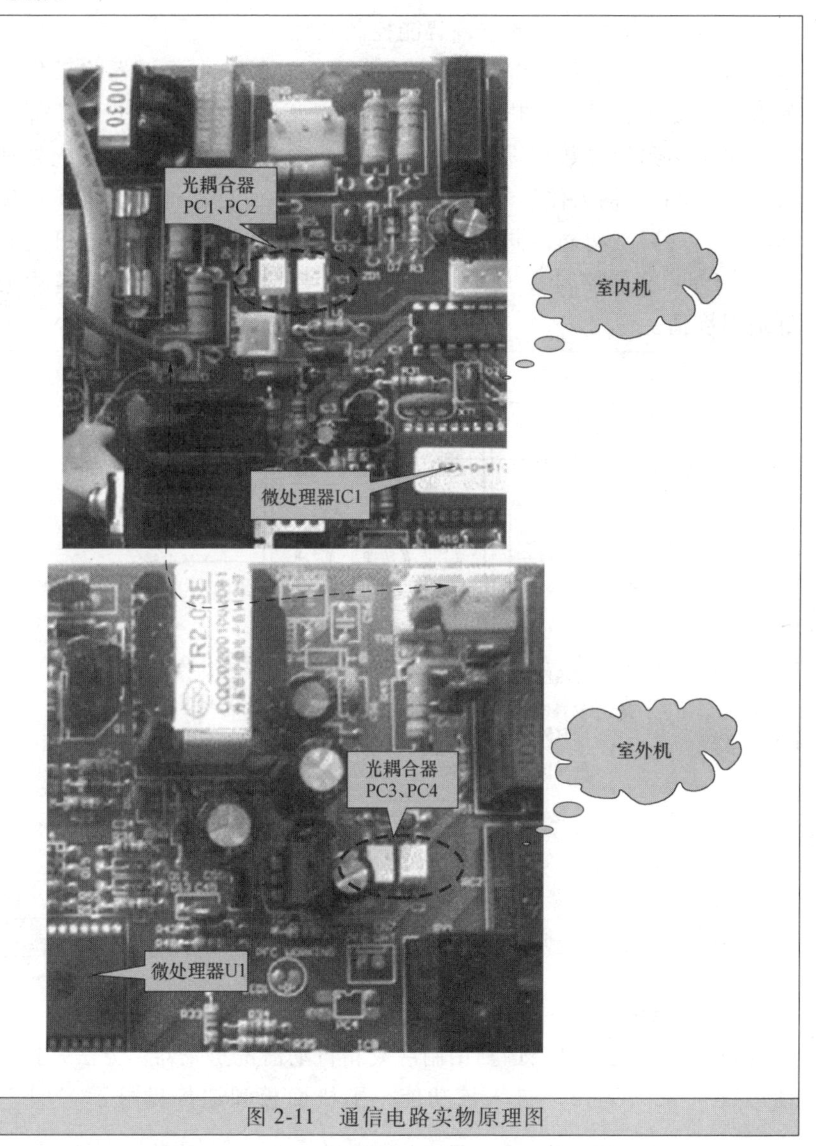

图 2-11 通信电路实物原理图

★七、空调新功能简介

(一) PMV

PMV 是人体舒适智能控制系统，是由海尔公司与中国标准化研究院联合创新研发而成的空调智能控制系统。

按下遥控器上的 PMV 按键（如图 2-12 所示），空调器将采集到的温度、湿度、风速、热辐射、着衣量、活动量等参数（注：部分产品采集不到的参数按默认值处理），通过 PMV 智能控制系统处理后，按 PMV 键使人体达最佳舒适状态的条件而自动运行。可实现凉而不冷、远离空调病，同时，PMV 模式比普通制冷模式省电可达到 36%。PMV 智能控制系统具有记忆功能，可自动记忆系统调整后的舒适温度值。

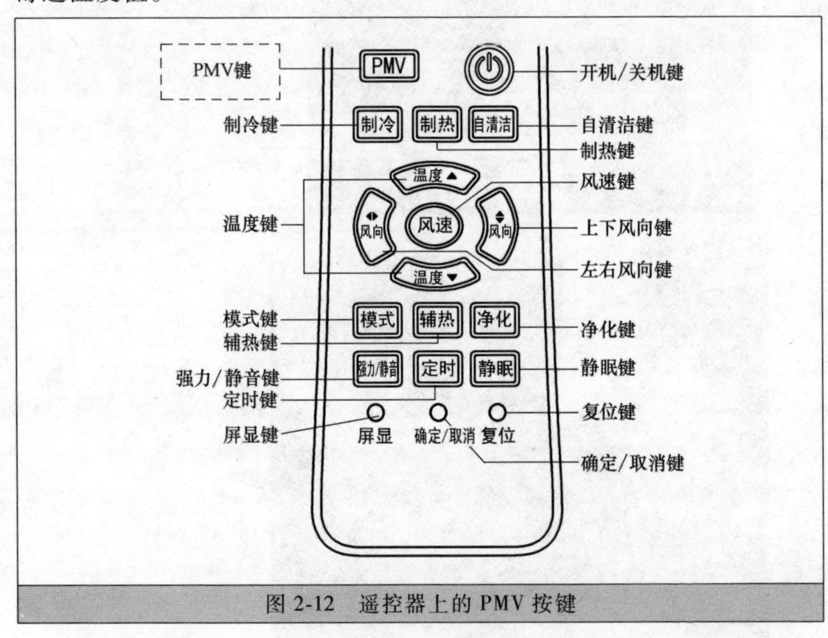

图 2-12 遥控器上的 PMV 按键

(二) 自清洁

自清洁功能就是空调利用制冷凝霜自动清洗蒸发器。方法是按自清洁键（见图 2-12）进入该功能，主机面板和遥控键显示“CL”，

空调运行 20~30min，自清洁完成后主机回响两声自动退出，恢复原状态；自清洁运行过程中重复按自清洁键无效且不能退出，按关机键或转换到其他模式即可退出。

（三）停电补偿

设定停电补偿功能后，整机运行过程中突然停电，再次恢复供电时，空调自动整机恢复到原来的工作模式（定时、睡眠、聪明风等除外）。

当空调器设定停电补偿功能后在使用过程中突然停电，若长时间不使用空调器，请切断电源以防来电后空调器自动恢复运转。

（四）除甲醛功能/负离子功能/除 PM2.5 功能

在开机状态下，除甲醛功能自动开启，按净化键（如图 2-13 所示），同时开启负离子和除 PM2.5 的功能。再按一下净化键，负离子和除 PM2.5 的功能取消。

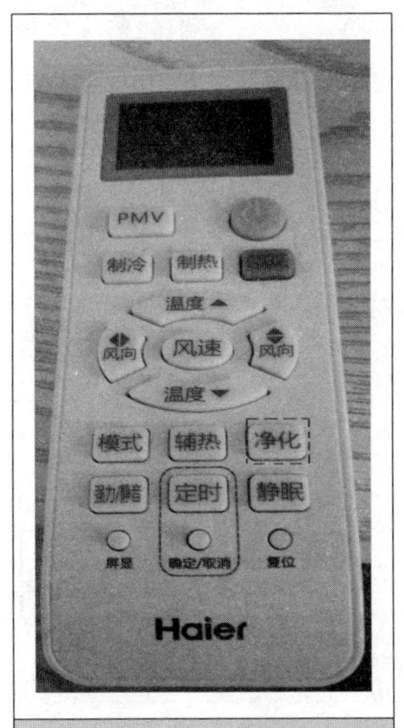

图 2-13　净化键

在关机状态下，按下净化键，机器进入除甲醛清新空气送风状态。按下开/关键可关闭除甲醛清新空气功能。

海尔除甲醛空调，采用特有的高效除甲醛技术和模块化集成技术，集成的模块能够迅速捕捉甲醛，并破坏其分子结构，将其分解成二氧化碳和水，从根本上高效去除甲醛。

$$HCHO+O_2 \rightarrow CO_2+H_2O$$

负离子发生器能激发大量负离子，有效平衡空气中正负离子的浓度，并有除菌及加速家中尘埃沉淀的功能，使房间中的空气清新健康。

除 PM2.5 功能：采用国际领先 IFD 高效集尘技术，强力去除 PM2.5 、PM10 等颗粒污染物，不仅效果显著，而且安全性更高。注意集尘模块需要定期清洗。

（五）WiFi 功能

通过 WiFi 网络实现远程控制、运行管理、能耗管理、设置睡眠曲线等功能，净享舒适温度。使用该功能时，空调器会自动连上到室内的 WiFi，手机下载相应空调厂家的 APP，通过手机上的 APP 对空调器进行运行管理和远程控制。

第三节　空调器主要元器件功能、封装及参考电路

（一）AQH2223 固态继电器功能、封装及参考电路

AQH2223 是一个 600V/0.9A 的光耦合件，固态继电器，输入侧驱动电流 50mA，工作电压 6V；输出侧耐交流电压 600V，输出电流 0.9A。输入/输出间耐交流电压 5000V。具有非过零触发功能。

AQH2223 采用双列直插或贴片 DIP 8 脚（实为 7 脚）封装，如图 2-14 所示。

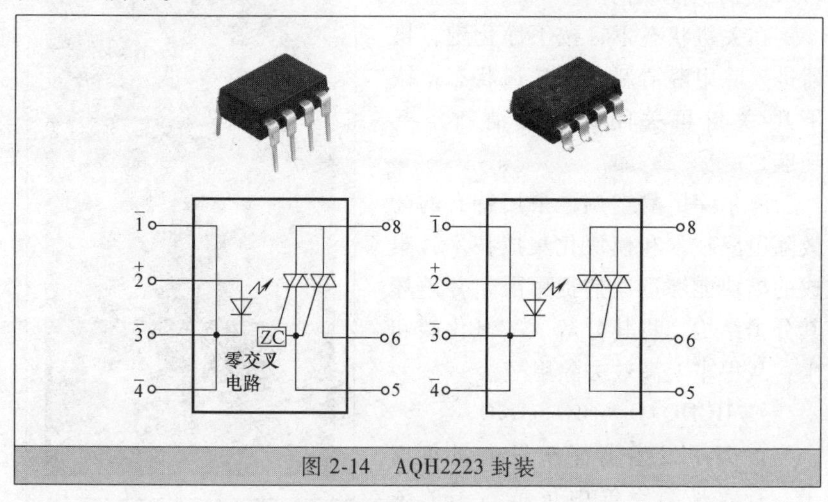

图 2-14　AQH2223 封装

AQH2223 固态继电器内部集成了晶闸管及光耦，其工作原理是：当第②脚与第①、③、④脚有电流流过时，内部的发光二极管发光，从而第⑧脚与第⑤、⑥脚会导通，用来驱动空调室内 PG 电动机。

实际应用中，固态继电器调速是通过改变固态继电器内部晶闸管导通角的方法来改变电动机端电压的波形，从而改变电动机端电压的

有效值，达到调速的目的，内部工作原理与晶闸管调速原理完全一样。图 2-15 所示为 AQH2223 参考电路。

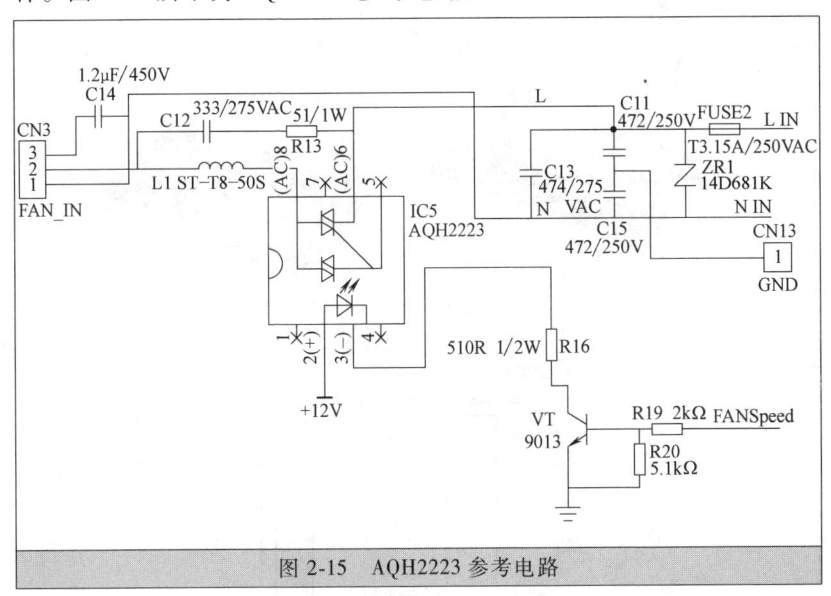

图 2-15　AQH2223 参考电路

图 2-15 为典型的室内 PG 电动机控制电路，采用 AQH2223 固态继电器内部光耦实现强弱电隔离；通过 FANSpeed（风扇速度选择）网络，MCU 控制 AQH2223 导通与截止。

（二）FAIRCHILD 智能功率模块 Mini-SPM 功能、封装及参考电路

FAIRCHILD 智能功率模块 Mini-SPM 系列采用高电平有效的逻辑输入，它避免了起动和关断操作中的控制电源和输入信号间的时序限制。因此，系统具有自动防故障功能。

FAIRCHILD 智能功率模块 Mini-SPM 实物及封装如图 2-16 所示。其控制信号直接与 CPU 相连。

（三）IRMCK311 功能、封装及参考电路

IRMCK311 内部集成了 8 位高速微控制器，采用高性能的 FOC 算法实现变频调速以达到节能的目的，是针对家电应用推出的高性能电动机控制芯片，可用于空调、洗衣机、风机、水泵电动机的调速控制。

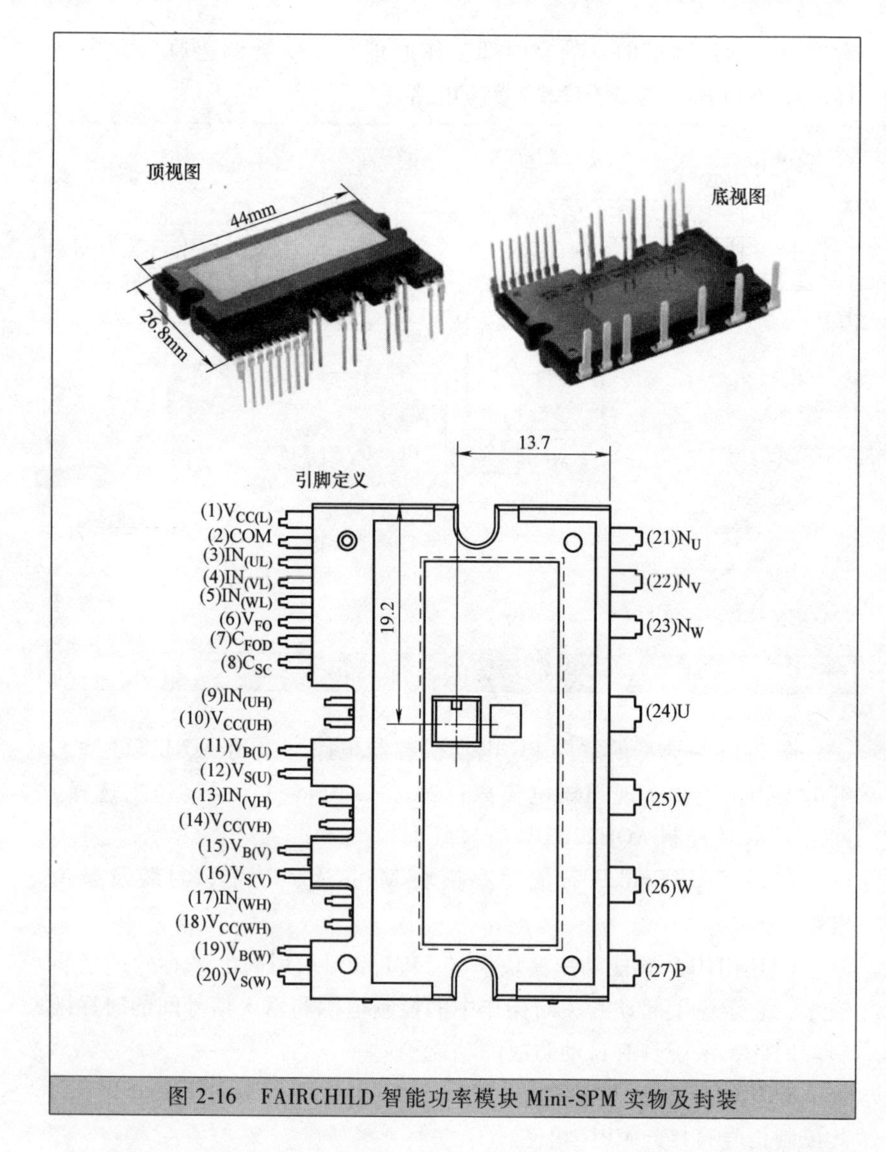

图 2-16 FAIRCHILD 智能功率模块 Mini-SPM 实物及封装

IRMCK311 为 64 脚封装，其顶视图如图 2-17 所示。在空调器的实际应用中，42~47 脚 CPWMWL~CPWMUH 用于 IPM 驱动。

IRMCK311 为新型的全变频控制双电动机控制器，其参考电路如图 2-18 所示。

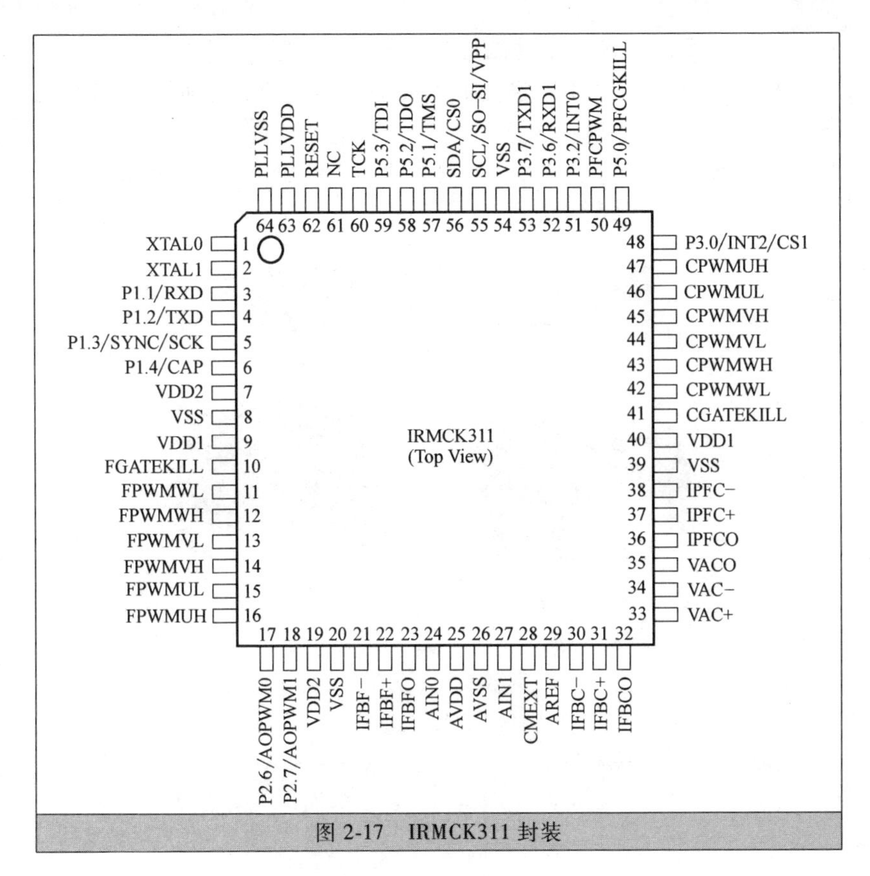

图 2-17　IRMCK311 封装

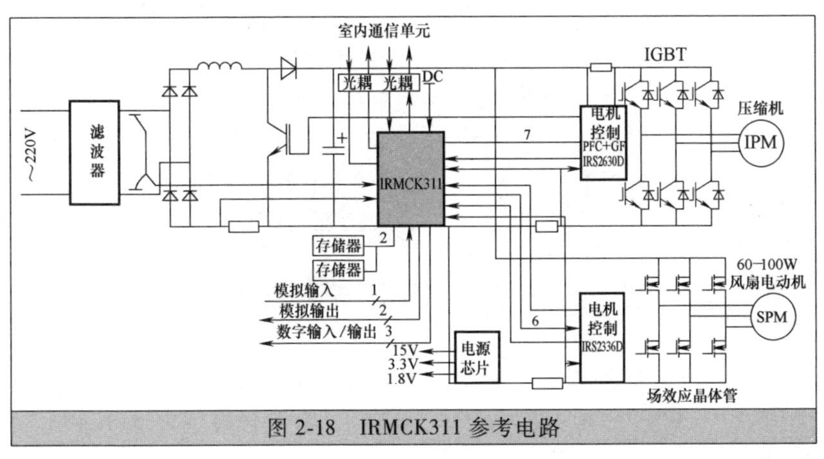

图 2-18　IRMCK311 参考电路

（四）KBJ15J 整流桥功能、封装及参考电路

KBJ15J 整流桥的作用将交流电转换为直流电，是通过二极管的单向导通原理来完成整流的。

根据外形的不同，变频空调器电路中，整流桥常见的封装主要有两种形式，如图 2-19 所示。

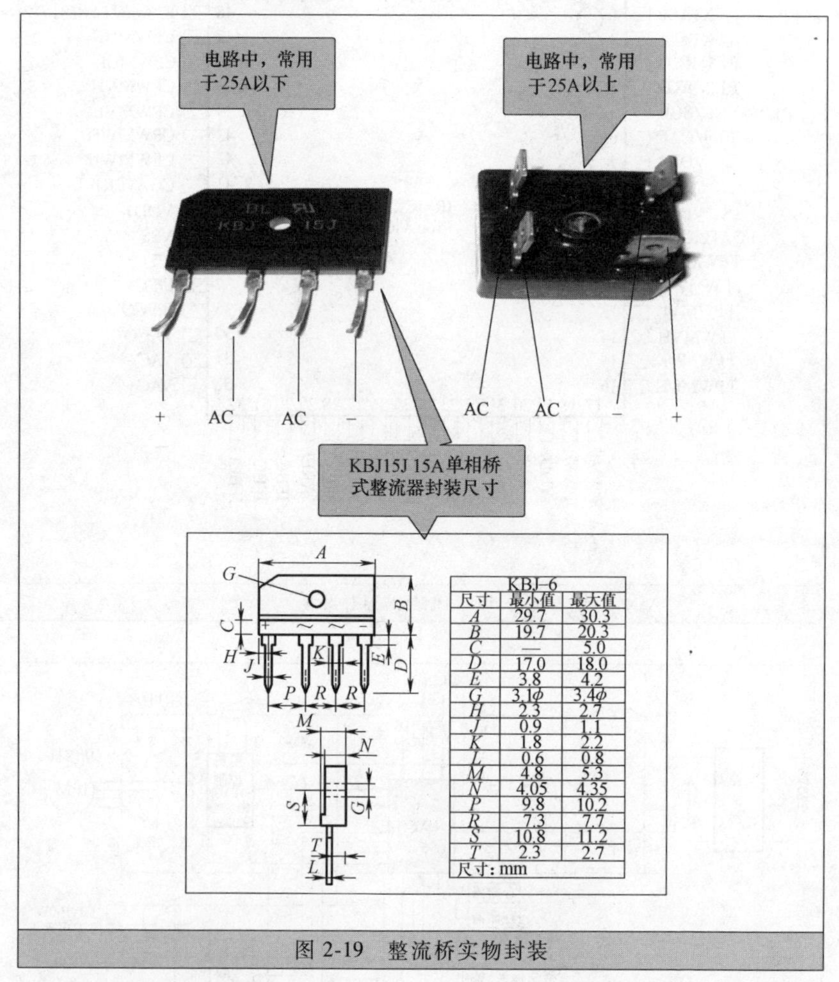

KBJ-6		
尺寸	最小值	最大值
A	29.7	30.3
B	19.7	20.3
C	—	5.0
D	17.0	18.0
E	3.8	4.2
G	3.1ϕ	3.4ϕ
H	2.3	2.7
J	0.9	1.1
K	1.8	2.2
L	0.6	0.8
M	4.8	5.3
N	4.05	4.35
P	9.8	10.2
R	7.3	7.7
S	10.8	11.2
T	2.3	2.7
尺寸：mm		

图 2-19　整流桥实物封装

图 2-19 左侧整流桥常用于 25A 以下，缺角端为“+”端，另一侧为“-”端，中间两侧为“AC”输入；右侧整流桥常用于 25A 以

上，与其他三个插片不同的为“+”端，对角为“-”端，余下的两插片为“AC”输入。

（五）LNK304 电源 IC 功能、封装及参考电路

LNK304 特别用来替代输出电流小于 360mA 的所有线性及电容降压式非隔离电源。其系统成本与所替代的电源相等，但性能更好、且效率更高。

LNK304 封装及参考电路如图 2-20、图 2-21 所示。

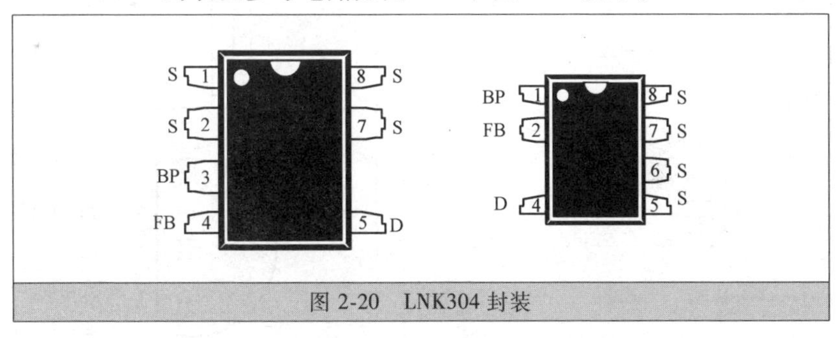

图 2-20　LNK304 封装

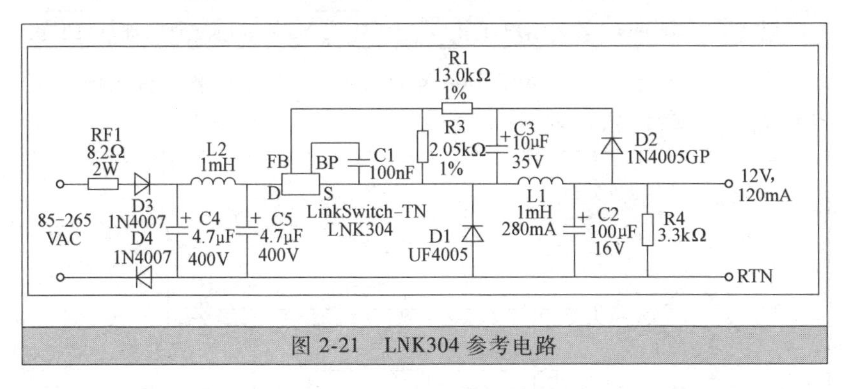

图 2-21　LNK304 参考电路

（六）MC34064 欠电压传感器功能、封装及参考电路

MC34064 是一种专用的欠电压检测器件，是在以微处理器或单片机为基础的系统中，一般要求在电源电压低于某一规定值时自动产生系统复位信号，以避免系统由于工作电压不正常产生误操作，或由于瞬时电压下跌过快，将会导致随机存储器中的数据丢失和程序破坏，甚至会加速器件的失效和损坏，使系统产生间歇故障或永久性故障。

MC34064 内部结构框图如图 2-22 所示，该器件由一个滞环比较器、一个已调整好的 1.2V 的基准电压发生器、一个驱动晶体管、一个钳位二极管和两个输入电压取样电阻组成。

MC34064 有两种封装形式，如图 2-23 所示。一种为三脚直接式塑料封装（后缀为 P）；另一种为 8 脚扁平式封装（后缀为 0）。

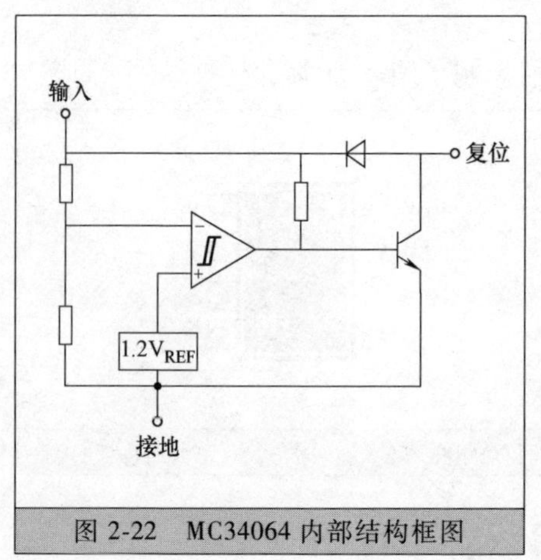

图 2-22　MC34064 内部结构框图

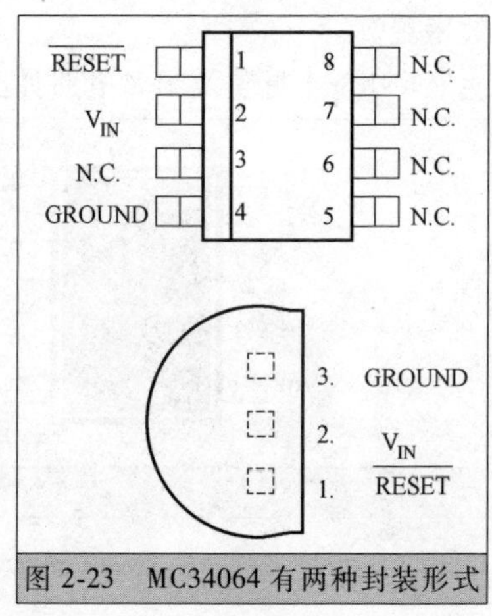

图 2-23　MC34064 有两种封装形式

如图 2-24 所示，是 MC34064 器件做微处理器或单片机欠电压复位电路的参考电路。

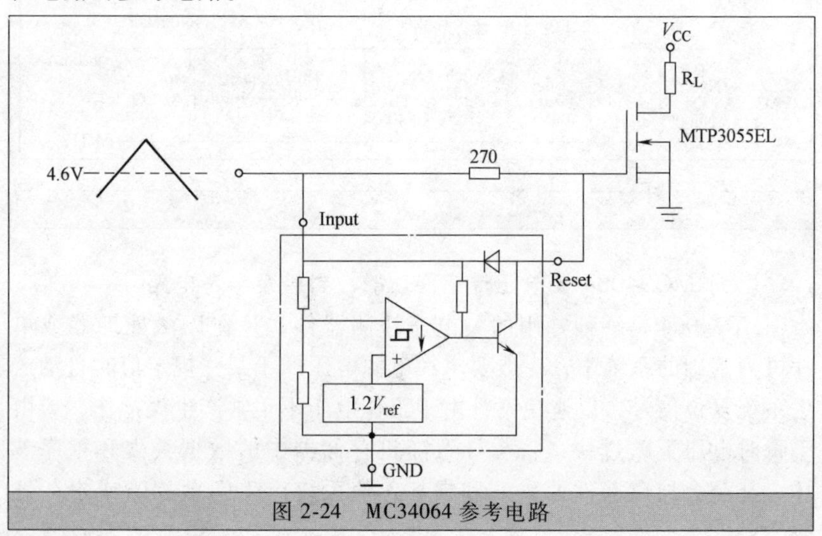

图 2-24　MC34064 参考电路

（七）PC817 光耦合器功能、封装及参考电路

PC817 光耦合器用在电路之间的信号传输，使之前端与负载完全隔离，目的在于增加安全性、减少电路干扰、简化电路设计。

PC817 光耦合器为紧凑型双列直插封装，其内部框图如图2-25所示。

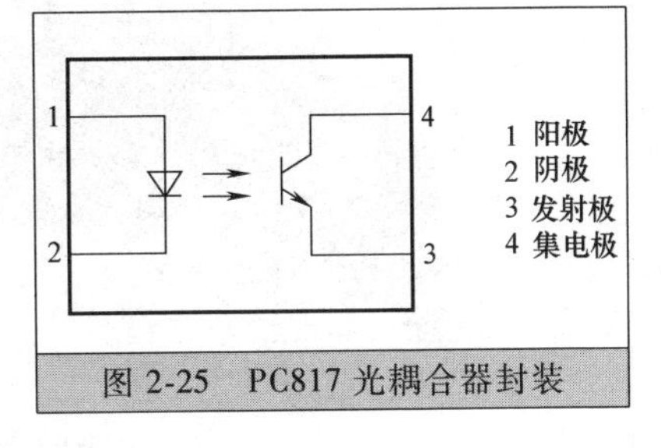

图 2-25 PC817 光耦合器封装

如图 2-26 所示，为 PC817 光耦合器参考电路。当输入端加电信号时，发光器发出光线，照射在受光器上，受光器接受光线后导通，产生光电流从输出端输出，从而实现了“电→光→电”的转换。

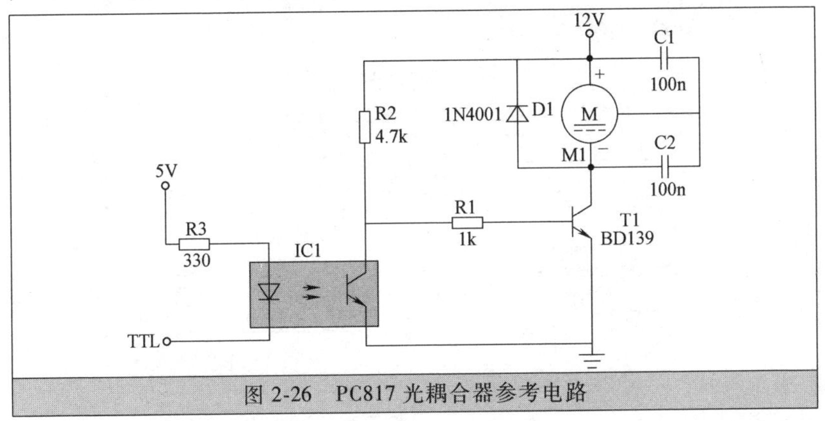

图 2-26 PC817 光耦合器参考电路

普通光耦合器只能传输数字信号（开关信号），不适合传输模拟信号。线性光耦合器是一种新型的光电隔离器件，能够传输连续变化的模拟电压或电流信号，这样随着输入信号的强弱变化会产生相应的光信号，从而使光敏晶体管的导通程度也不同，输出的电压或电流也随之不同。

（八）PM20CT060 功率模块功能、封装及参考电路

日本三菱 PM20CT060 功率模块与其他智能模块一样，采用许多在 IGBT 模块已得到验证的功率模块隔离技术。由于使用了新封装技术，使得内置的栅驱动电路和保护电路能适用的电流范围很宽，使系统的硬件电路简单可靠，并提高了故障情况的自我保护能力。

PM20CT060 功率模块实物及封装如图 2-27 所示。

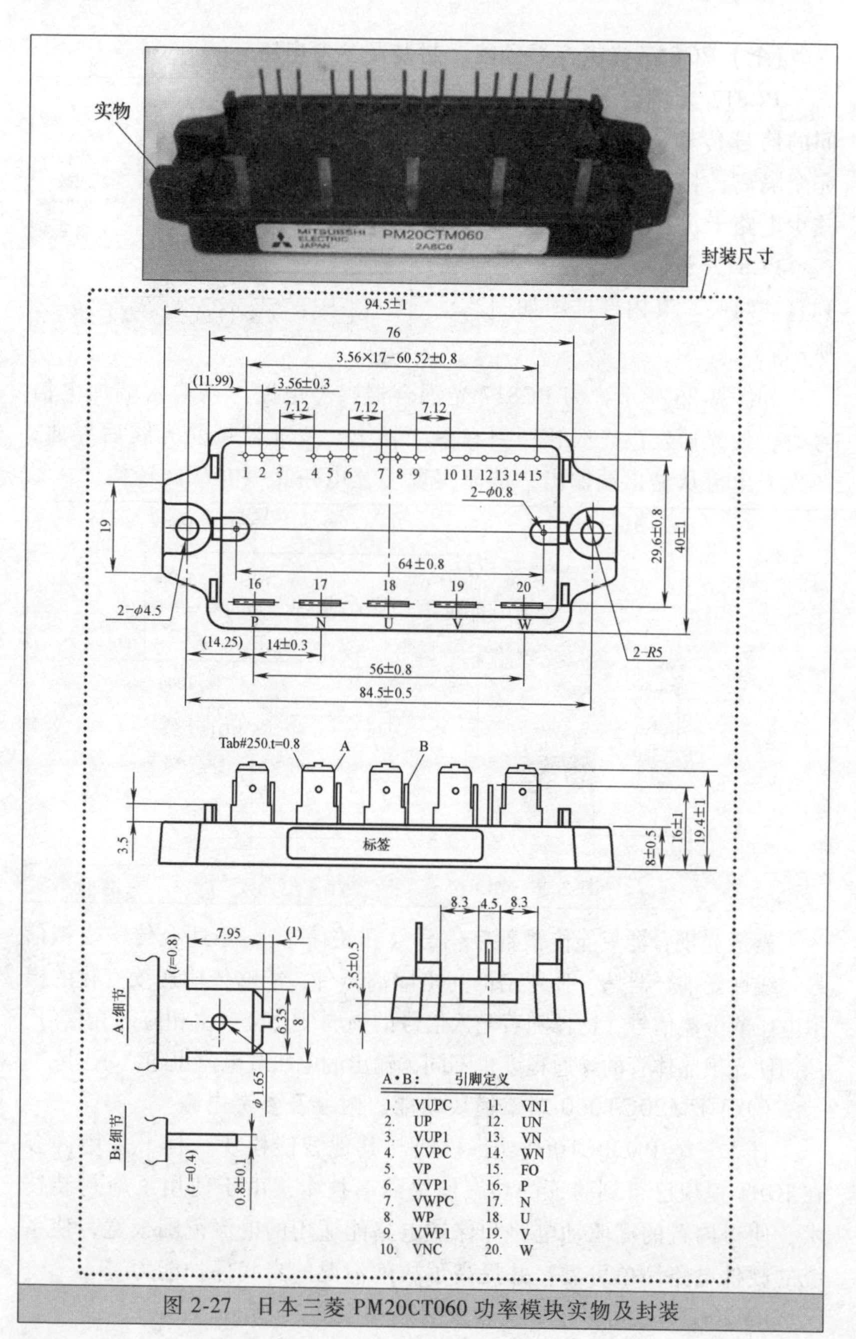

图 2-27 日本三菱 PM20CT060 功率模块实物及封装

（九）三菱 PSS30S92E6-AG 功率模块功能、封装及参考电路

三菱 PSS30S92E6-AG 功率模块是一种结构非常紧凑的智能功率模块，它采用便于大批量生产的压注模封装技术，其内部集成了功率硅片、栅极驱动和保护电路，使得它十分适用于交流 100～240V 级小容量电动机的变频控制。三菱 PSS30S92E6-AG 功率模块封装及参考电路如图 2-28 所示。

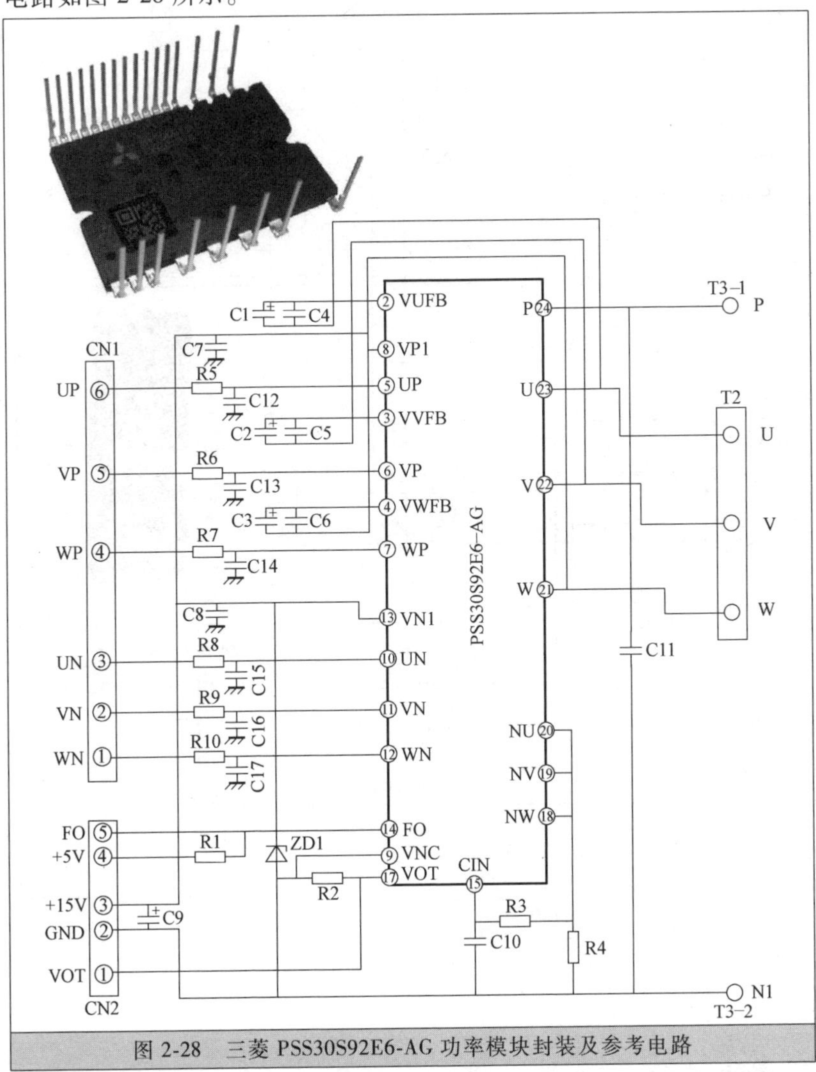

图 2-28　三菱 PSS30S92E6-AG 功率模块封装及参考电路

三菱 PSS30S92E6-AG 功率模块主要应用于空调器、洗衣机、电冰箱等家用电器的电动机驱动，以及小容量工业用电动机驱动。

（十）英飞凌 IRAMX16UP60A 功率模块封装及参考电路

IRAMX16UP60A 主要应用于交流电动机的驱动控制，例如洗衣

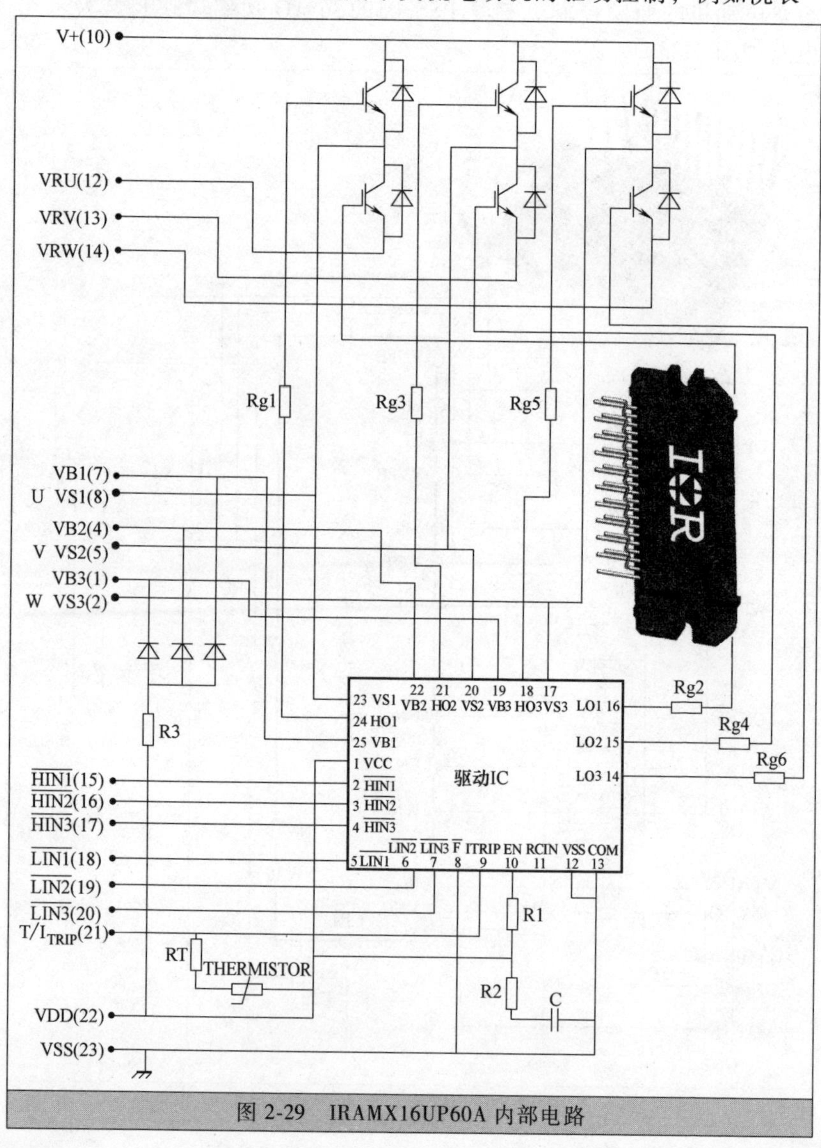

图 2-29 IRAMX16UP60A 内部电路

机、变频压缩机、冰箱等。

IRAMX16UP60A内置温度监控和过电流保护，其驱动内部电路设计比较简单，可用于直接对空调器交流变频压缩机进行控制，其内部电路及应用电路如图2-29、图2-30所示。

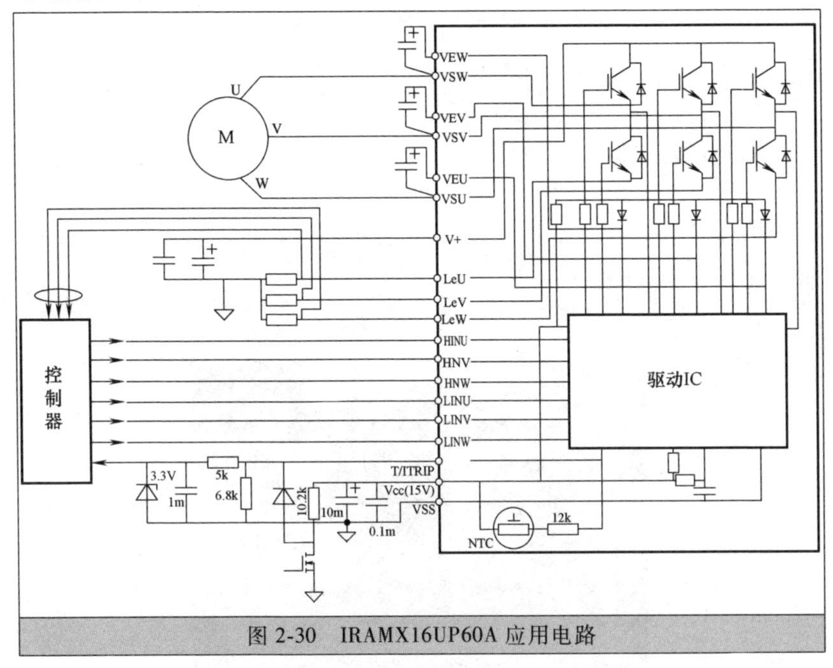

图2-30　IRAMX16UP60A应用电路

第四节　空调器维修方法

★一、空调器通用维修方法

对于空调器的维修，可借鉴检修其他家用电器一样的方法，采用“看”“听”“摸”“闻”“测”，“先外后内”“先简单后复杂”的检修程序排查故障。

1. “看”

即通过“看”来判断故障部位和原因，具体如以下方面。

1）看室内、室外连接管接头处是否有油迹，主要是看连接管接头处是否存在松动、破裂；看室内蒸发器和室外冷凝器翅片上是否有积尘、积油或被严重污染。

2）看室内、室外风机运转方向是否正确，风机是否有停转、转速慢、时转时停现象。

3）看压缩机吸气管是否存在不结露、结露极少或者结霜；毛细管与过滤器是否结霜，判断毛细管或过滤器是否存在堵塞。

4）看故障代码显示，并根据其含义来判断故障点。

5）查看压敏电阻、整流桥堆、电解电容、晶体管、功率模块等是否有炸裂、鼓包、漏液；或者线路是否存在鼠咬、断线、接错位及短路烧损故障现象。如图2-31所示拆开空调外机观察机内元器件是否存在明显的故障。

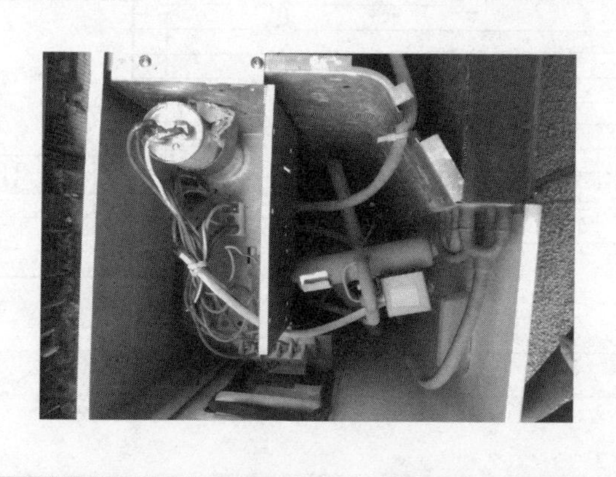

图2-31　拆开空调外机观察机内元器件是否存在明显的故障

2. “听”

即通过“听”来判断故障部位和原因，具体如以下方面。

1）听室内、室外风机运转声音是否顺畅；听压缩机工作时的声音是否存在沉闷摩擦、共振所产生的异常响声。

2）听毛细管或膨胀阀中的制冷剂流动是否为正常工作时发出的液流声。

3）听电磁四通阀换向时电磁铁带动滑块的“啪”声和气流换向时是否有“哧”声。如图2-32所示。

3. “摸”

即通过“摸”来判断故障部位和原因，具体如以下方面。

1）摸风机外壳、压缩机外壳是否烫手或温度过高；摸功率模块表面是否烫手或温度过高。

2）摸四通阀各管路表面温度是否与空调的工作状态温度相符合：或者说该冷的要冷，该热的要热。

3）摸单向阀或旁通阀两端温度是否存在一定的差别，以判断阀芯是否打开，开度是否正常。

4）毛细管与过滤器表面温度是否比常温略高；或者出现低于常温和结霜。

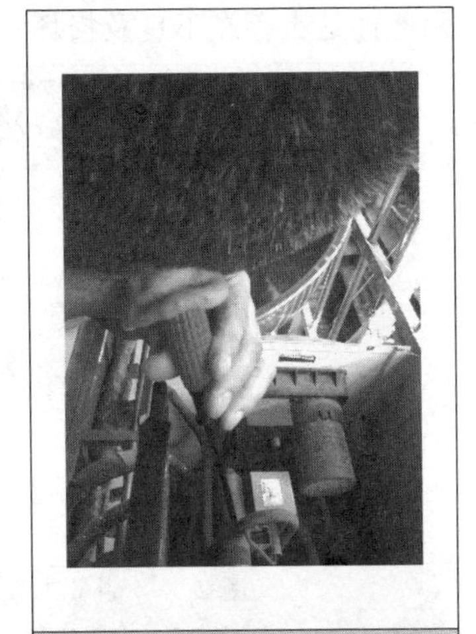

图 2-32　听电磁四通阀换向时电磁铁带动滑块的“啪”声

4. “闻”

即通过“闻”来判断故障部位和原因，具体如以下方面。

1）闻风机或压缩机的机体内外接线柱或线圈是否有因温升高而发出的焦味：闻线路板、晶体管、继电器、功率模块等是否有焦味。

2）闻切开制冷管路后管路及压缩机排出的制冷剂和冷冻油是否带有线圈烧焦味或冷冻油被污浊的味道。

5. “测”

即通过使用专用维修仪表工具对相关部位进行测量，来判断分析故障部位和原因，具体如以下方面。

1）测量室内、室外机进出风口温度是否正常。

2）测量压缩机吸排气压力是否正常。

3）测量电源电压和整机工作电流与压缩机运转电流是否正常。

4）测量风机、压缩机线圈间的电阻值是否存在开路、短路或碰壳。

5）测量功率模块输出端电压是否存在三相中不平衡、断相或无电压输出的现象。

6）测量线路及元器件的阻值、电压、电流等来判断分析线路及元器件是否存在不良及损坏。如图 2-33 所示。

图 2-33　测量线路及元器件的阻值、电压、电流等判断分析线路及元器件是否存在不良及损坏

6. “先外后内”

变频空调故障可分两大类：一类是空调外部因素导致不是故障的故障；另一类是空调自身故障。因此在分析处理变频空调故障时，首先要考虑排除空调的外部故障，采用“先外后内”的方法排查故障。

比如：用户的电源电压是否过高或过低；电源线是否存在容量不足；电源线路是否存在接触不良；外机排风口有无杂物遮挡或不畅通；空调的安装位置是否靠西晒；遥控器功能设置是否正确等。在排除空调外部因素后，再考虑空调的自身故障。

7. “先简单后复杂”

在检查过程中，要分析是制冷系统故障还是电气系统故障，通常在这两类故障中，先要判断或检测制冷系统是否存在漏制冷剂，缺少制冷剂或制冷剂过量；制冷系统是否存在管路堵塞，冷凝器散热不良或通风不畅；四通阀和电子膨胀阀是否存在关闭不严、串气或开度有问题等。通过排除这些简单的物理性故障后，然后再考虑排除电气系统故障。

电气系统故障一般较为复杂，通常先要考虑排除电源故障，包括室内机和室外机电源，特别是采用开关电源的电路；再考虑排除电控部分故障，比如：压缩机和风机故障；继电器或双向晶闸管是否存在

接触不良、开路或短路故障；后考虑排除电路故障，比如：驱动电路、电压检测电路、电流检测电路、判断或检测主控芯片电路、晶振电路、复位电路及存储器电路等。综合考虑缩小故障范围，加速查找故障部位和原因。

★二、空调器电控板故障维修方法

1. 上电跳闸故障的维修方法

上电跳闸故障主要表现是空调上电开机后不久空调专用的断路器就会跳开，整机掉电，由于没有故障代码，维修人员很难找到引起问题的部件，而无法进行维修。

通常上电跳闸主要有以下原因。

1）整机运行电流太大超过了断路器的承载能力。

2）空调内有器件损坏发生短路，当该器件上电时断路器短路保护跳开。

3）空调内某器件对地漏电，当这个器件得电工作时因为漏电流太大使断路器跳开。

4）同一个断路器上有多个大功率电器，空调运行时因为总电流过大导致断路器跳开。

该故障的检查路径如下：

排查空调使用的断路器同时给几个电器供电→断开内外机连接判断故障在室内机还是外机→断开不同的器件对比查找问题器件。

具体维修步骤如下。

1）如果空调开始运行一段时间后跳闸。应该先排查和空调一条线路上有没有其他电器，是不是空调和同一线路上的其他电器的电流总量超标了？可以试着断开其他用电器后再运行空调试试看。

2）如果排除了其他电器的影响，则还要区分让断路器跳闸的是室内机还是外机，可以断开连机线，然后上电开机，如果仅室内机上电的时候不会跳闸，则问题在外机；如果仅室内机上电就会跳闸，则问题在室内机。

3）区分了内外机问题后，就开始对室内机或外机的用电器件分别拔掉开机测试，如果某个器件被拔掉后跳闸不再发生，则拔掉的那个器件就很有可能是问题器件，更换后再开机试一下。空调上所有的用电器件都要断开测试，包括：内电动机、外电动机、压缩机、四通阀、电加热器、所有传感器、负离子、静电集尘器、步进电动机、同步电动机、显示板等（所有测试也可以辅以万用表测试）。

4）有时候器件的问题可能要在运行一段时间后才能出现，也就是“热绝缘失效”，这种问题最难处理，需要耐心反复求证，如压缩机、电动机等就有可能刚运行时没问题，运行一段时间后因为对地绝缘失效而出现问题。可以试着用绝缘电阻表测一下压缩机端子对地，电动机线路对地的绝缘电阻是否过低。

2. 温度传感器故障的维修方法

空调器电路中的温度传感器主要有室内环境温度传感器、室内盘管温度传感器和室外盘管温度传感器等，它们的安装位置如图 2-34 所示。

图 2-34　几种温度传感器的安装位置

温度传感器出现故障，空调主板会检测到，温度传感器所返回的电压值超出了正常范围，会报“室内环境传感器”“内盘管传感器”或“外盘管传感器”故障并显示相应的故障代码。

检修空调器传感器故障，首先要弄清各传感器的阻值。一般来说，室内环境、盘管、室外盘管传感器的阻值定频机都为 5kΩ 左右，变频机多数为 15kΩ 或 20kΩ 左右。目前只有少数几个品牌空调的管温和室温传感器的阻值是不一样的，例如松下室温是 15kΩ，管温是 20kΩ，海信有一款机型的室温 5kΩ，管温 70kΩ。

传感器故障的检查路径如下：

传感器→传感器线→接插件→内主控板或外主控板上的传感器电路（分有或无外主控板机型）→主芯片。

具体检修步骤及要点如下。

1）传感器有无明显阻值问题，短路开路，阻值应在合理范围内（定频机 5kΩ 左右，变频机 15kΩ 或 20kΩ 左右），如图 2-35 所示。

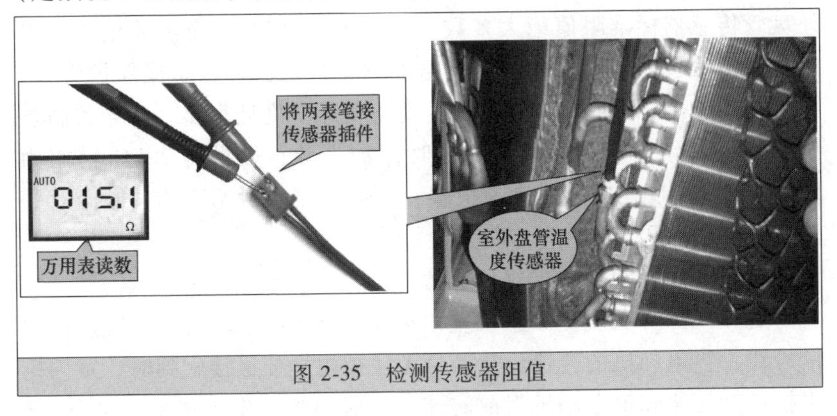

图 2-35 检测传感器阻值

2）检查传感器线有无破损。

3）检查插接端子是否插接牢靠，端子和主控板焊接的地方是否有松动，必要时可轻微用力扳动查看。

4）检查传感器有无进水受潮可能。

5）如手头没有标准传感器，可用旁边的传感器交换一下，看故障内容是否改变，如果改变则说明传感器有问题需要更换；如果依然报相应的“传感器故障”（室内传感器或室外盘管传感器）则很可能是内主控板或外主控板问题，更换内主控板或外主控板。

6）定频机的内室温传感器标准阻值绝大多数为 5kΩ，变频机的内室温传感器标准阻值绝大多数为 15kΩ，维修时注意不要用错。如果将 5kΩ 错用为 15kΩ 会导致检测温度比实际温度低很多，导致制热不停机，制冷不开机等；如果将 15kΩ 错用为 5kΩ 会导致检测温度比实际温度高很多，导致制热不开机，制冷不停机等。

7）定频机的内盘管传感器标准阻值绝大多数为 5kΩ，变频机的内盘管传感器标准阻值绝大多数为 20kΩ，维修时注意不要用错，否则可能导致机器错误感知内盘管温度导致“防冻结”或“防高温”。如果将5kΩ错用为20kΩ，检测温度比实际温度低很多，会导致制热时防冷风系统压力大，制冷频繁防冻结保护；如果将20kΩ错用为5kΩ，检测温度比实际温度高很多，会导致制热频繁防高温保护，制冷时过负载保护。

8）定频机的外盘管传感器标准阻值绝大多数为5kΩ，变频机的外盘管传感器标准阻值绝大多数为20kΩ，维修时注意不要用错，否则可能导致机器错误感知外盘管温度频繁进入保护状态或保护失效。如果将5kΩ错用为20kΩ，检测温度比实际温度低很多，会导致制热时频繁进入除霜，假除霜，制冷时保护失效；如果将20kΩ错用为5kΩ，检测温度比实际温度高很多，会导致制热时不除霜，制冷时频繁进入保护停机。

3. PG电动机故障的维修方法

定频或部分交流变频空调室内风机多为PG电动机，有转速反馈信号线，当电动机的转速反馈信号无法被内主控板接收到时，室内机主控板就无法知道电动机当前转速，此时会报“室内风机故障”。导致转速反馈信号消失主要有如下原因：

1）风机被卡住无法转动。

2）风机内部速度反馈元件损坏。

3）内主控板的速度反馈信号接收电路有问题。

该故障的检查路径如下：

PG电动机是否被异物卡住→速度反馈线→速度反馈端子接插件→内主控板上的转速反馈电路→主芯片。

该故障的具体检修步骤和要点如下：

1）观察风机故障出现前风机是否能运转一段时间，如果能够运转一段则可以排除机械卡阻原因。

2）无电状态，用手拨弄室内机风叶看是否有阻力，有些偶尔出现的“室内风机故障”可能与轴承配合有关。

3）重新插拔风机的驱动线和速度反馈线，排除因为接插件松动导致的风机故障。

4）观察控制板上的速度反馈接插端子是否有松动，必要时可轻

微用力扳动查看。

5）用随身携带的PG电动机替代故障空调上的电动机插在内主控板上（先不必与风叶一起固定），如果依然报“室内风机故障”则问题在主控板，更换内主控板；如果故障不再出现，则说明是室内风机的问题，将室内风机进行更换安装。

【维修日记】 只要室内风机在转动，内主控板就不会报“室内风机故障”，虽然有时候风机明显有问题，（如：因为风机电容坏而出现转速很慢，因为速度反馈不正常间歇性的忽高忽低运转）也不会报出“室内风机故障”。因此风机类的故障要求维修人员耐心观察，并与正常状态进行比较，对比风机是否正常，灵活查找和解决问题。

4. 直流电动机故障的维修方法

直流变频空调的内、外风机一般为直流电动机，它通过五芯插件与内主控板或外主控板相连，通过这个插件驱动电动机转动并感知当前转速反馈。当电动机的转速反馈信号无法被内主控板或外控板接收到时，室内机主控板就会报“直流风机故障”。

导致转速反馈信号消失的原因主要如下：

1）风机被卡住无法转动。

2）风机内部速度反馈元器件损坏。

3）内主控板或外主控板的速度反馈信号接收电路有问题。

该故障的检查路径如下：

直流风机是否被异物卡住→电动机是否损坏→电动机端子接插件是否松动→内主控板上的转速反馈电路是否异常。

具体维修步骤及要点如下：

1）观察风机故障出现前风机是否不断加速到极高转速，如果能够运转一段时间则可以排除机械卡阻原因。

2）重新插拔直流风机插件，排除因为接插件松动导致的风机故障，必要时可轻微用力扳动查看，如图2-36所示。

3）用随身携带的直流电动机替代故障空调上的电动机插在内主

图 2-36　检查风机插件

控板上（先不必与风叶一起固定），如果依然报“直流风机故障”则问题在主控板上，更换内主控板或外主控板；如果故障不会再出现，则说明是直流风机的问题，将直流风机进行更换安装。

4）如果手头只有万用表，也可以分是主控板问题还是风机问题，方法是：将电动机与主控板连接好，当空调制冷开机后不久，检查电动机驱动线（一般为黄线）和0V直流地线（一般为黑线）之间的电压应该逐渐升高，同时风机应该逐渐加速，如果此时直流风机仍然不转动，则可以判断直流风机损坏。

【维修日记】 直流电动机五根引线分工（以松下直流电动机为例，大多数空调的直流电动机基本相似）如图2-37所示。

1）310V线-V_m/红，这根线是强电，应谨防触电，正常时应该在310V左右。

2）0V直流地线-GND/黑，所有电压测试以此为基准。

3）15V电源线-V_{cc}/白，正常时应该是稳定的15V。

4）速度反馈线-V_{sp}/黄，风机转动时应该有0.5~5V电压。

5）电动机驱动线-PG/蓝，风机转动时应该有2.0~7.5V之间。

5. 外主控与模块板通信故障的维修方法

只有模块板与外主控板分立的机型有这个故障。正常工作时，模块板与外主控板之间需要通信协调工作。当彼此的通信联系不上时，外主控板会报“主控板与模块板通信故障”。只有“模块板，数据线，外主控板”三个部件与通信有关。

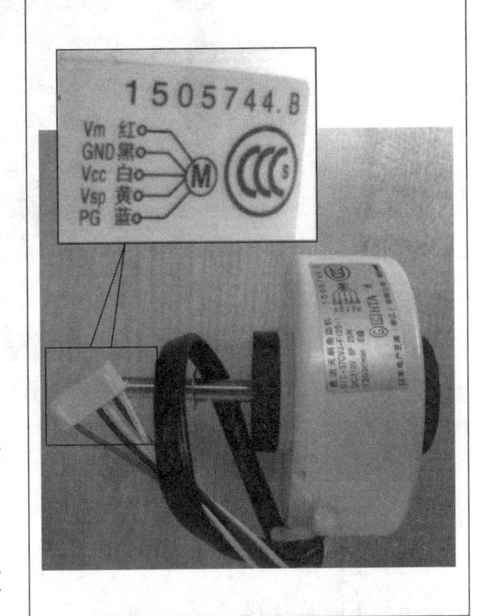

图 2-37　松下直流电动机五根引线定义

该故障的检查路径如下：

数据线接触→模块板电源→模块板代换→外主控板代换。

具体维修步骤及要点如下：

1）首先检查模块板与主控板之间的通信连接线（多为 4 芯）是否松脱，接触是否有问题。

2）用万用表测量从外主控板引来的电源是否正常，特别关注 5V（3.3V）电源有没有引到模块板上，要排除模块板没有 5V（3.3V）电源不能正常运行的可能性。

3）维修人员应使用随身带的正常模块板替换问题空调上的模块板，外机上电后，如果通信故障消失，则问题在原模块板上，如果依然报通信故障，则应该更换外主控板。

6. “EE”故障的维修方法

空调运行需要预设很多参数，这些参数就放在一个数据存储芯片中，这个 8 脚芯片叫做“EEPROM”，简称“EE”，如图 2-38 所示。外主控板上电运行后会先读取 EE 中存储的数据才能工作，如果读不出 EE 中的数据就会报“室外 EE 故障”，并告知室内机在显示屏上报出相应的故障代码。

报“EE”故障主要有如下原因：

1）EE 芯片数据格式不对。

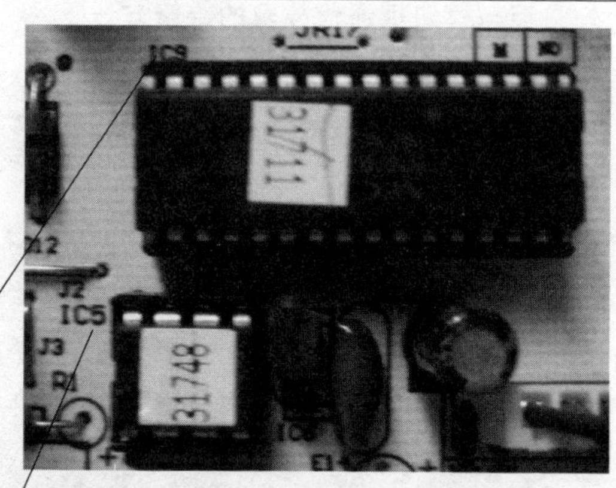

IC9为主程序，IC5为参数程序，平常时售后更换的一般都是参数程序

图 2-38　EEPROM 在电路板中的位置

2）EE 芯片损坏。

3）EE 接触不良或 EE 读取电路有问题。

4）EE 芯片装反等。

该故障的检查路径如下：

EE 规格错误→EE 损坏→EE 接触不良→EE 插反→外主控板 EE 读取电路损坏。

具体维修步骤及要点如下：

1）EE 芯片一般都是和外主控板焊接在一起的，因此如果报“外机 EE 故障”，直接更换外主控板即可。

2）有少数新品空调器，会将 EE 插接在 EE 插座上，如果这种机器报故障，应该先观察 EE 和插座的接触是否出现问题，可以在掉电状态下拔下 EE 芯片，用小刀刮擦引脚和 EE 插座，去除氧化层后，再次插入插座开机测试。

3）更换通用板时，需要重新插 EE，这个时候往往出现问题最多，要特别注意使用的 EE 规格是配主控板的，还是配模块板的，压缩机型号是对应正确的。还要注意，EE 插入方向要正确，特别注意 EE 有缺口的一侧，要和外主控板上做特殊标记的一端对应插入。

4）有的机型如果 EE 插反，可能会出现外机不上电的状况，或

者外机电源时有时无的状况，因此务必确保 EE 方向正确。

7. 过欠电压保护故障的维修方法

变频空调器都有电压检测电路，不同机型电压检测电路所在位置不同（模块板，外主控板上）。当用户家电源电压低于 135V 或高于 275V 时，检测电路会检测到过欠电压信号传给外主控板，外主控板就会报“过欠电压保护故障”，并通过室内机显示出来。

该故障的检查路径如下：

电源电压→内部直流电压→电抗器接线→PFC 板→模块板→外主控板。

1）首先要检查用户家的电源环境，特别要在空调压缩机运行一段时间后测量电源电压，正常供电电压应该在 198~242V，超出这个范围，空调器最低能保证工作的电压范围不能超过 165~265V，特别需要注意空调压缩机运转前后电压值不能拉低很多（电压降低超过 25V），电源被过分拉低，往往意味着用户家电源线容量不够，应建议用户换新线路或者安装专门的空调电源稳压器。

2）对于有 PFC 板的外机（没有单独的整流桥），还需要确认一下 PFC 功能是否打开，方法是用万用表的直流电压档，压缩机运行时测试模块板或外主控板上的 P-N 之间电压是否在 200V 以上，如果电压低，则可能是电抗器问题，或者是 PFC 板坏。

3）如果空调一上电，压缩机还没有运行，就报出“过欠电压保护故障”，且万用表测试电源电压不低于 150V，则很可能是电压检测电路本身出现问题，需要首先确认电压检测电路在哪个控制板上，然后更换。较常见的方案中：单板单芯片方案外机应该直接更换外控制器；120°驱动方案变频机应该更换模块板；儒竞方案控制器应该更换外主控板；一体式模块柜机应该更换模块板。

【维修日记】 部分机型，过欠电压故障是通过模块板和外主控板之间的连接线传递的，因此有可能出现模块板与外主控通信不好，导致电压信号没有传递过来，假报“过欠电压故障”的问题，但等待几分钟后，故障会最终确定为“外主控与模块板通信故障”，这种问题要注意。

8. 外主控与模块板通信故障的维修方法

正常工作时，模块板与外主控板之间需要通信协调工作，当彼此的通信联系不上时，外主控板会报“主控板与模块板通信故障”。只有“模块板，数据线，外主控板”三个部件与通信有关。

该故障的检查路径如下：

数据线接触→模块板电源→模块板代换→外主控板代换。

该故障的检修步骤和要点如下：

1）首先检查模块板与主控板之间的通信连接线（多为4芯）是否松脱，接触是否有问题。

2）用万用表测量从外主控板引来的电源是否正常，特别关注5V（3.3V）电源有没有引到模块板上，要排除模块板没有5V（3.3V）电源，不能正常运行的可能性。

3）维修人员应使用随身带的正常模块板替换问题空调上的模块板，外机上电后，如果通信故障消失，则问题在原模块板上，如果依然报通信故障，则应该更换外主控板。

9. PFC保护故障的维修方法

PFC板是变频空调上用来进行功率因数校正和升压功能的器件，简单说，就是给压缩机提供一个稳定的电压环境，提高压缩机运行稳定性的功能板，当PFC板因为过电流、过电压问题导致无法正常打开时，就会向外主控板和内主控板发送“PFC保护故障”。

该故障的检查路径如下：

电源电压→交流直流电源通路→PFC板数据线解除→PFC板→外主控板。

该故障的具体检修步骤和要点如下：

1）首先检测电源电压是不是不稳定，波动很大，或者电压过低（低于交流135V）。

2）电抗器是PFC的核心部件之一，因此应检查电抗器连接线是否接触良好，电抗器本身有没有损坏，导致PFC功能无法进行。但要注意绝对不可以直接将电抗器用短路导线代替。

3）如果“PFC保护故障”在开机后立即会报出来，则基本可以确定是实质性故障，与电源电压等无关，此时应该先观察PFC板附

近有没有明显打火损坏器件。

4）测试 PFC 板上的 15V 电源，5V（3.3V）电源是否稳定，排除因外主控板电源问题导致 PFC 板报故障。

5）也可用正常 PFC 板代换测试，如果换 PFC 板后测试正常，则原 PFC 板损坏。

6）也不排除因为模块板 15V 电源或 5V（3.3V）电源存在问题，导致影响了 PFC 板的控制电源出现问题。

7）有的模块板是 PFC 功能和压缩机驱动功能一体实现的，此时可以直接更换一体模块板。

8）对于单板单芯片主控板，出现 PFC 保护故障，如果电源电压无问题，电抗器连接无问题，电抗器无问题，可以直接更换外机控制器。

10. 模块保护和压缩机失步故障的维修方法

功率模块是直接驱动压缩机运转的部件，它本身可以对压缩机驱动中出现的过电流、过电压、过热等故障第一时间自我保护，停止压缩机驱动工作。同时发出一个“停机请求”给模块板。由这个“停机请求”触发的故障，就叫作“模块保护故障”。

模块板驱动压缩机运转的时候会不断测试压缩机引线上的电流大小，并计算压缩机转子的位置，当压缩机偏离正常的运行状态非常多的时候，就会因为压缩机线电流太高或检测不准压缩机转子位置而报“压缩机失步故障”，这个故障往往会和“模块保护故障”先后出现，检查的方法大体也差不多。

两种故障的检查路径如下：

电源电压→压缩机线电抗器线等→系统堵→模块板坏→外主控板损坏→压缩机损坏。

两种故障的检修步骤和要点如下：

1）首先检查压缩机线线序是不是错误导致压缩机反转。可以交换 U-V 相上的压缩机线，看看问题能否解除。

2）检测电源电压是不是不稳定且波动很大，检测系统压力是否正常，系统压力太高导致压缩机运转困难。

3）检查模块板在散热器上是否固定牢靠，是否存在散热不良。

4）检查内外换热器是不是很脏导致换热不好，系统压力过大。

5）如果“模块保护故障”在开机后立即会报出来，则基本可以确定是实质性故障，与电源电压和系统压力等无关，此时应该先观察模块板附近有没有明显打火损坏器件；用万用表测量压缩机线两两之间的电阻是否一样，正常的压缩机线两两之间的电阻是欧姆级别的极小电阻，且基本相等；再用绝缘电阻表测量三根压缩机线对地线的电阻绝缘是否良好（正常应为兆欧级别），检查电抗器线是否连接良好，电抗器有无损坏。

6）测试模块板上的15V电源，5V（3.3V）电源是否稳定，排除因外主控板电源问题导致模块板报故障。

7）判断功率模块损坏方法：使用万用表的“二极管档”分别测量模块板的P对U-V-W三相的特性，正常的功率模块P-U、P-V、P-W之间正反测量，总有一边是无穷大电阻，另一边显示一个固定的导通电压（一般0.5V左右），相同方法再测试N-U、N-V、N-W之间特性，如果任一次测量出现短路，则模块板坏。

8）也可用正常模块板代换测试，如果换模块板后测试正常，则原模块板损坏。

9）排除模块问题，连接线问题、系统问题、电源问题后；可以用耳听分辨，如果压缩机开始运行时只有电磁声根本不运转；或压缩机运行起来一段时间后出现不规则运转的声音，然后停机报故障；则很可能是压缩机本身卡缸或机械损坏，需要考虑更换压缩机。

【维修日记】 “压缩机失步故障”和“模块保护故障”前者是模块板主芯片推算出来的问题，后者是功率模块本身检测到的问题，实质都是压缩机运行不正常的反应，两种故障报出哪一种有不确定性，可以联系起来分析，方法也大致相同。对于用电环境恶劣或者老旧的变频空调，偶尔报出这两种故障是一种正常保护。

★三、空调器制冷系统维修方法

1. 压力检测法

压力表检测法是采用压力表观察空调器运行时，压缩机吸、排气

侧的压力，用表的压力值和对应的温度值，来分析判断故障的所在部位。在正常情况下，压缩机吸、排气侧的工作压力有对应的温度值，压缩机吸、排气侧的工作压力和对应的温度不仅与环境温度值有关，而且还与空调器的冷凝方式有关。空调器通常都采用风冷却方式，风冷凝进风温度越高，排气压力越高，冷凝温度就越高，反之则越低。见表 2-2，为制冷剂温度与压力对照表。

表 2-2　制冷剂温度与压力对照表

制冷剂	温度/℃	绝对压力/MPa
R410a	30	1.88
	35	2.13
	40	2.41
R12	30	1.20
	35	1.40
	40	1.70

吸气压力与排气压力关系不大，但与房间负荷等有着密切的关系。房间冷负荷大，吸气压力就会上升，对应的蒸发温度（正常蒸发温度在 5~7℃之间）也升高，反之则低。如果压力或温度超过或低于表的压力值，则视为不正常现象，应进行综合分析判断，并找出引起故障的原因。

2. 进、出风温度温差检测法

进、出风温度温差检测法主要用于检测蒸发器的进、出风口的温度差。如图 2-39 所示，用两只玻璃管温度计挂在蒸发器的进、出风口处，检测的结果差值在 8~13℃之间时，制冷性能良好。

在检测不同品牌型号空调时，温差随机型、风机大小不同而不同。选择的风机大，风量大，温差就小；选用的风机小，风量小，温差就大。

3. 吸气管结露检测法

吸气管结露检测法主要用于观察压缩机吸气管的结露程度。检查经验如下。

1）压缩机吸气管不结露，排气温度高，泵壳热但不烫手，这说明制冷剂量偏小，对于用膨胀阀的系统，也可能是阀门开度过小。

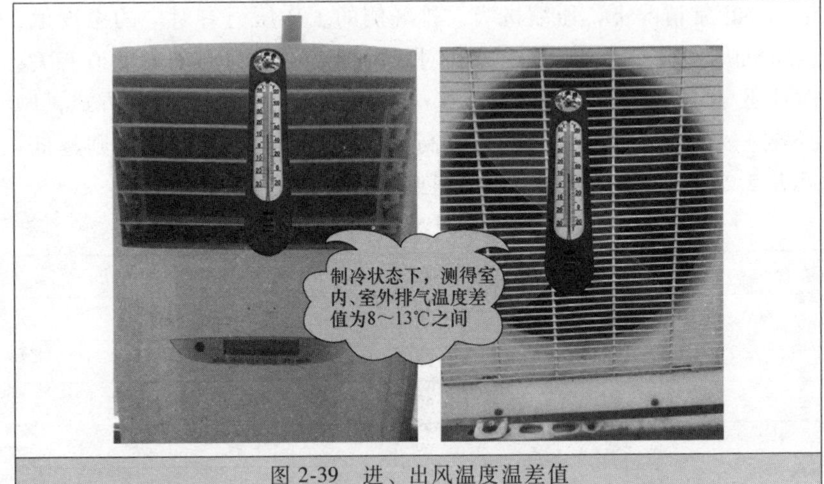

图 2-39　进、出风温度温差值

2）压缩机吸气管结露，以至压缩机泵壳有小部分（吸气管进泵壳处周围）结露，这时的吸气温度比较低，有利于降低排气温度，其制冷剂量液适中。

3）一旦不结露或蒸发器结霜，如图 2-40 所示。则可判断制冷剂不足或毛细管、膨胀阀微堵。反之，若结露至半边压缩机壳体，则说明充制制冷剂过量。对旋转式压缩机来说，因其泵壳内是高温高压气体，不会结露。其气液分离器的情况应与往复活塞式压缩机的泵壳情况一样，可以从它的结露情况来判断系统制冷剂量的多少。

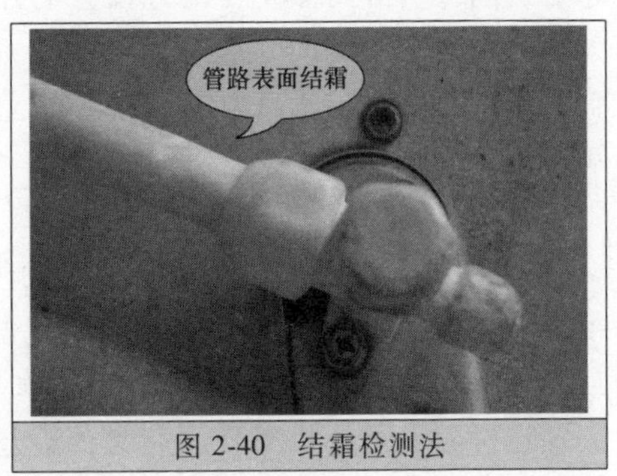

图 2-40　结霜检测法

4）另一方面，也可从室内机组的排凝露水管的排水情况作大致判断。排水管有连续不断地滴水，说明空调器的运行是正常的。排水管间断性滴水或不滴水，则说明空调器运行不正常，有可能缺少制

冷剂。

4. 气流声检测法

所谓气流声检测法，即是通过用耳朵倾听热泵型空调器的电磁四通换向阀动作声来判断有无故障，如图 2-41 所示。

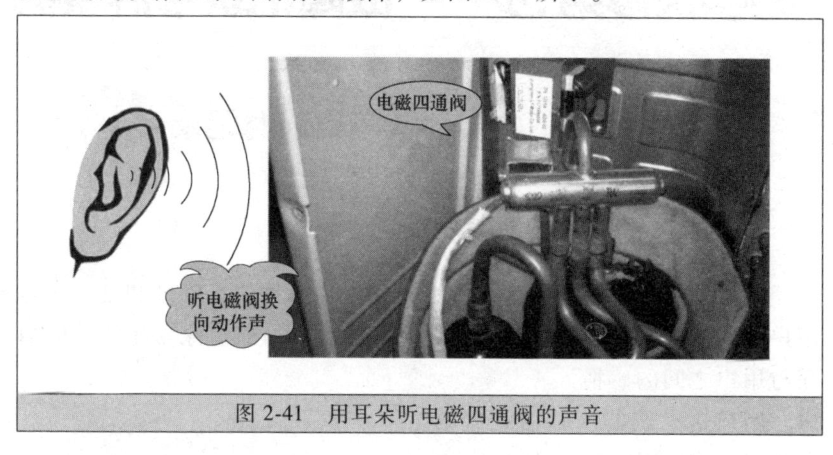

图 2-41　用耳朵听电磁四通阀的声音

如果能听到电磁阀线圈通电后发生“嗒嚓”一声换向声，紧接着听到气流声，则说明换向正常；反之，如果听不到换向声，或只有“嗒”的一声，且听不到气流声，则说明换向未成功，有可能是换向阀存在故障。

第三章

易学快修第1步——故障记录与拆装机

第一节　空调器故障询问与记录

★一、坐店维修故障询问与记录

搞修理行业，除了技术之外，关键是为人勤快、态度和气、多与用户沟通。维修之前要作故障询问和记录，同时聊些家常生活，以加深与用户之间的感情。

用户送空调器（送店维修的空调器大多是移动式空调）来之前，要询问用户之前的故障现象是什么，故障发生之前做了哪些操作，有没有拆机之类的操作。询问后同时观察空调器的外表有没有什么明显的损坏迹像，插电试机仔细“看”“听”“摸”，以便发现故障部位。同时做好记录，现在手机很方便，也是维修的必备工具，用手机中的记事本功能（如图 3-1 所示）就可记录故障询问的细节，节约了纸笔，而且查起来也很方便。

图 3-1　用手机中的记事本功能进行记录

不过空调坐店维修的情况很少，上门维修的情况较为多见。目前市面上大多将收购旧家电与坐店维修空调结合起来经营（如图 3-2 所示），这样在没有上门维修业务时，就可在门店修旧空调，修好的旧空调再出售，又可增加营业收入。

图 3-2　将收购旧家电与坐店维修空调结合起来经营

★二、上门维修接机询问技巧

目前，上门维修已是大势所趋，如何接机和询问也有很多的技巧。当接到一个维修空调的电话时，必须问一问。

一是了解空调大概：要修什么牌子的空调、是挂机还是柜机、住在多少楼层、是电梯房还是楼梯房。

二是出现了什么故障现象：如能不能开机、指示灯不亮、制冷效果差，是不是开机保护，等等。大致确定故障范围，以方便携带工具和备件。

三是具体地点：在什么地方、什么路什么村和门牌及姓名、能在什么时到他家去修是关键的，75%的用户是不问价格的，有 25%的用户要先问价格是多少。价格不能“凭空”下结论，要现场检查后再定价格，但上门费是多少要事先告知对方。

四是现场检查后，大致知道故障部位和需要更换的元器件，告诉对方的维修价格，问对方修不修。对方确认后，再拆机维修。维修前一定要穿戴好安全防护的工具（如图 3-3 所示）。

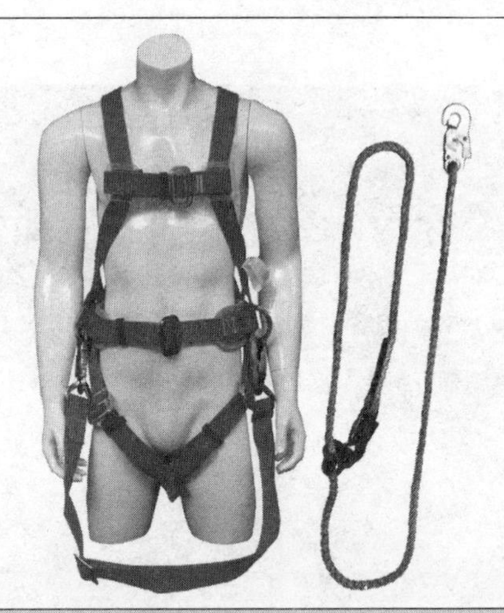

图 3-3　维修前一定要穿戴好安全防护的工具

第二节　空调器坐店拆装机易学快修指导

这一节将以格力福乐园系列冷暖空调为例，介绍送修到门店空调器的拆装步骤和技巧。通过这一节的学习，进一步了解和熟悉空调器结构部件之间的关系、拆装要领，从而快速掌握空调器整机的拆装。

格力福乐园系列变频空调器是目前市面上保有量较大的一款机型，包括的型号有：KFR-26GW/(26550)FNAaC-3、KFR-26GW/(26550)FNAaC-3(X)、KFR-32GW/(32550)FNAaC-3、KFR-32GW/(32550)FNAaC-3(X)、KFR-35GW/(35550)FNAaC-3、KFR-35GW/(35550)FNAaC-3(X) 六款机型。

1. 室内机拆装指导

(1) 拆面板

向上掀开面板，将面板从卡槽中滑出，即可取出面板，如图 3-4 所示。

(2) 拆网罩

将网罩稍往后推滑出卡扣，即可向前取出网罩，如图 3-5 所示。

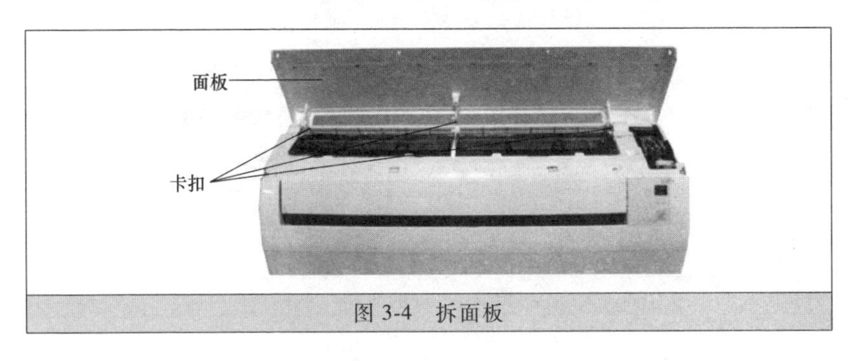

图 3-4　拆面板

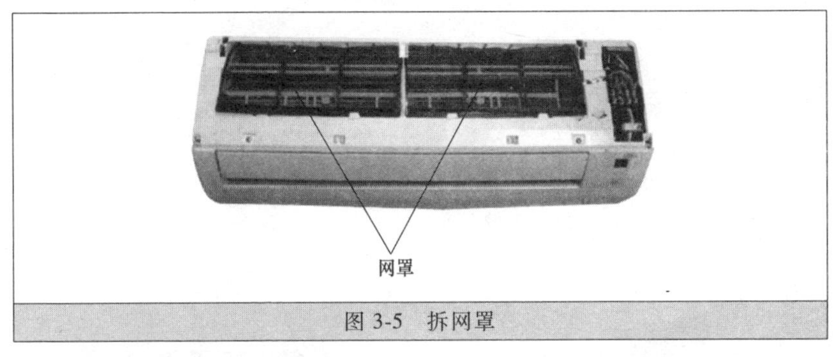

图 3-5　拆网罩

（3）拆导风板

稍用力往中间方向弯曲即可滑出两边的卡扣，然后掰开中间卡扣即可取下导风板，如图 3-6 所示。

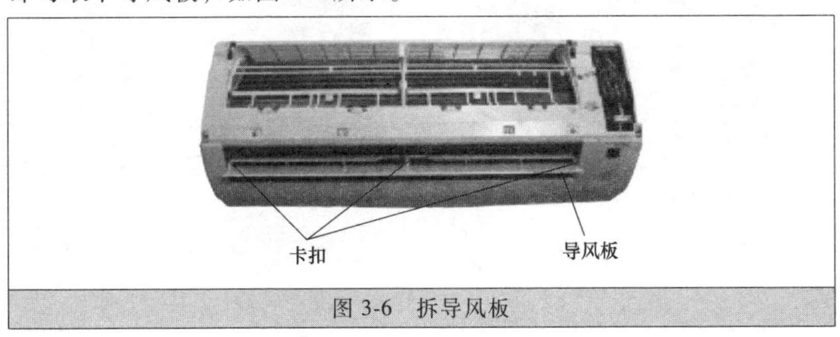

图 3-6　拆导风板

（4）拆面板体

拧下面板体上的 3 颗螺钉，从背面的卡扣上即可取下面板体，如图 3-7 所示。

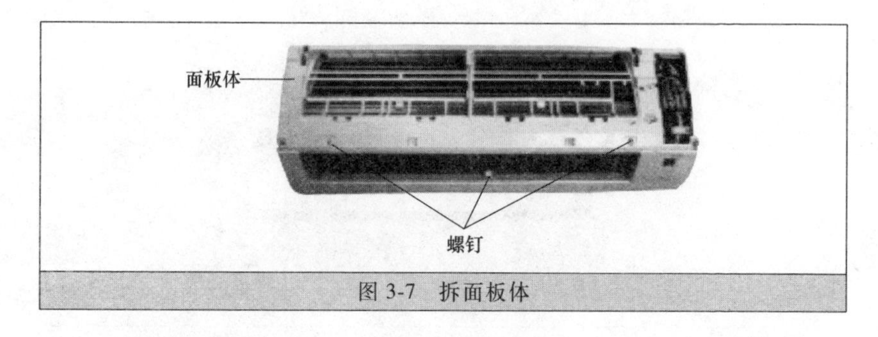

图 3-7　拆面板体

（5）拆电器盒盖

将电器盒顶盖取下后，即可从底部卡扣上取下电器盒，如图 3-8 所示。

（6）拆电器盒部件

将电器盒部件上的 4 颗螺钉拧下，剪去线夹，把相关的线拔下即可取下电器盒部件，如图 3-9 所示。

图 3-8　拆电器盒盖

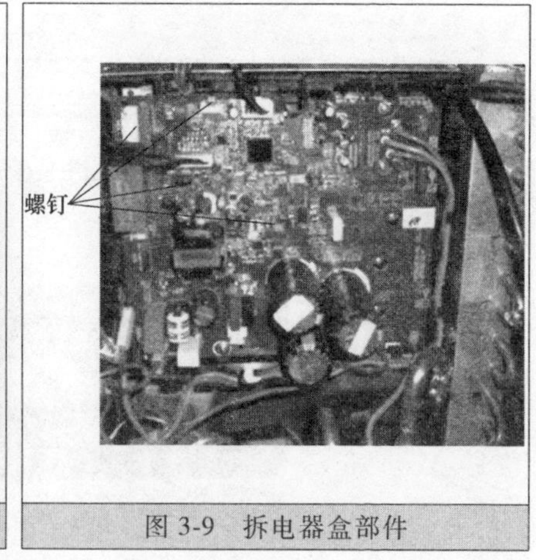

图 3-9　拆电器盒部件

（7）拆蒸发器和电动机压板

拧开电动机压板上的 2 颗螺钉，取下底部蒸发器压板，即可从底部卡扣上将蒸发器和电动机压板一同取下，如图 3-10～图 3-12 所示。

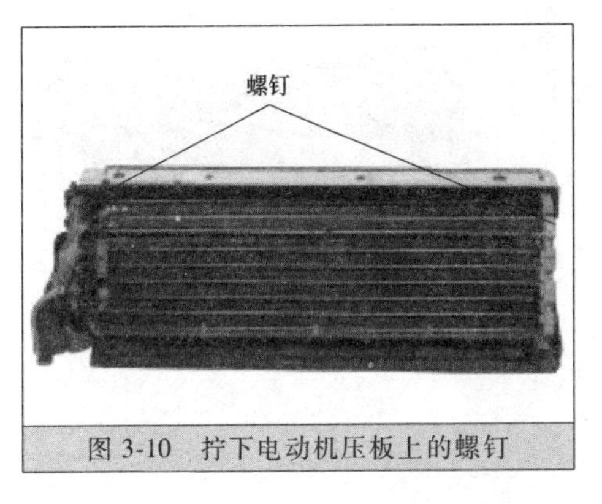

图 3-10　拧下电动机压板上的螺钉

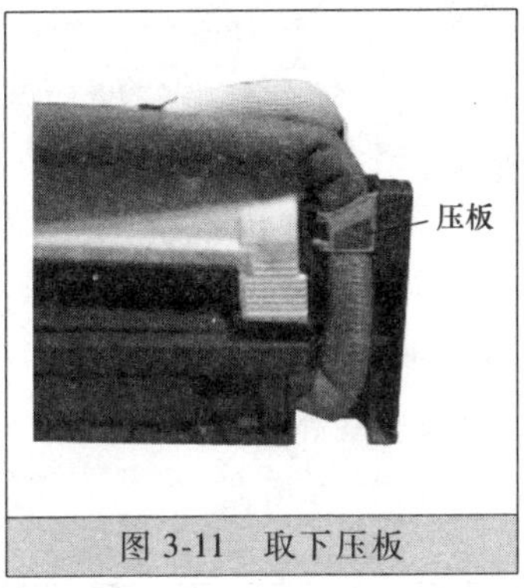

图 3-11　取下压板

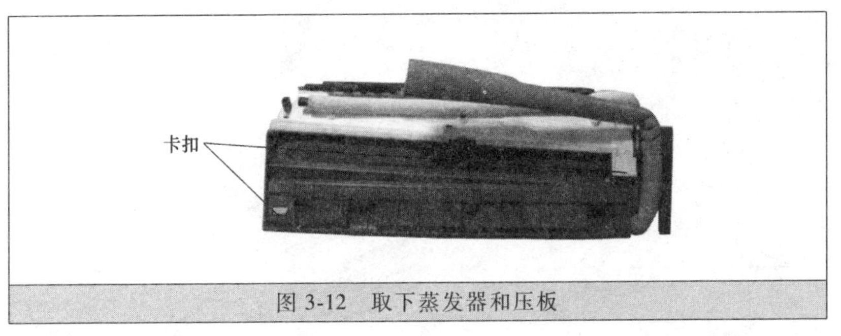

图 3-12　取下蒸发器和压板

（8）拆电动机

取下蒸发器和电动机压板后即可直接取下电动机，如图 3-13 所示。

（9）拆贯流风叶

将风叶内的螺钉拧下即可将风叶与电动机分离，如图 3-14 所示。

图 3-13　拆电动机

（10）室内机的拆卸工序全部完成，零部件分解图如图 3-15 所示。

（11）室内机拆卸工序全部完成，安装方法按上述步骤反向进行即可。

图 3-14　拆贯流风叶

2. 室外机拆装指导

（1）拆格栅

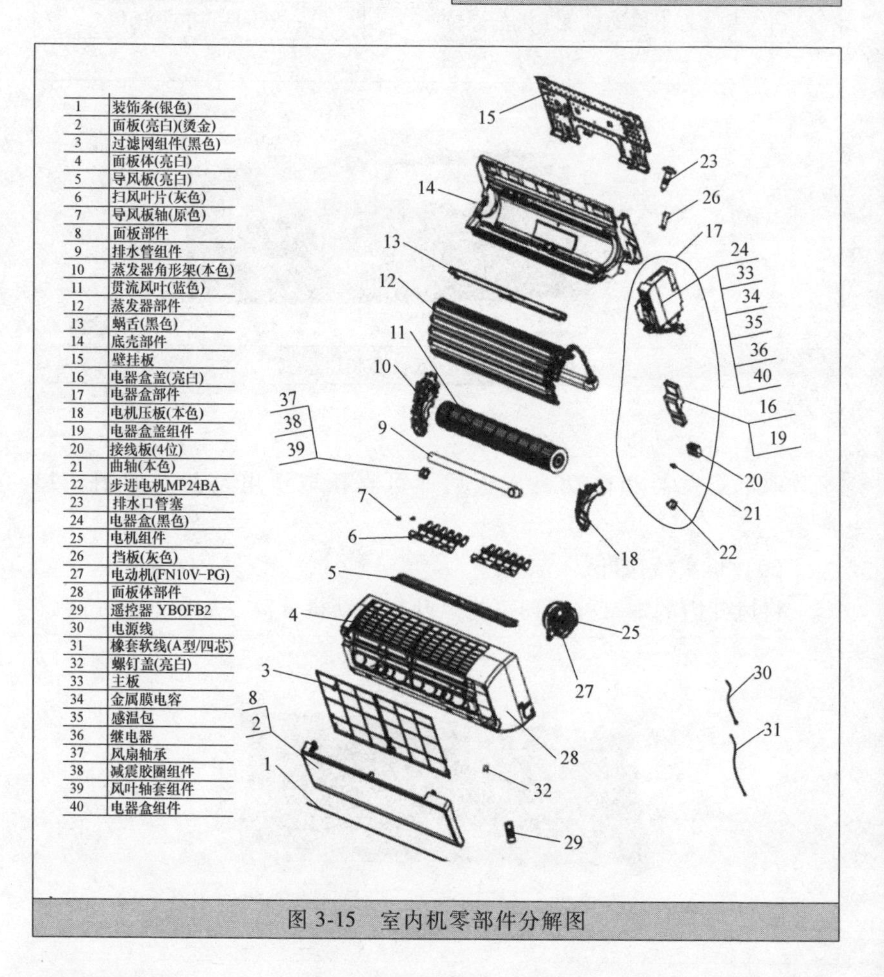

序号	名称
1	装饰条(银色)
2	面板(亮白)(烫金)
3	过滤网组件(黑色)
4	面板体(亮白)
5	导风板(亮白)
6	扫风叶片(灰色)
7	导风板轴(原色)
8	面板部件
9	排水管组件
10	蒸发器角形架(本色)
11	贯流风叶(蓝色)
12	蒸发器部件
13	蜗舌(黑色)
14	底壳部件
15	壁挂板
16	电器盒盖(亮白)
17	电器盒部件
18	电机压板(本色)
19	电器盒盖组件
20	接线板(4位)
21	曲轴(本色)
22	步进电机MP24BA
23	排水口管塞
24	电器盒(黑色)
25	电机组件
26	挡板(灰色)
27	电动机(FN10V-PG)
28	面板体部件
29	遥控器 YBOFB2
30	电源线
31	橡套软线(A型/四芯)
32	螺钉盖(亮白)
33	主板
34	金属膜电容
35	感温包
36	继电器
37	风扇轴承
38	减震胶圈组件
39	风叶轴套组件
40	电器盒组件

图 3-15　室内机零部件分解图

将格栅上的螺钉按下，握住格栅逆时针即可旋下格栅。如图 3-16 所示。

（2）拆顶盖

将顶盖上的 3 颗螺钉拧下即可取下顶盖，如图 3-17 所示。

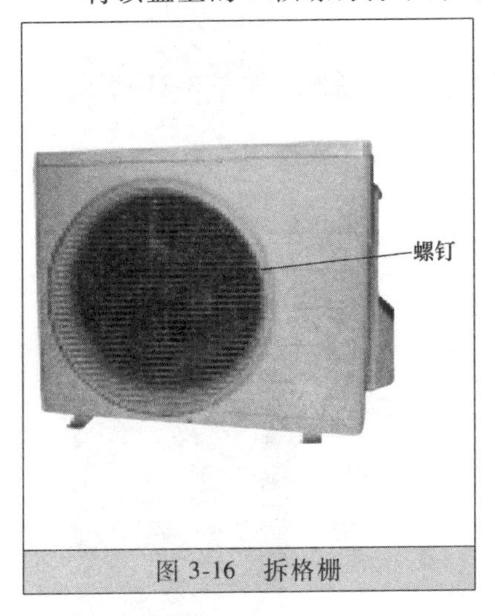

图 3-16 拆格栅

图 3-17 拆顶盖

（3）拆面板

将面板上的 5 颗螺钉拧下即可取下面板，如图 3-18 所示。

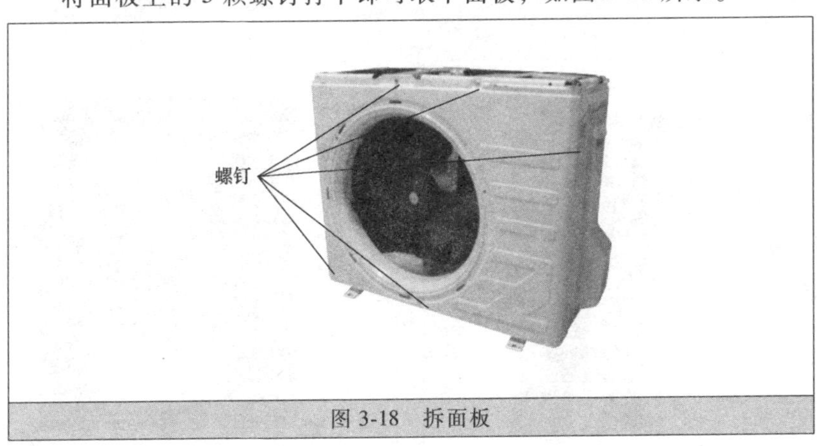

图 3-18 拆面板

（4）拆提手

将提手上的1颗螺钉拧下即可取下，稍用力向下即可取下提手，如图3-19所示。

（5）拆右侧板

将右侧板上的5颗螺钉拧下即可取下右侧板，如图3-20所示。

（6）拆左侧板

将左侧板上的1颗螺钉拧下即可取下左侧板，如图3-21所示。

（7）拆接线板和电器盒

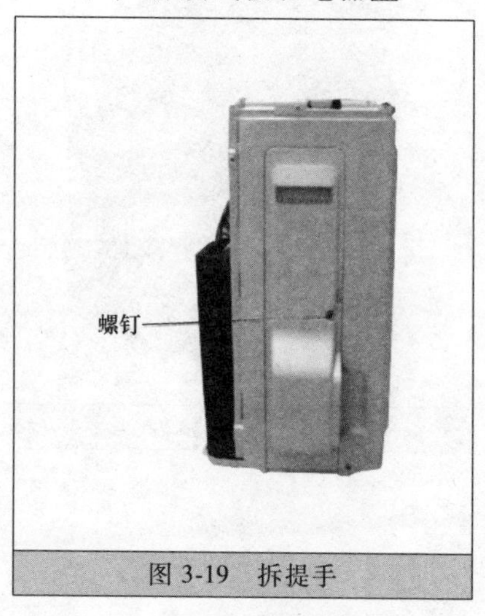

图3-19　拆提手

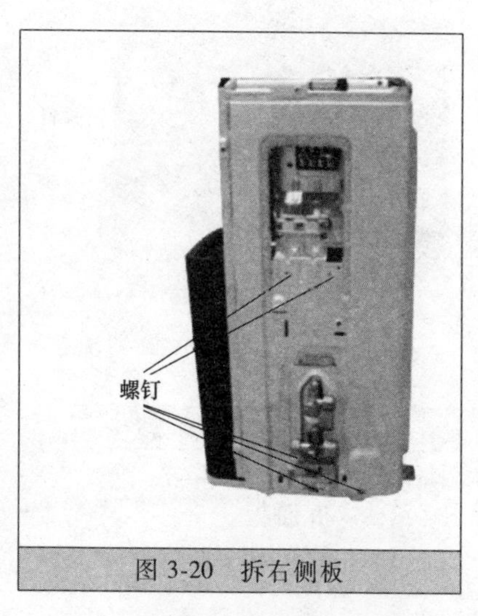

图3-20　拆右侧板

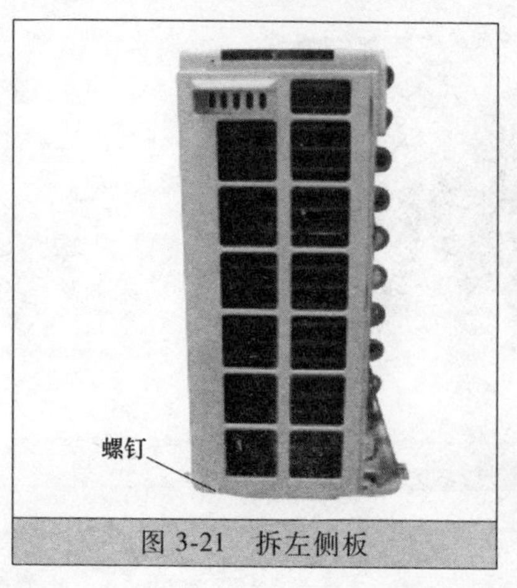

图3-21　拆左侧板

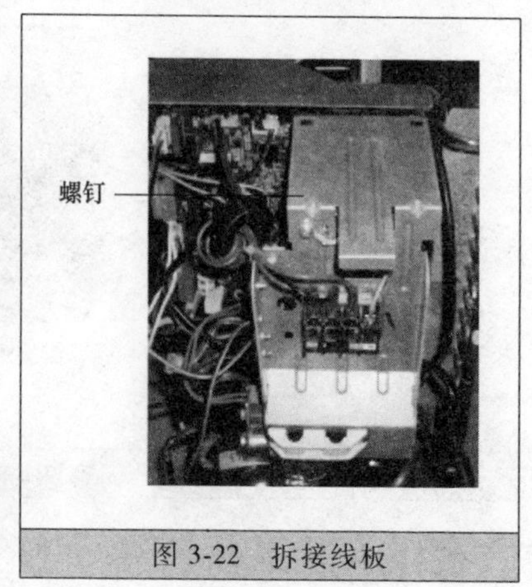

图3-22　拆接线板

将接线板上的线拧下即可取出接线板，如图 3-22 所示。取下接线板后，剪去相应的线扎并把电器盒上的线拔下后，拧下 1 个螺钉即可取下电器盒，如图 3-23 所示。

（8）拆风叶

将风叶上的螺母拧下即可取下风叶，如图 3-24 所示。

（9）拆电动机和电动机架

将电动机上的 4 个螺钉拧下即可取下电动机。取下电动机后，将电动机架上的螺钉拧下即可取下电动机架。如图 3-25 所示。

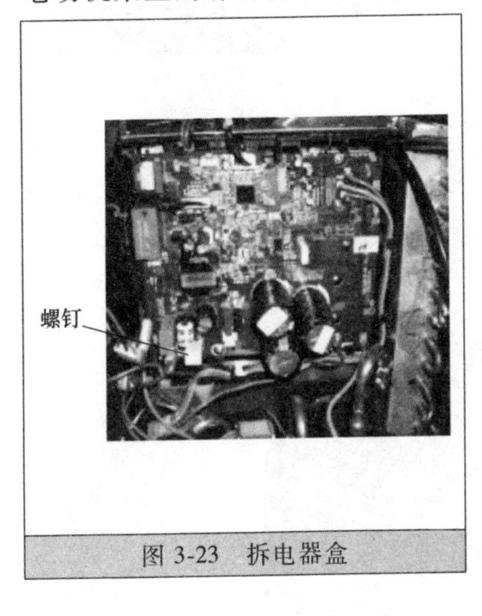

图 3-23　拆电器盒

图 3-24　拆风叶

（10）拆四通阀

将四通阀线圈上的 1 颗固定螺钉拧下，取下线圈，用湿润的棉纱布包住四通阀，将连续接到四通阀上的 4 个焊点焊开，即可取下四通阀，如图 3-26 所示。焊接过程中要尽量快，并且保证缠包的棉纱布一直湿润，注意焊焰不要烧坏压缩机引线等。

需要注意的是，拆卸任何管路件或压缩机之前，应确保机内已无制冷剂。

（11）拆压缩机

将压缩机从焊点上焊下，用扳手拧下底部的 3 个螺母并取下垫片，即可拆下压缩机。如图 3-27 所示。

图 3-25　拆电动机和电动机架

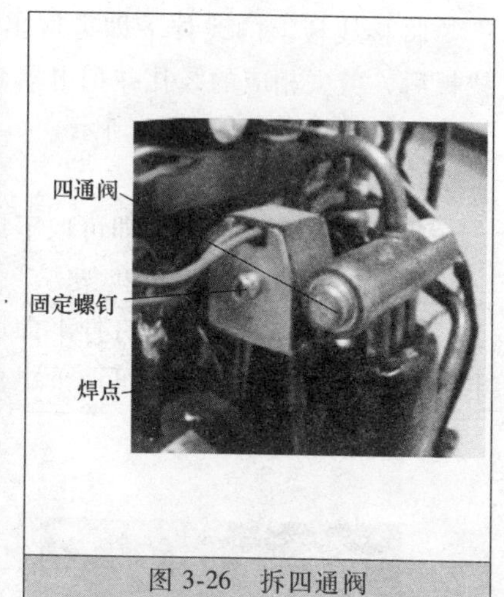

图 3-26　拆四通阀

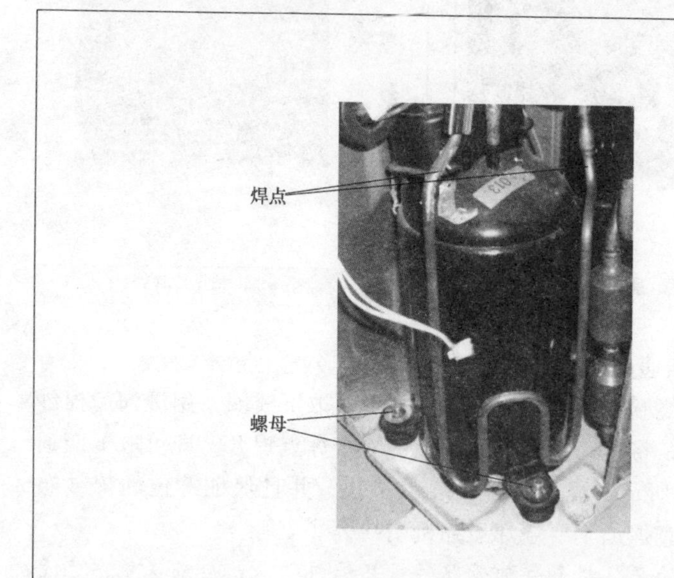

图 3-27　拆压缩机

（12）室外机的拆卸工序全部完成，零部件分解图如图 3-28 所示。

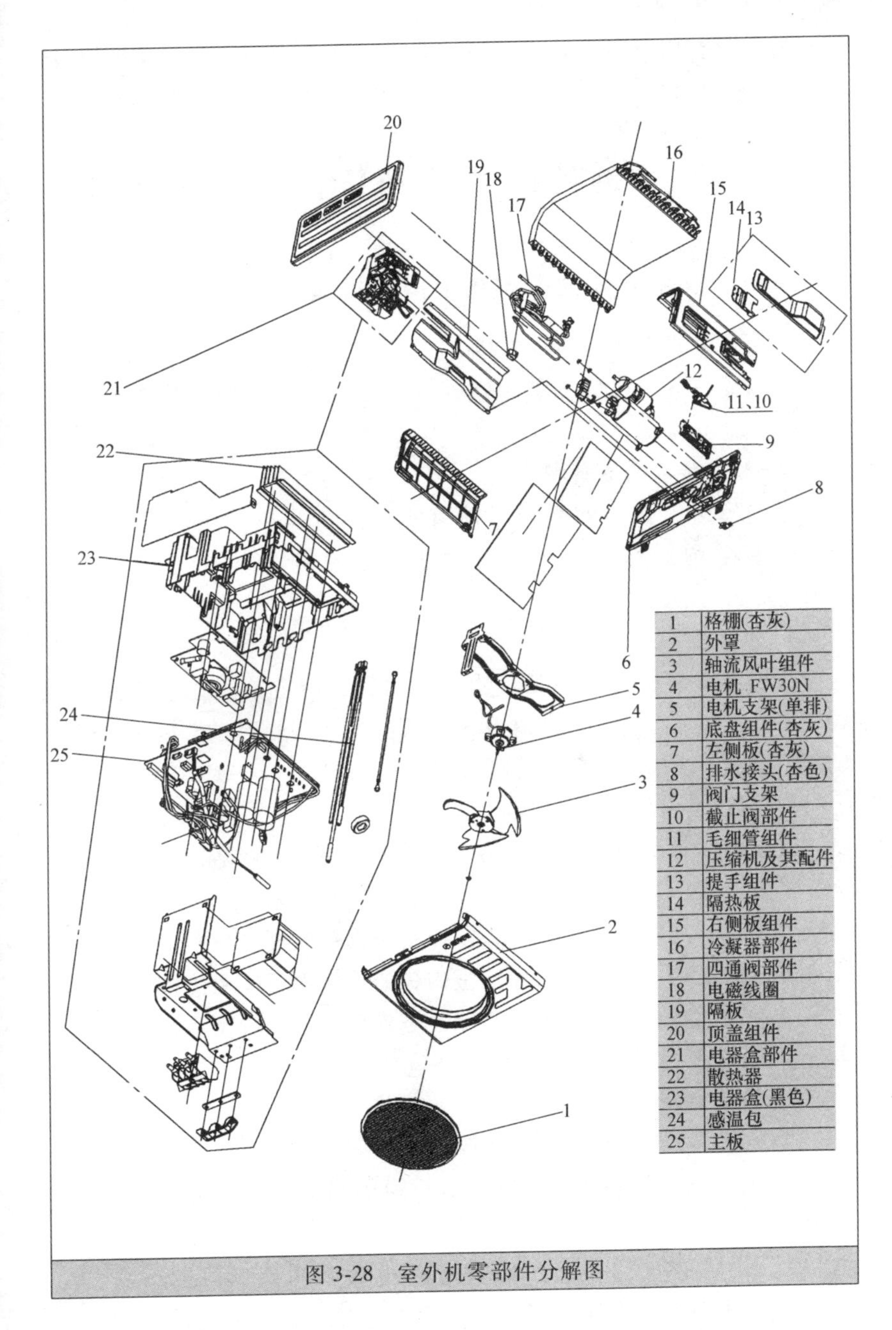

1	格栅(杏灰)
2	外罩
3	轴流风叶组件
4	电机 FW30N
5	电机支架(单排)
6	底盘组件(杏灰)
7	左侧板(杏灰)
8	排水接头(杏色)
9	阀门支架
10	截止阀部件
11	毛细管组件
12	压缩机及其配件
13	提手组件
14	隔热板
15	右侧板组件
16	冷凝器部件
17	四通阀部件
18	电磁线圈
19	隔板
20	顶盖组件
21	电器盒部件
22	散热器
23	电器盒(黑色)
24	感温包
25	主板

图 3-28　室外机零部件分解图

（13）室外机的拆卸工序全部完成，安装方法按上述步骤反向进行即可。

第三节　空调器上门拆装机易学快修实例演练

★一、家用分体式空调器上门装机演练

家用分体式空调器的装机共由安装前的准备和检查、空调器安装位置的选择、室内机的安装、室外机的安装和运行调试共 5 个步骤组成。

（一）安装前的准备和检查

上门安装空调器前必须提前落实登门所需要的工具和安装材料。安装空调器前，还要对室内机、室外机、用户电源等进行检查。

1. 准备安装工具

空调器安装所需要的工具主要有水钻、冲击钻、安全带、压力表、内六角扳手、水平尺、钳形表、真空泵、割管刀、扩口器、焊接设备、温度计等，如图 3-29、图 3-30 所示。

2. 检查室内机

安装前开箱对照空调器说明书装箱清单检查空调随机附件是否齐全，内外机表面有无划伤、生锈。

室内机外观检查无误后，将室内机平稳摆放好，将室内电源插头插入电源插座内，用遥控器对准室内机遥控接收窗按运往按钮，检查显示屏各功能显示，导风板摆动以及室内机风速是否正常，有无噪音等，如图 3-31 所示。

3. 检查室外机

检查制冷剂是否泄漏。具体操作步骤如下。

1）首先用活络扳手打开室外机三通阀和工艺口阀帽，如图 3-32 所示。

2）用内六角扳手打开三通阀阀芯 30°，如图 3-33 所示。

3）顶压工艺口阀芯，工艺口应有气体排出，如图 3-34 所示。

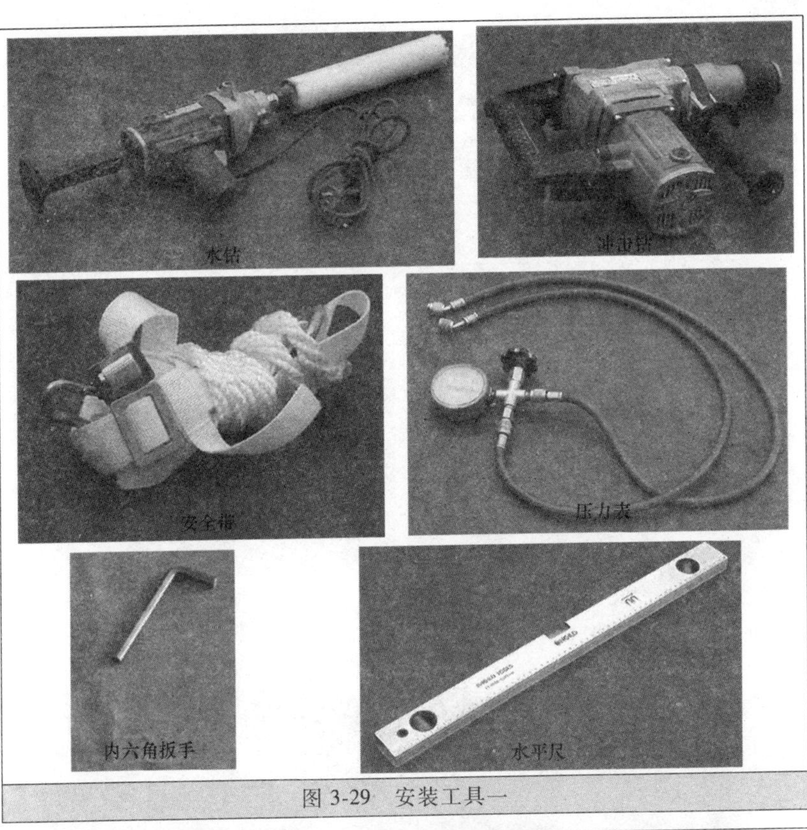

图 3-29 安装工具一

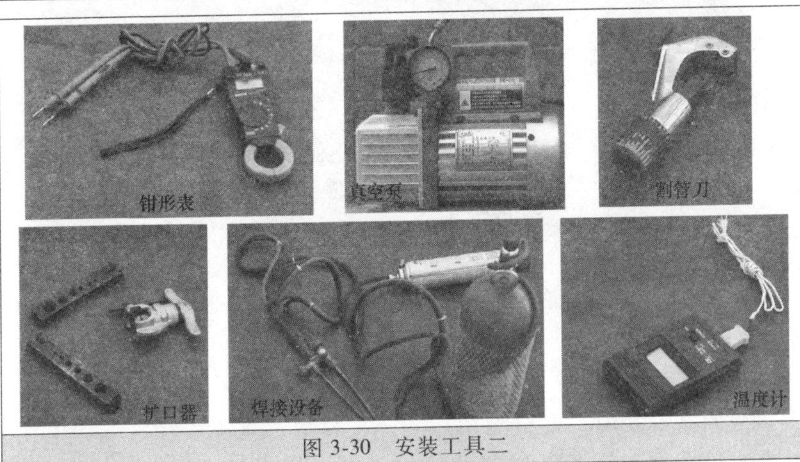

图 3-30 安装工具二

图 3-31 检查室内机

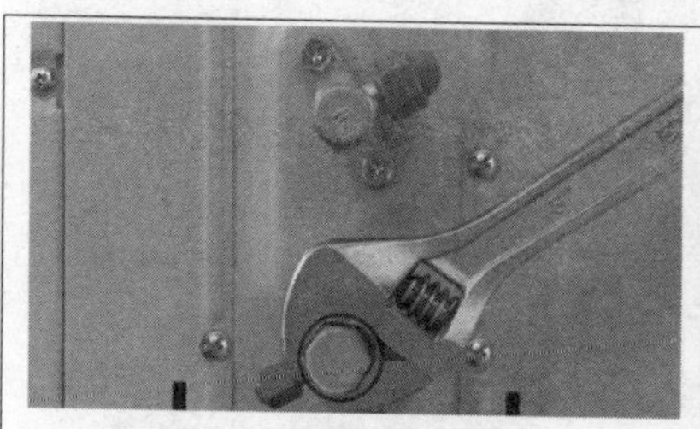

打开室外机三通阀阀帽

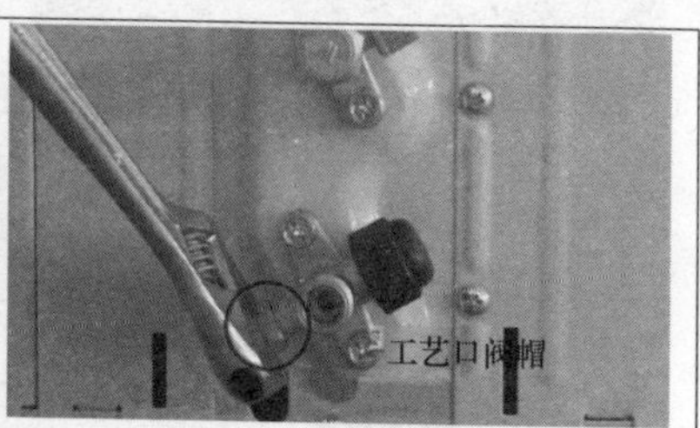

打开室外机工艺口阀帽

图 3-32 打开室外机三通阀和工艺口阀帽

用内六角扳手打开三通阀阀芯30°

图 3-33 打开三通阀阀芯

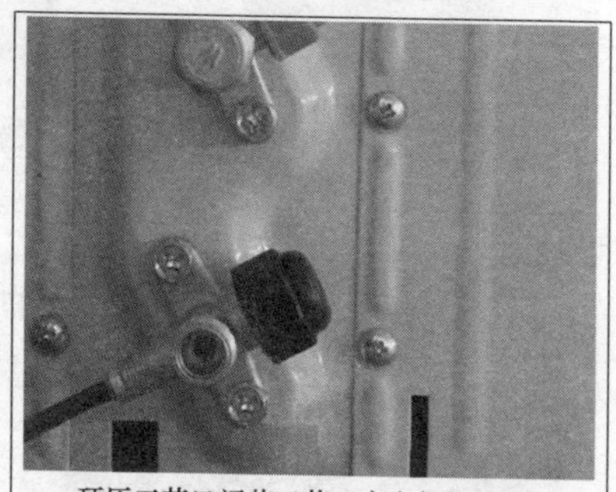

顶压工艺口阀芯工艺口应有气体排出

图 3-34 顶压工艺口阀芯

4）检查完后应将三通阀阀芯关闭，并将三通阀和工艺口阀帽复原。

4. 检查用户电源

空调器安装前，要检测用户的开关容量、电源线径、电源电压、电表容量等是否符合空调器的使用要求。如不符合则要用户进行更

改，如图3-35所示。

空调器安装前，应用电源检测仪或万用表检测电源插座的地线、零线、相线的接线是否正确，如不正确，则与用户协商，采用措施使之符合要求。

图3-35　检查用户电源

（二）空调器安装位置的选择

室内外机的安装都必须装在坚固的墙壁上，特别是外机必须是承重墙或水平地面，并保证内外机进出风口通风和维护保养的空间，避开油烟和危险物。另外室内机下方还应尽量避开高档家具和家用电器以及易燃物品。

室内机的安装高度应尽量在2~2.5m之间，如图3-36所示。距天花板和左右墙壁的距离不小于15cm，如图3-37所示。

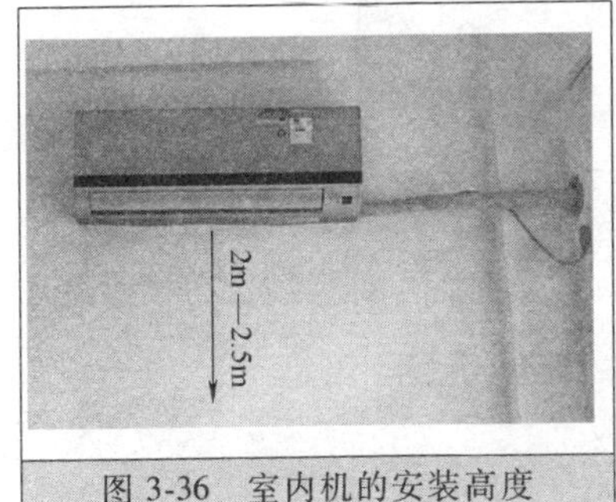

图3-36　室内机的安装高度

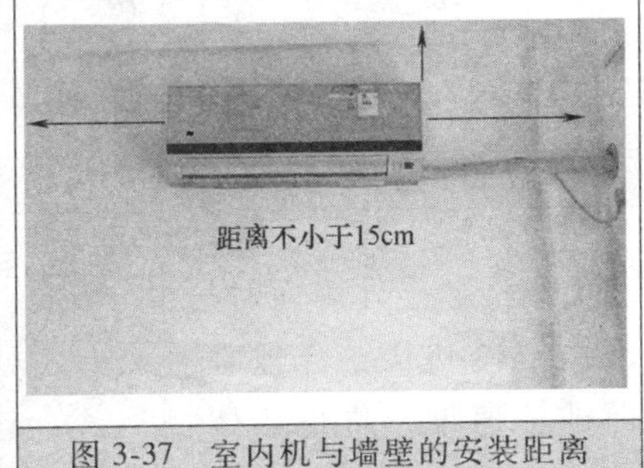

图3-37　室内机与墙壁的安装距离

室外机应装在儿童不易接触的地方，并避开高温热源，而且外机的排风、噪音和排水不能影响邻居。

（三）室内机的安装

1. 安装挂墙板

与用户确定室内机安装位置后固定挂墙板。先固定挂墙板一端，然后用水平尺测量挂墙板并保持水平，再在相应的安装孔位置打孔固定挂墙板，如图3-38所示。安装后的挂墙板支撑力应不低于60kg。

2. 打过墙孔

挂墙板安装完毕后，下一步的工序是打过墙孔，在打孔前，要预先了解打孔位置墙壁内是否有暗埋的电线或钢筋构件，以免发生安全事故或进钻困难。确认过墙孔位置后，做防尘处理，可用胶带将空调器的包装薄膜贴在墙壁打孔位置的下部。

从室内向室外打孔时，水钻要抬高 5°，调整好钻杆角度和握钻力度后打孔，如图 3-39 所示。

图 3-38　安装挂墙板

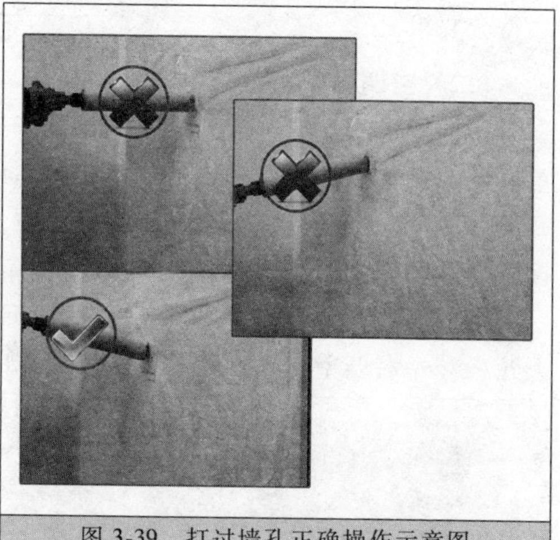
图 3-39　打过墙孔正确操作示意图

即将穿透外墙面时，进钻宁慢勿快，合理掌握进钻速度，防止墙体碎块掉下地面伤人或砸坏物品。

打好的过墙孔要求内高外低，便于冷凝水流出，同时防止雨水倒流，如图 3-40 所示。

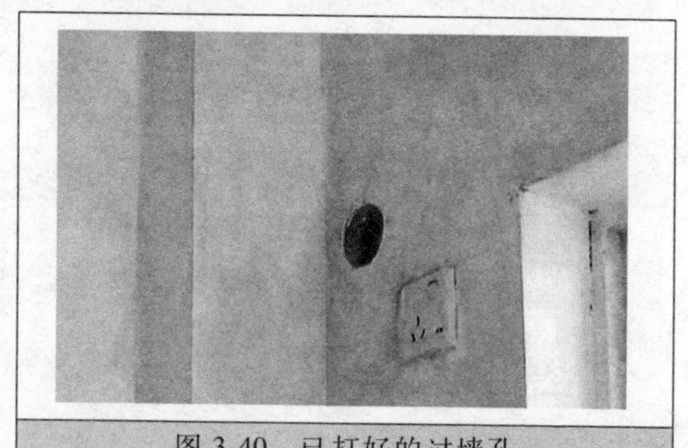
图 3-40　已打好的过墙孔

3. 加长连接管

由于室内机的安装位置导致随机的连接管长度不够时，应进行连

接管的加长操作。

1）将空调器的高低压连接管的喇叭口用切割刀切下，用铰刀清理管口毛刺，清理时应注意将管口朝下，以防止铜屑等杂物进入管道。

2）将连接管放入扩管器夹具中，铜管端部应预留合适长度，旋转扩管器夹具，选用相应尺寸杯形顶针，将扩口架安装在扩管器夹具上，将杯形顶针逐步旋紧，直至达到标准深度。冲至杯形口的深度随管径不同而不同，具体如表 3-1 所示。

表 3-1　铜管杯形口的深度与管径的关系

管径/mm	6	9.52	12	15.88	19.05
深度/mm	7.5	12	14.5	19	22

3）杯形口制作好后，检查杯形口均匀无毛刺、裂口等缺陷，测量出需要加长管的长度，切割后整形清洁加长管，制作喇叭口前一定要将管口中的毛刺清除使管口平滑，以避免扩张后出现喇叭口边缘重叠。

4）把处理好的加长管的一端插入扩管器夹孔中，旋紧扩管器夹具，连接管端头应预留合适长度，调整好高度后套入扩口架，用力旋下顶针，使管口扩张到夹具坡口为止。合格的喇叭口应完整平滑无偏心与毛刺。铜管喇叭口高度随管径不同而不同，具体如表 3-2所示。

表 3-2　喇叭口高度与管径的关系

管径/mm	6	9.52	12	15.88	19.05
喇叭口高度/mm	0.5	0.8	1	1.2	2

4. 连接连接管

将加长管插入加工成型的杯形口连接管中，将焊矩点燃，使用中性焰反复加热焊接部位，如图 3-41 所示。

注意适当采取防火措施，将焊接部位加热至红色时，可将焊条熔于焊接接口，待焊接部位自然冷却后，方可进行空调器连接管的操作。

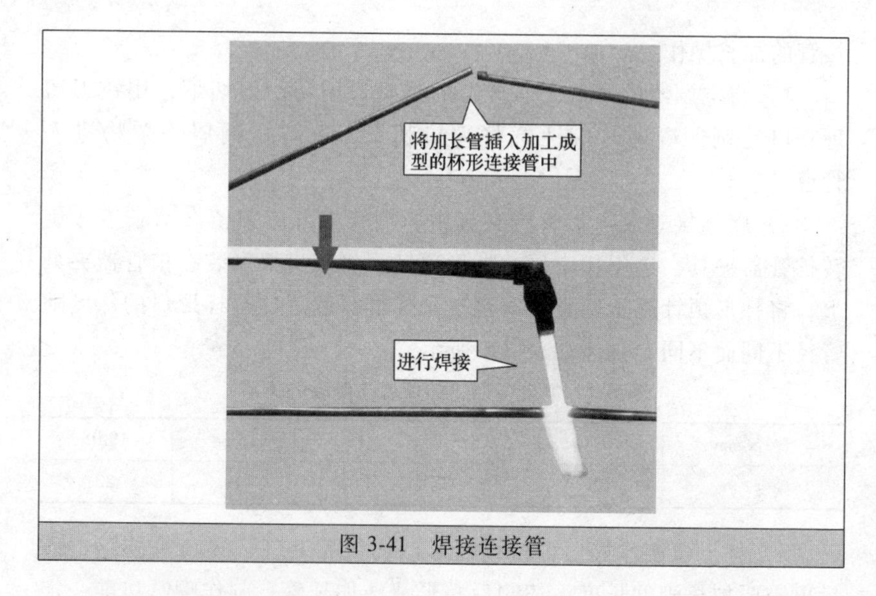

图 3-41　焊接连接管

5. 整理配线、配管

在室内机安装前应先整理连接管、配管和排水管，根据室内机安装位置的需要选择出管方向。

1）首先将室内机连接管接头的螺帽取下，对准连接管喇叭口中心，先用手拧紧锥形螺母，后用扳手拧紧，如图 3-42 所示。

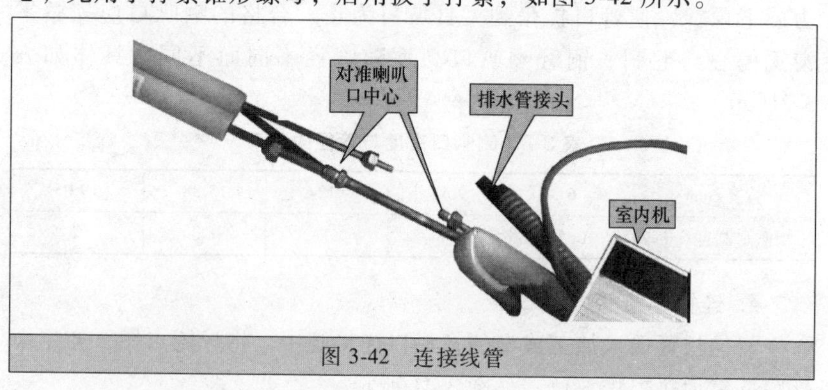

图 3-42　连接线管

2）排水管的接口处要用防水胶带紧密包扎，防止冷凝水渗出。管路包扎时，要按照连接线在上，管路在中，排水管在下的方式用包扎带包紧，如图 3-43 所示。

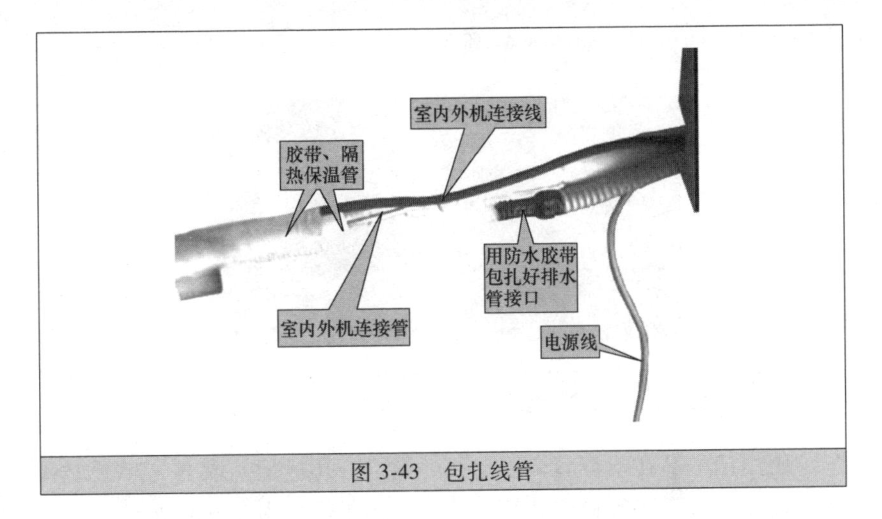

图 3-43　包扎线管

3）配管连接头是容易产生泄漏的部位，所以先不要将此处包扎，需要内外连接好并捡漏后才能把连接部分的隔热保温管用胶带包扎好，以免有冷凝水滴落。

6. 安装室内机

连接管穿越墙孔时，不要把管路上的保护螺帽去掉，以免灰尘、水分、杂物进入管道，造成故障。

柜式空调器室内机的安装与挂机相比，要注意，柜机要固定在地面结实平坦的地方并使吹出的空气可以达到室内的每个角落。为了保证气流有流动的空间和日后的维修方便，要确保与周围物体的距离，顶端不低于 30cm；左右大于 40cm；后背距离墙壁大于 5cm。

（四）室外机的安装

室外机的安装应该在保证安全的前提下进行，室外机高空安装时必须使用安全带，做好防护措施，配戴安全带时须检查安全带的锁扣是否扣紧，安全绳固定的位置是否牢固，确认做好防护措施后方可外出作业。

1. 室外机支架的安装

首先测量空调器室外机底脚横向和纵向的固定孔间位置，根据室外机安装注意事项选定安装位置，然后再安装支架上方第一个固定孔处，打孔并固定支架的一端，调整支架的另一端。用水平仪校准，使支架在水平的位置，如图 3-44 所示。

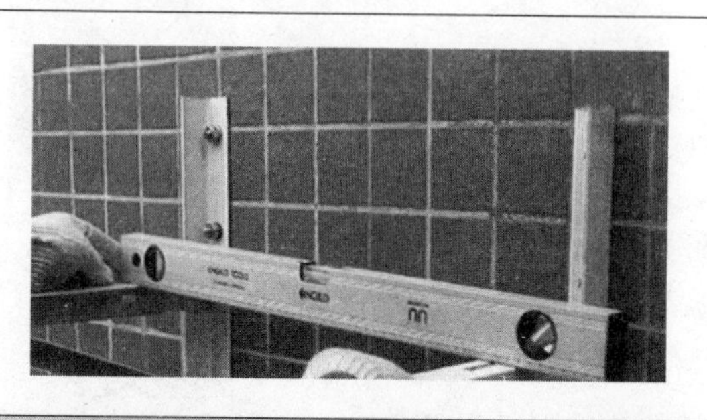

图 3-44 安装室外机支架

使用记号笔在支架其余固定孔处做上打孔标记，取下支架用冲击钻在标记处打膨胀螺栓安装孔，然后用膨胀螺栓固定安装支架。墙壁较薄或强度不够时，应使用穿墙螺栓固定，螺栓要加防松垫，否则螺帽可能松脱引起空调坠落。

固定室外机支架的膨胀螺栓应使用 6 个以上；5000W 以上的空调器应不少于 8 个膨胀螺栓，螺栓直径不得小于 10mm。固定后能够承受人加机器重量的 4 倍。

2. 室内外机连接管的安装

室外机在支架上固定稳妥后，即可安装室内外机连接管。

1）在安装连接管时，将室外机高低压的螺帽取下，将连接管的喇叭口中心对准室外机二通、三通阀的丝锥，先用手拧紧锥形螺母几圈，然后用扳手拧紧（拧紧力度不要过大，拧紧力矩表见表 3-3），如图 3-45 所示。

图 3-45 安装室外机连接管

表 3-3 拧紧力矩表

铜管外径/mm	ϕ6	ϕ9	ϕ12	ϕ15.88
拧紧力矩/N·m	18~20	30~35	50~55	60~65

注意用力大小的掌握，用力过小会造成松动引起泄漏，用力过大会导致喇叭口损坏也会造成制冷剂泄漏。千万不要在螺母与锥丝没有对齐的情况下就用扳手拧动螺母，否则会造成管口和螺纹损坏。一旦螺母损坏，只能更换螺母重新扩口，严重的要更换室外机的二通、三通阀，造成不必要的损失。

2）空调器室内机与室外机的安装位置的确定，在满足用户要求的同时还应注意不能超过空调器连接管长度的极限和内外机最大落差范围。室内机与室外机连接管的长度范围与加制冷剂量见表 3-4。

表 3-4　室内机与室外机连接管的长度范围与加制冷剂量

	1P	1.5~2P	3P	5P
连接管长度极限/m	10	15	15	15
内外机最大落差/m	5	7	7	10
不需加制冷剂长度/m	6	7	7	7
追加制冷剂量/(g/m)	20	30	40	50

一般来说，要使室内机的安装位置高于室外机的安装位置，以利于制冷剂和冷冻油良性循环。当外机比室内机高时，连接管应做回油弯处理，如图 3-46 所示。

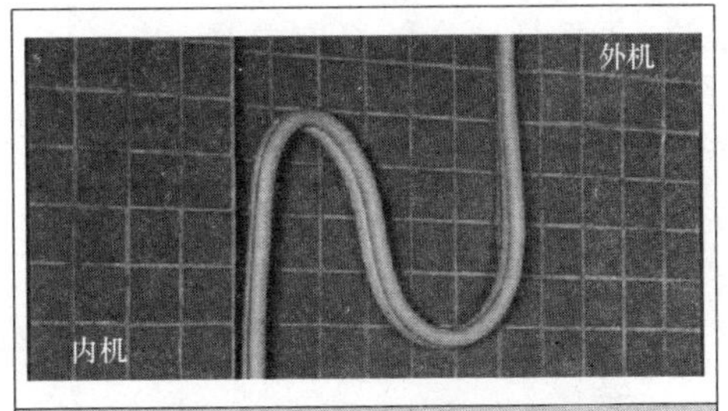

图 3-46　连接管回油弯

3）安装内外机联线时，一般先将连接线的室内机端接好，然后再接室外机。接线时按标示符号对应进行连接，如图 3-47、图 3-48、图 3-49 所示。

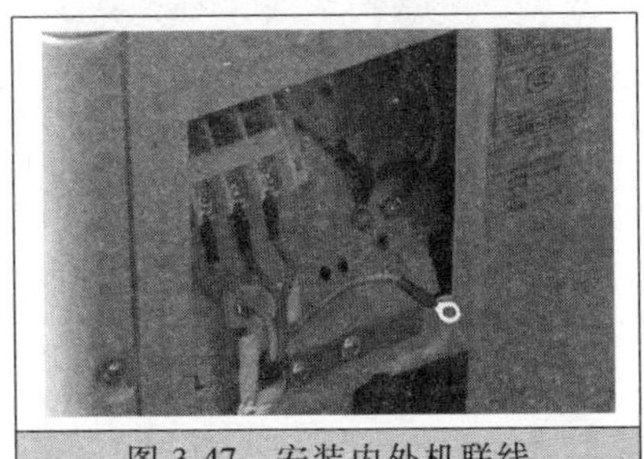

图 3-47　安装内外机联线

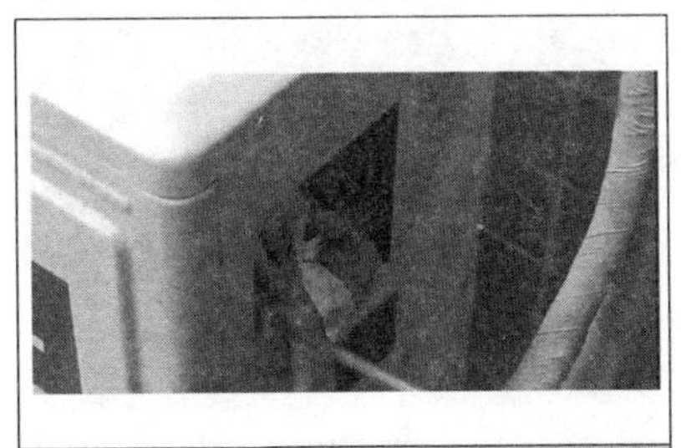

图 3-48　安装内外机联线（续一）

4）内外机接好后，接好的导线线头裸露部件不能太长，也不能有毛刺露出。线头连接不紧，会造成松动发热，导致接点烧蚀，甚至酿成火灾。电源线连接不牢，还会损坏控制电路，导致压缩机发生故障。

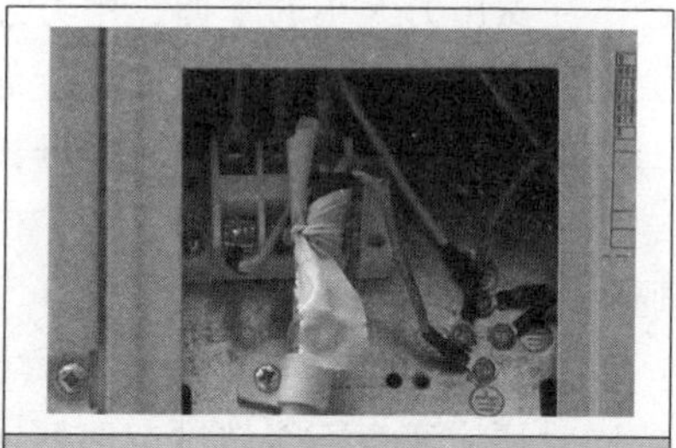
图 3-49　安装内外机联线（续二）

3. 排空操作

空调器安装完毕后应对空调器室内机和管路进行排空操作。排空操作可分为抽真空排空操作和内气排空法两种，为了保护环境，保证空调器的使用性能，应优先使用抽真空方法排空，如果是变频机必须使用抽真空法。

下面具体介绍真空泵抽真空法的操作步骤。

1）首先检查室内外机连接管螺帽是否拧紧。

2）用扳手拧下三通阀工艺口阀帽，如图 3-50 所示。

图 3-50　拧下三通阀工艺口阀帽

3）将复合压力表低压软管与室外机三通阀工艺口连接，充注软管与真空泵连接，将压力表的阀完全打开，将真空泵接通电源，起动真空泵进行抽真空操作，图 3-51、图 3-52 所示。

图 3-51　连接真空泵

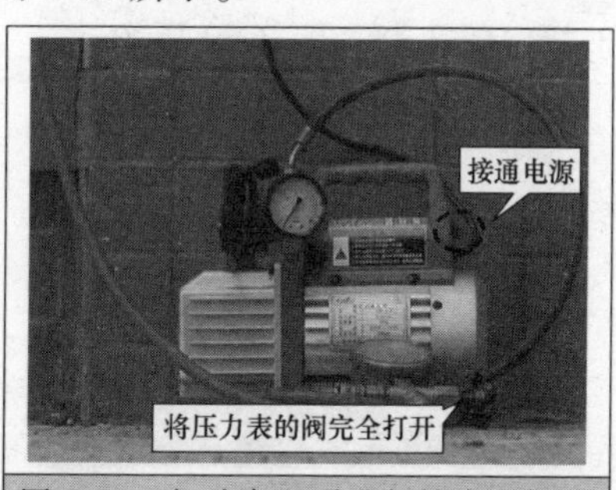

图 3-52　起动真空泵进行抽真空操作

4）真空泵运行15min以上，观察真空度达到-0.1MPa时，如图3-53所示，关闭压力表的阀，停止真空泵的运转。保持1~2min后，确认压力表指针没有回偏，如果回偏，检查并重新拧紧接头，重新该步骤抽真空操作。

5）抽空完成后，逆时针全部打开二通、三通截止阀如图3-54所示。并快速取下检修截止阀上的软管，拧紧截止阀阀帽及全部阀帽。

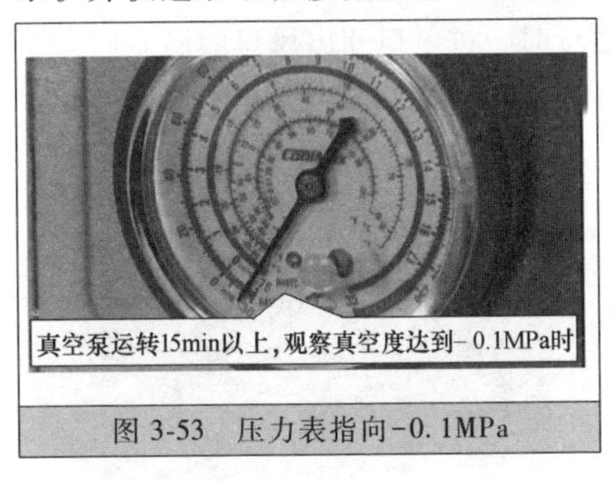

图3-53 压力表指向-0.1MPa

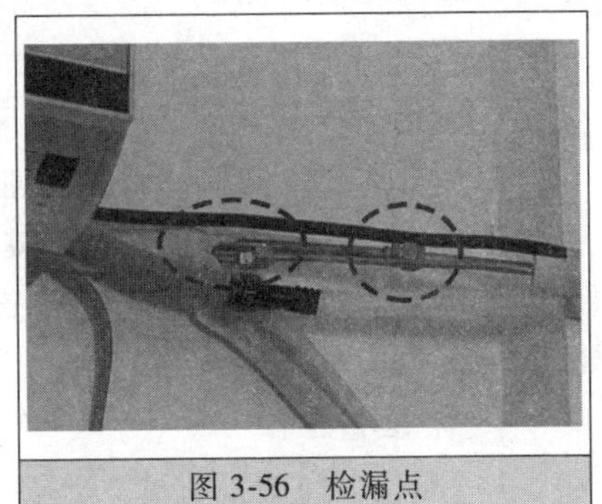

图3-54 打开二通、三通截止阀

4. 检漏操作

为保证制冷系统能正常工作，要对所有的管路接头、阀门进行检漏，检漏部位如图3-55、图3-56所示。

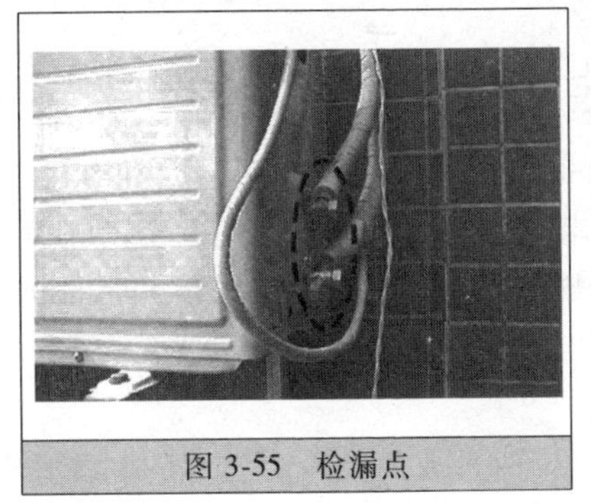

图3-55 检漏点

图3-56 检漏点

检漏时将带泡沫的洗涤剂依次涂在要检漏的管路接头处，检查有无增大的气泡出现，每个点的检查时间不得少于3min。

空调器除采用洗涤剂检测法外，还可以采用电子检漏仪等方法进行检漏。检漏时均需对所有阀门及接头处进行检测，确认无泄漏点。

（五）运行调试

1）空调器安装完毕后要进行排水试验，拆下过滤网，从蒸发器上注入300mg左右的清水，观察水是否可以顺利从排水管流出。

2）插上电源插座，用遥控器开机，将空调器设置在制冷状态下运行，室内外机应正常开机，不能有异常碰擦声。

3）空调器运行30min后，用温度计先测量室内机进风口再测出风口温度，一般情况下：制冷运行时，进风口和出风口的温差应大于8℃；制热运行时，出风口和进风口的温度差应大于15℃。

4）空调器运行时，要检查空调器的运行电流是否在铭牌标注的范围内，如图3-57所示。如果电流过小，则需要检测是否缺少制冷剂；如果电流过大，则需要检测是否制冷剂过量或管路是否阻塞过载等。

图3-57　检测运行电流

5）在空调器试机正常后，还应进行运行模式、风向调节、定时睡眠等功能的测试。

★二、家用分体式空调器上门移机演练

家用分体式空调器的移机由准备工作、回收制冷剂、拆室内机、拆室外机、运输、空调器的重新安装和运行调试加制冷剂7个步骤组成。上述操作过程都必须严格按照规定操作，才能让空调移机后的制冷效果不受影响。

（一）准备工作

1）准备上门施工人员。要求至少两人或两人以上熟练的制冷修理工。

2）定空调移动的位置，管道的长度是否足够。空调的安放位置是否适合，是否符合各种要求等。空调的重新移机也是需要符合一般安装空调位置的要求的。应该勘察好环境位置是否适合转移空调。

3）准备好上门移机需要的材料和器材。包括制冷修理工具一

套，以及室内外机的固定用膨胀螺钉、需要更新或延长的管道、接头等材料。

空调器延长管道就要相应地增加制冷剂（以 R410 为例），一般 5m 长的管道不增加制冷剂，7m 长的管道要增加 40g 制冷剂，15m 长的管道要增加 100g 制冷剂。

（二）回收制冷剂

回收制冷剂是非常关键的一步，无论是冬季还是夏季移机，拆机前都必须把空调器中的制冷剂收集到室外机中去。具体操作如下：

1）首先接通电源，用遥控器开机，设定制冷状态。

2）待压缩机运转 5min 后，用扳手拧下室外机上液体管、气体管接口上阀杆封冒，如图 3-58 所示。

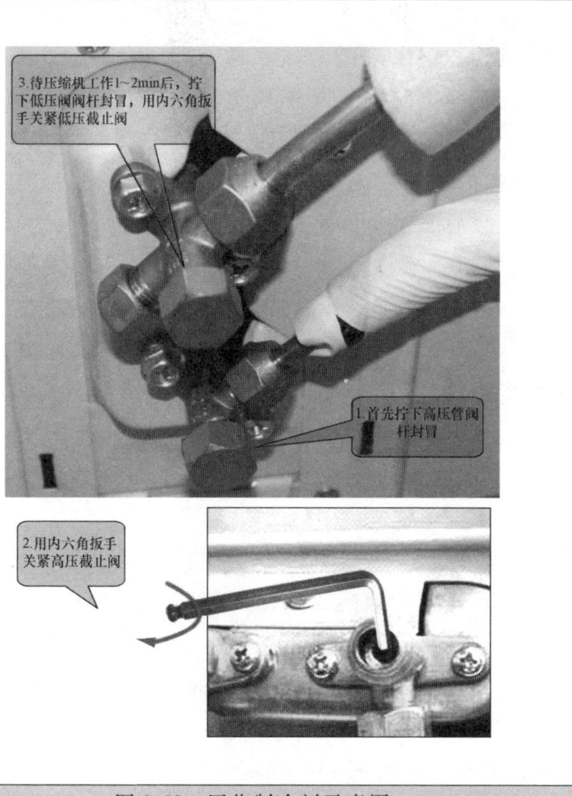

图 3-58　回收制冷剂示意图

3）用内六角扳手，先关低压液体管（细）的截止阀门，待约1min后低压液体管外表看到结露，再关闭低压气体管（粗）截止阀，同时用遥控器关机。

4）最后，拔下220V电源插头，回收制冷剂工作结束。

回收制冷剂应注意的是：要根据制冷管路的长短准确控制时间。时间太短，制冷剂不能完全收回。时间太长，由于低压液体截止阀已关闭，压缩机排气阻力增大，工作电流增大，发热严重。同时，由于制冷剂不再循环流动，冷凝器散热下降，压缩机也无低温制冷剂冷却，所以容易损坏或减少使用寿命。

控制制冷剂回收“时间”方法有表压法和经验法两种。所谓表压法，即是在低压气体旁通阀连接一个单联表，当表压为0MPa时，表明制冷剂已基本回收干净，此方法适合初学者使用。所谓经验法，即是凭维修经验积累出来的方法，通常5m的制冷管路回收时间48s即可收净。收制冷剂时间长压缩机负荷增大，用耳听声音变得沉闷，空气容易从低压气体截止间连接处进入。

（三）拆室内机

制冷剂回收后，可拆卸室内机。操作步骤如下：

1）首先用扳手柄将室内机连接锁母拧开，用准备好的密封钠子旋好护住室内机连接接头的丝纹，防止在搬运中碰坏接头丝纹。

2）拆下控制线。同时应做标记，避免在安装时接错。如果信号线或电源线接错，会造成外机不运转，或机器不受控制。

3）室内机挂板一般固定得比较牢固，拆卸起来比较困难，往往会造成挂板出现变形，可取下挂板，置于平面水泥地再轻轻拍平、校正。

（四）拆室外机

拆室外机具有安全风险，应由专业制冷维修工在保证安全的情况下拆卸。具体拆卸步骤及注意事项如下：

1）拧开外机连接锁母后，应用准备好的密封钠子旋好护往外机连接接头的丝纹。

2）用扳手松开外机底脚的固定螺丝。

3）拆卸后放下室外机时，最好用绳索吊住，卸放的同时应注意

平衡，避免振动、磕碰，并注意楼下车和行人，在确保安全的前提下进行作业。

4）应慢慢捋直室外空调器的接管，用准备好的4个堵头封住连接管的4个端口（如图3-59所示铜管堵头），防止空气中灰尘和水份进入，并用塑料袋扎、盘好以便于搬运。

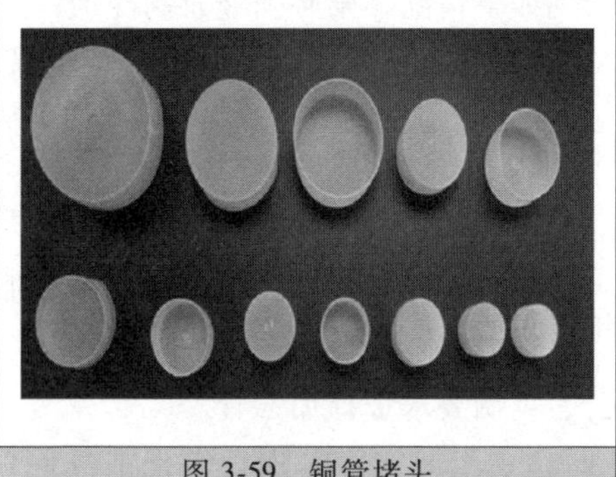

图3-59　铜管堵头

（五）运输

1）运输时，先将空调的连接管圈成小圈，这样更方便运输。

2）将室内机，室外机，连接管放在运输车上，必须平稳，不得将室内机放在室外机上，防止跌落损坏。

3）运输及搬运过程，应该轻拿轻放。

（六）空调器的重新安装

空调器的移机重装方法与先前介绍的新机安装方法基本相同，这里不再累述。重装室内外机时应注意以下几点：

1）准备重新安装空调器之前，应先对空调器的内外部进行清理，包括卸下挂机或柜机室内机的过滤网进行清洗。

2）安装室内机及连接管时，应先将连接管捋平直，查看管道是否有弯瘪现象，检查两端喇叭口是否有裂纹，如有裂纹，应重新扩口，以免造成漏制冷剂故障。

3）检查控制线是否有短路、断路现象，在确定管路、控制线、出水管良好后，把它们绑扎在一起并将连接管口密封好。

（七）运行调试加制冷剂

重新安装好室内外机后，需要运行调试制冷效果，以确定是否需要加制冷剂。在空调器移机中，只要是按操作规范要求去做，开机运行后制冷良好，一般不需要添加制冷剂。但对于使用中的微漏或在移机中由于排空时动作迟缓，制冷剂会微量减少；或由于移机中管道加长等因素，空调器在运行一段时间就不能满足正常运行的条件。如果出现如下情况，则必须补充制冷剂：

1）压力低于 4.5kg/mm^2（环境温度高于 25℃）。

2）管道结霜。

3）电流减少。

4）室内机出风温度不符合要求。

运行中补制冷剂，必须从低压侧加注。

1）补制冷剂前，先旋下室外机三通截止阀工艺品的螺帽，根据公、英制要求选择加气管。

2）用加气管带顶针端把加气阀门上的顶针顶开与制冷系统连通，另一端接三通表，用另一根加气管一端接三通表，另一端虚接 R22 气瓶，并用系统中制冷剂排出连接管的空气，如图 3-60 所示。

3）听到管口”兹兹”响声 1~2s，表明空气排完，拧紧加气管螺母，打开制冷剂瓶阀门。把气瓶倒立，缓慢加制冷剂。

4）当表压力达到 4.5~5.4kg/cm^2 时，表明制冷剂已充足。

5）关好瓶阀门，使空调器继续运行，观察电流、管道结露现象，当室外机水管有结露水流出，低压气管（粗）截止阀结露，确认制冷状况良好，如图 3-61 所示。

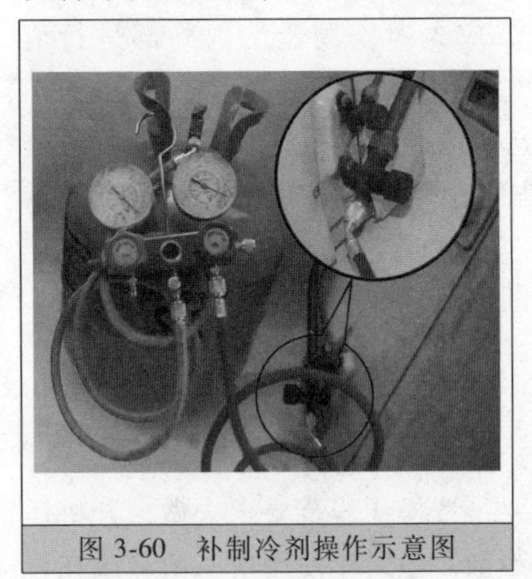

图 3-60 补制冷剂操作示意图

图 3-61 加制冷剂时截止阀结露

6）卸下三通阀工艺口加气管，旋紧螺帽。移机成功。

第四章

易学快修第2步——元器件识别与检测

第一节　空调器电子元器件识别、检测与代换

★一、电子膨胀阀识别、检测与代换

电子膨胀阀可以满足不同种类工质的应用，它适用于变频空调器以及一台室外机带动多台室内机的空调器中。高端变频空调器一般采用电子膨胀阀，而不使用毛细管。

电子膨胀阀由本体部、线圈部构成。驱动方式为永久磁体型步进电动机直动式。其内部结构及外观如图 4-1 所示。

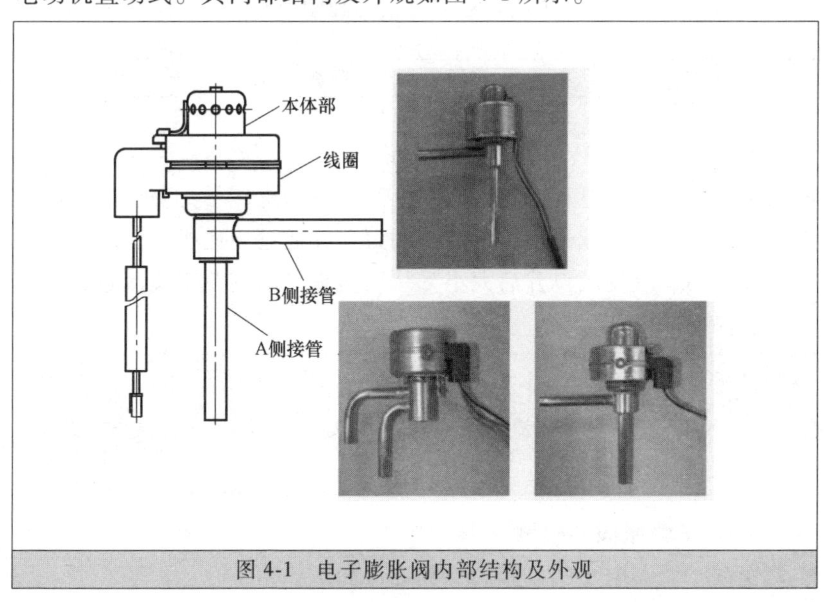

图 4-1　电子膨胀阀内部结构及外观

1. **电子膨胀阀内部结构原理**

电子膨胀阀是由电子电路进行控制的，即根据对过热度或进出口空气的温差，回风温度及其设定值等多项参数的检测和数据采集，经单片机处理后，发出指令，控制电子膨胀阀的开启度，以满足系统负荷的要求。电子膨胀阀的内部结构原理如图 4-2 所示。

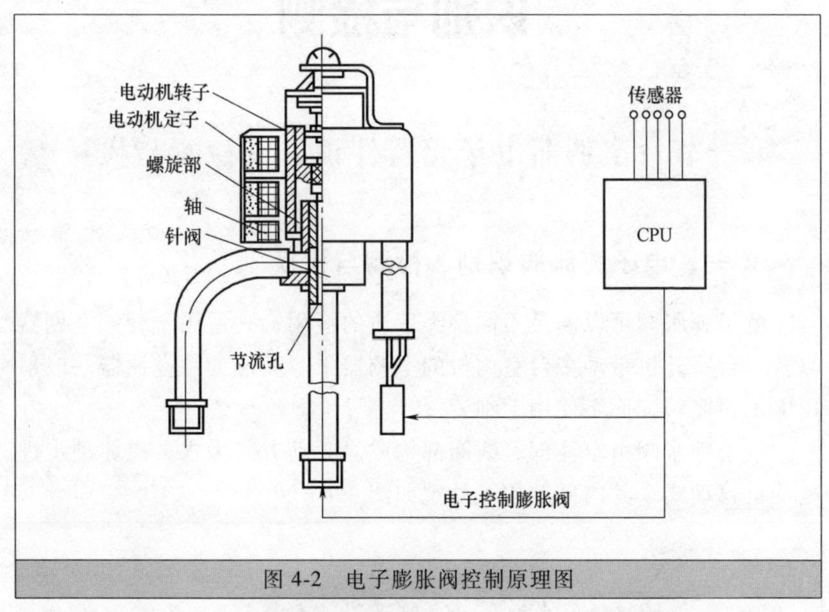

图 4-2　电子膨胀阀控制原理图

当 CPU 发出运转信号，控制电路的脉冲电压按一定的逻辑顺序输入到电子膨胀阀电动机各相线圈上时，电动机转子受磁力矩作用产生旋转运动，通过减速齿轮组传递动力，并通过传递机构，带动阀针作直线移动，改变阀口开启大小，从而实现自动调节工质流量，使制冷系统保持在最佳状态。

【维修日记】 3D 直流变频空调器电子膨胀阀的开启角度是和压缩机的转速同步改变的，使制冷系统处于最佳的匹配状态，达到真正的高效节能。

2. **电子膨胀阀的检测**

变频空调器电子膨胀阀的检测方法如下：

1）正常的电子膨胀阀在插电后有“咯嗒”的响声。若没有响声，或在制冷时膨胀阀在压缩机工作后便开始结霜，则应检测其线圈及供电是否正常（12V 脉冲电）。

2）若电压正常，则说明电脑板正常，若此时膨胀阀内无声音，则是膨胀阀不良，这时先测量电子膨胀阀线圈直流电阻。以三花五线 Q12-GL-01 型电子膨胀阀为例，该型线圈的等效电路图如图 4-3 所示。正常时，用万用表测得①端与②、③、④、⑤端的电阻分别为 47.1Ω、47.0Ω、47.0Ω 和 46.3Ω；②端与③、④端的电阻分别为 94.4Ω、93.4Ω。由此可见，①端与其他线圈端的阻值均在 47Ω 左右，这说明号①端为公共端，其他 4 根线为线圈端，即共用一个公共端。如测得引线之间电阻为无穷大，则说明线圈开路；如果阻值过小，则说明线圈短路，均需要更换。

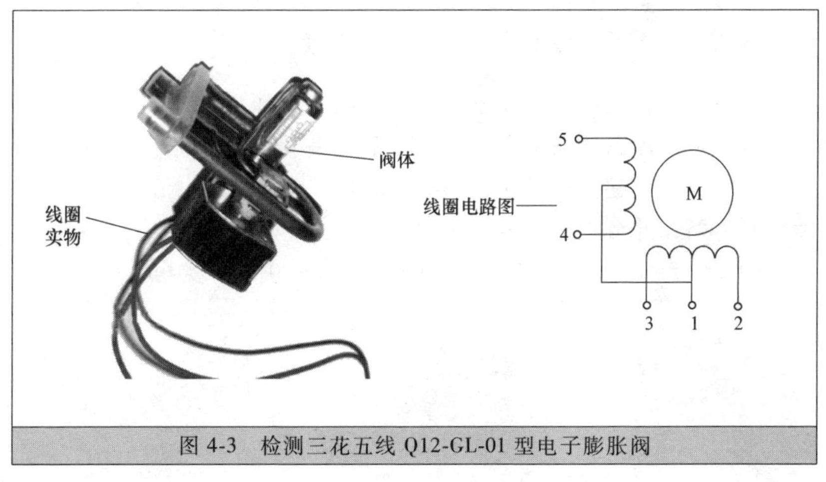

图 4-3　检测三花五线 Q12-GL-01 型电子膨胀阀

3）若膨胀阀线圈直流电阻正常，则可能是阀体内脏堵，可用高压气体进行吹洗。

4）若在断电时电子膨胀阀复位，这时可通过听声音或感觉是否振动来判定阀针是否有问题。在关机状态下，阀芯一般处在最大开度，此时断开线圈引线，然后开机运行，如果此时制冷剂无法通过，则可以判定阀针卡死。正常情况下，用手摸电子膨胀阀的两端，进口处是温的，出口处是凉的。

3. 电子膨胀阀的代换

电子膨胀阀跟毛细管的原理基本相同，但不能用毛细管代换。也不能用不同规格不同型号的电子膨胀阀直接替代。因为不同的电子膨胀阀，有些虽然阀体相同，但线圈的芯线数（例如五芯线圈、六芯线圈等）不一定相同。所以电子膨胀阀最好采用同规格同型号的电子膨胀阀进行代换。代换时应注意电子膨胀阀的型号（如图 4-4 所示红圈内，DPF2.0C 表示通径为 2.0mm）。

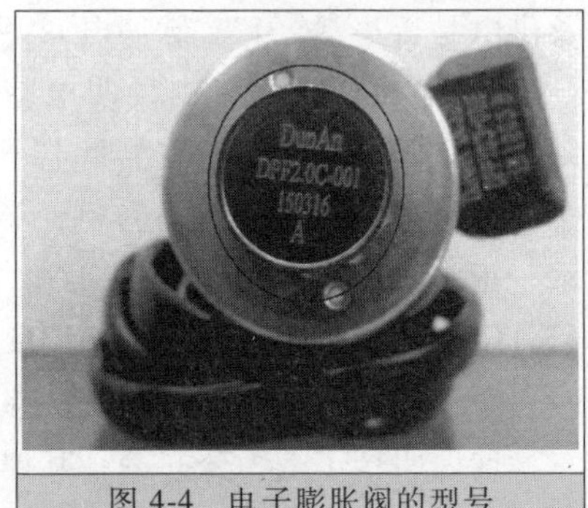

图 4-4　电子膨胀阀的型号

★二、功率模块识别、检测与代换

功率模块是变频空调器核心部件，给变频压缩机输出 U、V、W 三相电流，并控制压缩机的转速。功率模块不仅把功率开关器件和驱动电路集成在一起，而且还在内部集成有过电压，过电流和过热等故障检测电路，并可将检测信号送到 CPU。

如图 4-5 所示，为比较常见的几种功率模块外形实物。

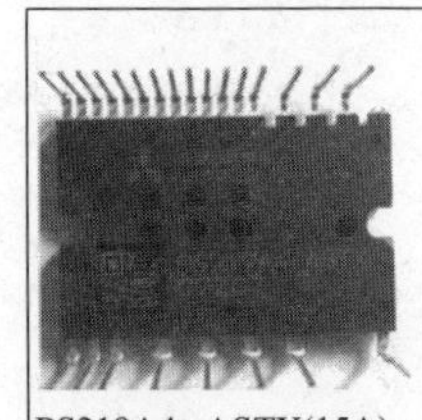
PS219A4-ASTX(15A)

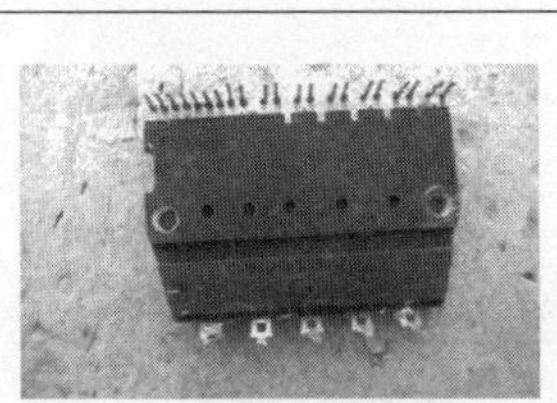
PS21563-P(15A)

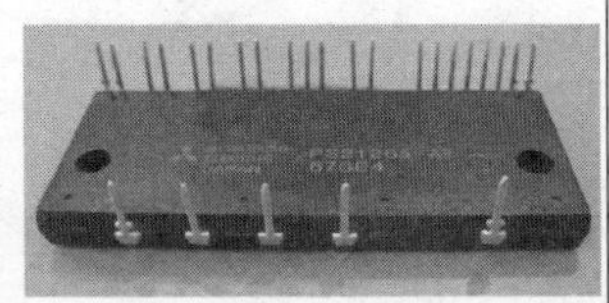
PS21865-P(20A)

图 4-5　几种常见的功率模块

功率模块一般设计在室外机电控盒内侧，由于功率模块工作时产生很高的热量，因此设有面积较大的铝质散热片，并用导热硅脂固定在上面，中间有绝缘垫片，如图 4-6 所示。除铝质散热片有助于功率模块散热之外，室外风机运行时带走铝质散热片表面的热量，间接为

模块散热。

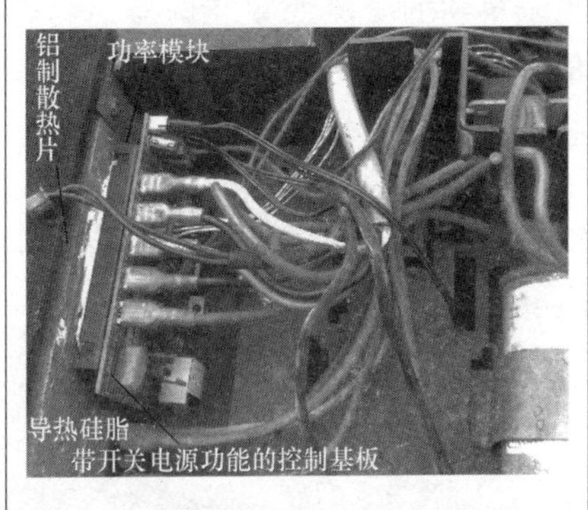

图 4-6　功率模块安装位置

1. 常见功率模块形式及特点

国产变频空调器发展至今技术一直在更新换代，功率模块也从最初只有模块的功能，到集成 CPU 控制电路，再到目前常见的模块控制电路一体化。

(1) 只具有功率模块功能的模块。

此类功率模块多见于早期的交流变频空调器，例如海信变频空调 KFR-3226G/BP、海信 KFR-4001GW/BP 等机型。常见功率模块型号有日立 STK621410、三菱 PM20CTM060 等，此类功率模块目前已经停止生产。

三菱 PM20CTM060 最大负载电流 20A，最高工作电压 600V，使用光耦传递 6 路驱动信号，直流 15V 电压由室外机主板提供（分单路 15V 供电和 4 路 15V 供电两种），如图 4-7 所示。

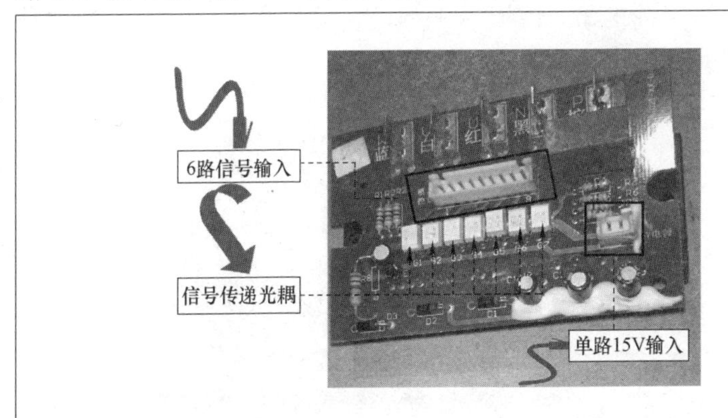

图 4-7　只具有功率模块功能的模块

(2) 带开关电源的功率模块组件。

此类模块是在只有功率模块功能的模块板基础上改进而来，是将带开关电源功能的控制基板与功率模块组合而成，如图 4-8 所示，多见于早期的交流变频空调器，代表机型有美的 KFR-50GW-BPY、海信 KFR-2601GW/BP 等。

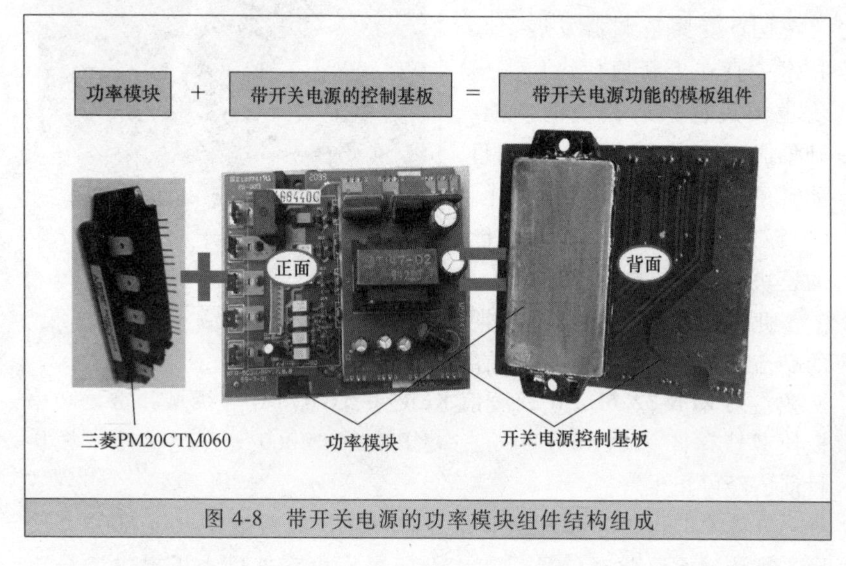

图 4-8 带开关电源的功率模块组件结构组成

带开关电源的功率模块组件增加了开关电源电路，室外机主板则不再设计开关电源电路，能输出 4 路直流 15V 和 1 路直流 12V 两种电压，如图 4-9 所示。

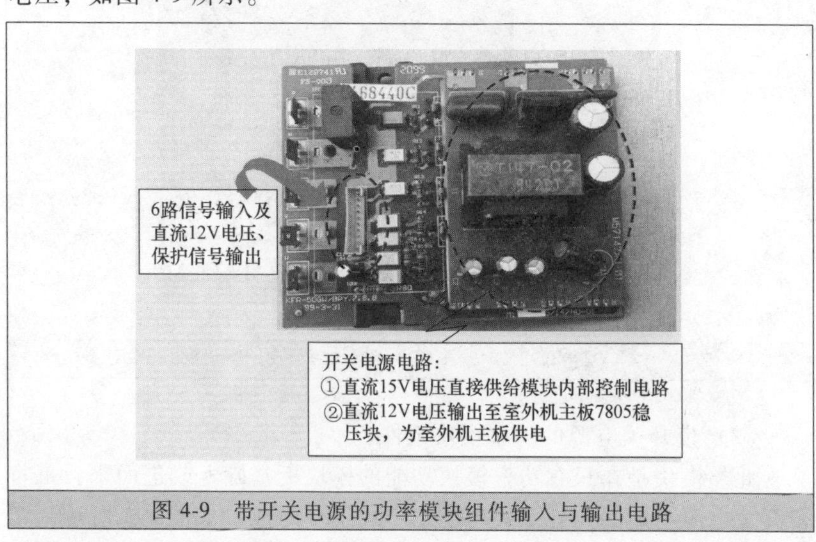

图 4-9 带开关电源的功率模块组件输入与输出电路

目前，此类模块在市面上的交流变频空调器或直流变频空调器中仍占一定的比例，代表机型有海信 KFR-2608W/BP、KFR-26GW/11BP 等。

（3）集成 CPU 控制电路的模块组件。

该类模块组件集成 CPU 控制电路，中间不再需要光耦，6 路信号为直接驱动，如图 4-10 所示。模块内部控制电路使用单电源直流 15V 供电，内部可以集成电流检测电阻元件，与外围元器件电路即可组成电流检测电路，跟前面介绍的两种类型模块有着本质的区别。

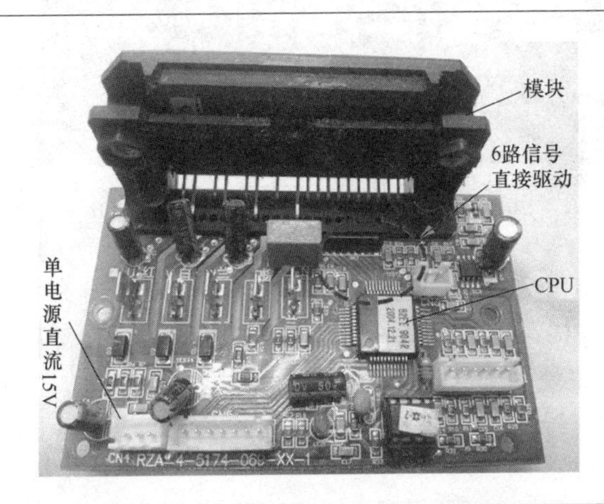

图 4-10　集成 CPU 控制电路的模块组件

（4）智能一体化模块组件。

该类模块因为采用超小封装的智能功率模块（IPM），有助于减少控制板尺寸从而将控制电路和功率模块一体化。智能功率模块不仅把功率开关器件和驱动电路集成在一起，而且还在其内部集成有过电压、过电流和过热等故障检测电路，并可将检测信号送到 CPU。

智能一体化模块组件是目前变频空调主流采用的模块形式，代表产品有飞兆 FSBB30BH60、三菱 PS219A3-AST 和三洋 PS59076-A 等。

新型的智能模块采用了新的 1200V 栅极驱动高电压集成电路（HVIC）、先进硅技术的新型绝缘栅双极晶体管（IGBT）和改进的直接敷铜法（DBC）基板转移模塑封装。它是将功率模块、室外 CPU 控制电路、弱信号处理电路、开关电源电路、通信电路、PFC 电路、

继电器驱动电路等均集成在一块电路板上，如图 4-11 所示。

图 4-11　由智能功率模块和控制电路构成的一体化模块组件

智能一体化功率模块组件与先前的分立式解决方案相比，压缩了电路板空间并提高了可靠性，出现故障后维修也最简单。

2. 功率模块内部结构原理

变频空调器功率模块通常采用 6 个 IGBT 构成上下桥式驱动电路，如图 4-12 所示。

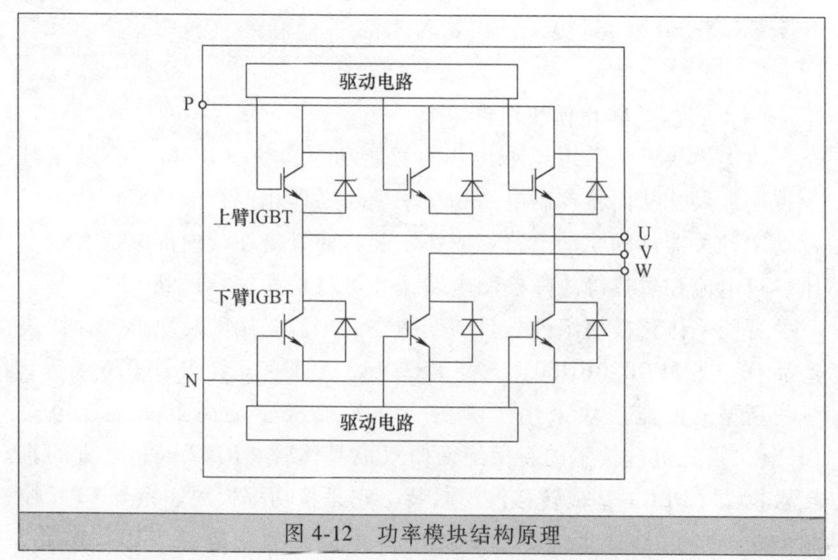

图 4-12　功率模块结构原理

智能变频模块是将6个IGBT管连同其驱动电路和多种保护电路封装在一起。模块保护包括：过电流、过电压、欠电压、短路和过热等。在实际应用中，多采用IPM智能功率模块加上外围的电路（如开关电源电路）组成，完成直流到交流的逆变过程，用于驱动变频压缩机运转的逆变桥及其外围电路，如图4-13所示。

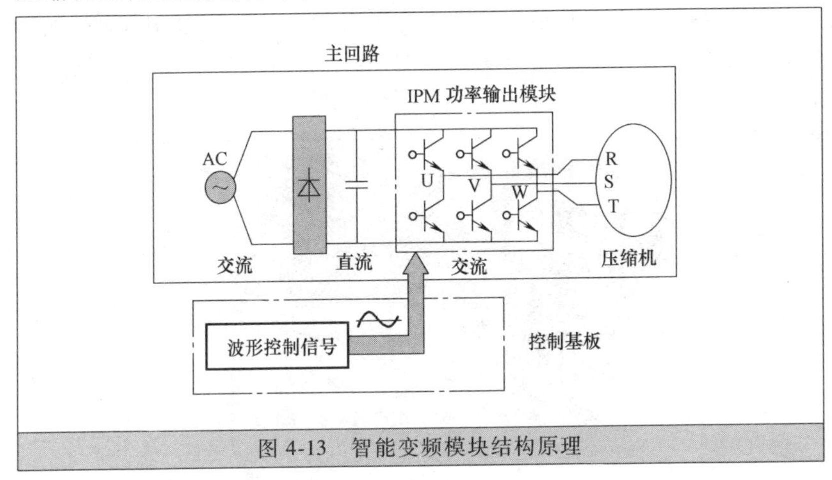

图4-13　智能变频模块结构原理

3. 功率模块的检测

用万用表不能判断功率模块内部控制电路工作是否正常，只能对内部6个开关管做简单的检测。万用表显示值实际为IGBT开关管D1～D6并联6个续流二极管的测量结果，如图4-14所示。

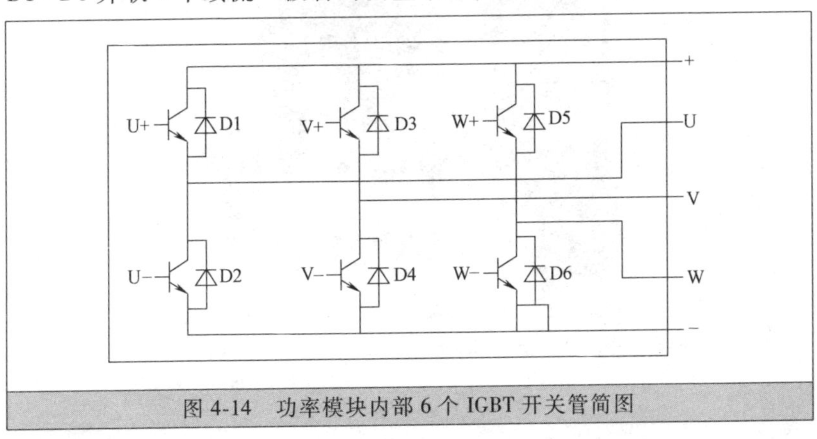

图4-14　功率模块内部6个IGBT开关管简图

下面以数字万用表为例，介绍功率模块的检测方法。

检测时应先拔掉功率模块上的 P（+）、N（-）端子滤波电容供电引线和 U、V、W 端子压缩机线圈引线。检测时应选择二极管档，且 P（+）、N（-）、U、V、W 端子之间应符合二极管的特性。

（1）测量 P、N 端子。

将万用表调到二极管档，正、反向测量功率模块的 P（+）和 N（-）端子，相当于 D1 和 D2（或 D3 和 D4、D5 和 D6）串联测量，操作过程如图 4-15、图 4-16 所示。

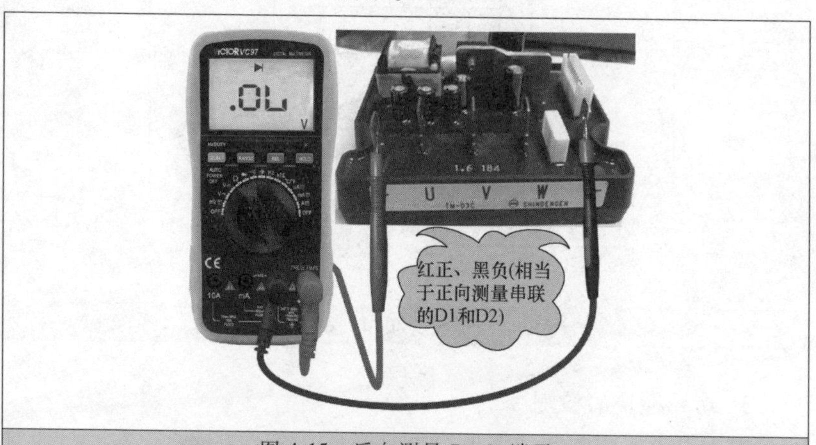

图 4-15　反向测量 P、N 端子

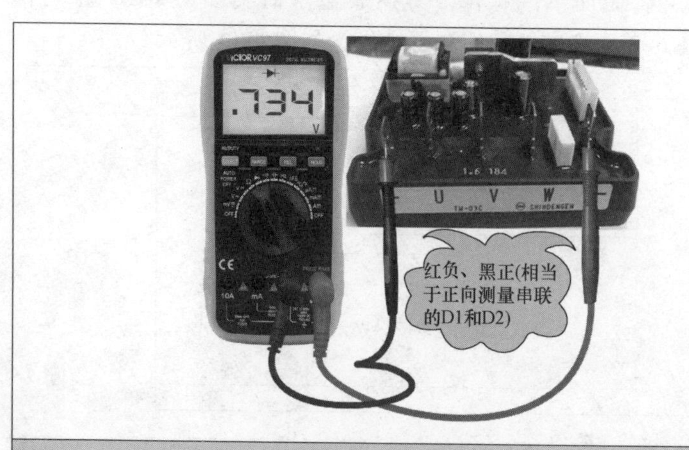

图 4-16　正向测量 P、N 端子

1）反向测量。红表笔接 P 端（+）、黑表笔接 N 端（-），结果为无穷大。

2）正向测量。红表笔接 N 端（+）、黑表笔接（-），结果为 734mV。

3）如果正、反向测量结果均为无穷大，说明功率模块 P（+）、N（-）端子开路。

4）如果正、反向测量接近 0mV，说明模块功率模块（+）、N（-）端子短路。

（2）测量 P（+）与 U、V、W 端子。

将万用表调到二极管档，正、反向测量功率模块 P（+）、U、V、W 端子，相当于测量 D1、D3、D5，操作过程如图 4-17～图 4-22 所示。

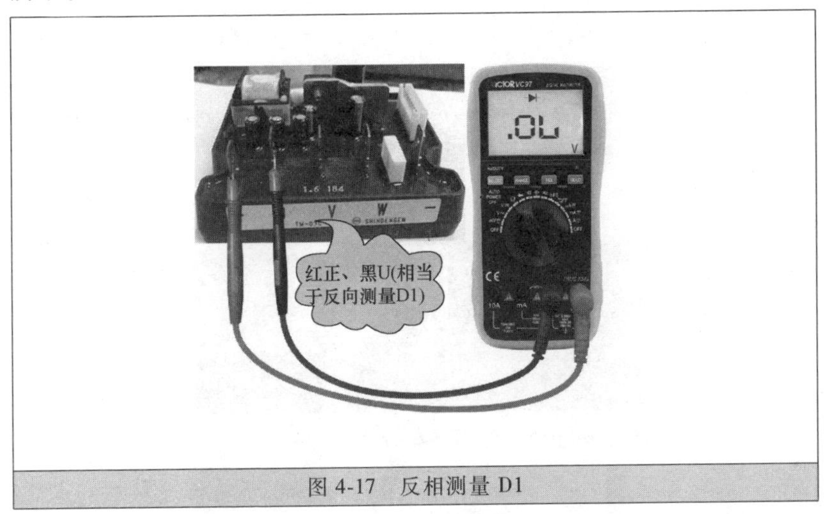

图 4-17　反相测量 D1

1）反向测量。红表笔接 P（+）端，黑表笔接 U、V、W 端，正常情况下，3 次结果应相同，均为无穷大。

2）正向测量。红表笔接 U、V、W 端，黑表笔接 P（+）端，正常情况下，3 次结果应相同，均为 407mV。

3）如果反向测量或正向测量时 P（+）与 U、V、W 端结果接近 0mV，说明功率模块 PU、PV、PW 端击穿。

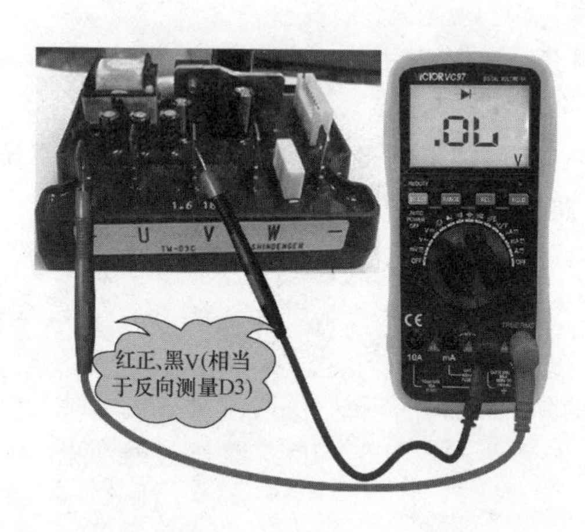

图 4-18　反相检测 D3

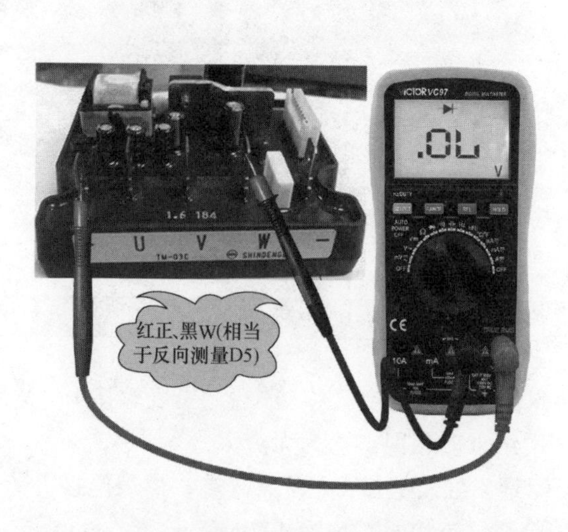

图 4-19　反相测量 D5

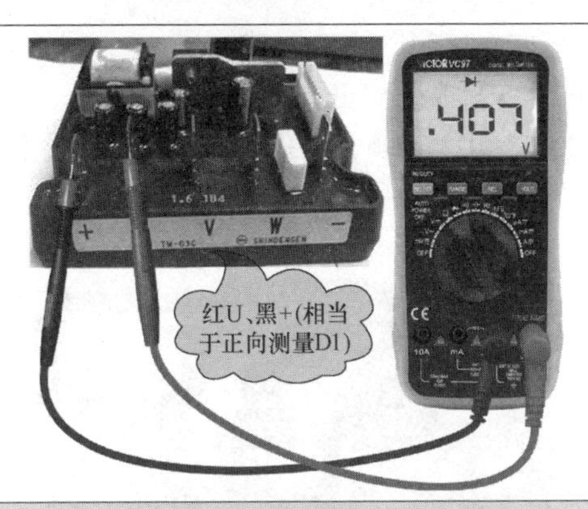

图 4-20　正向测量 D1

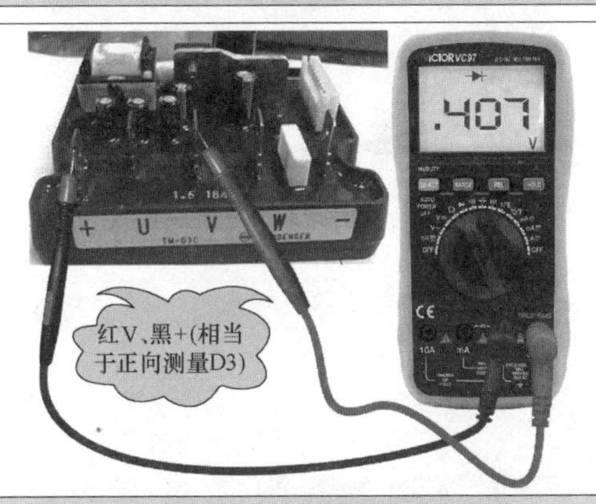

图 4-21　正向测量 D3

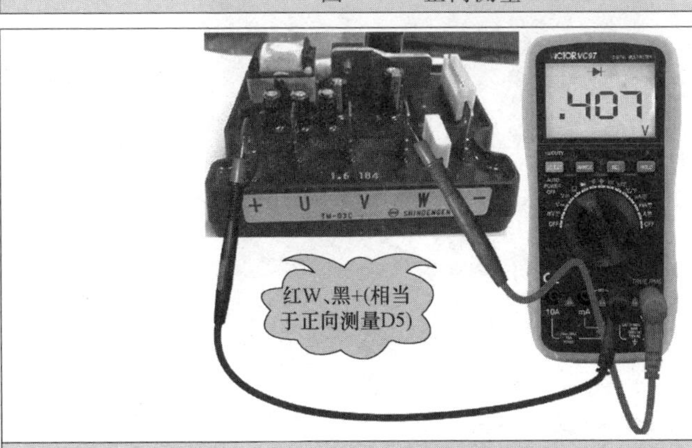

图 4-22　正向测量 D5

（3）测量 N（-）与 U、V、W 端子。

将万用表调到二极管档，正、反向测量 N（-）与 U、V、W 端子，相当于测量 D2、D4、D6，操作过程如图 4-23～图 4-28 所示。

图 4-23　正向测量 D2

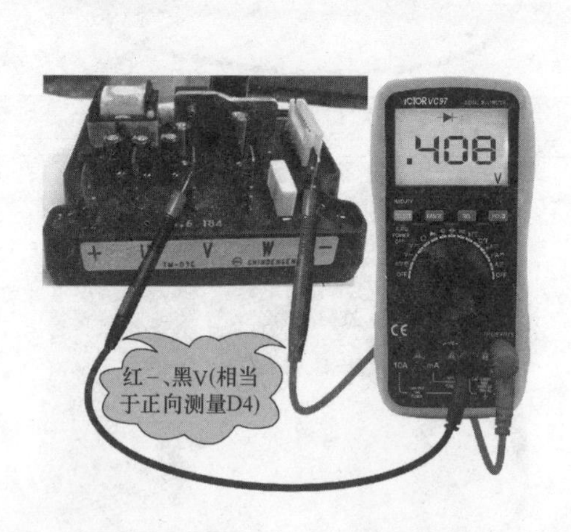

图 4-24　正向测量 D4

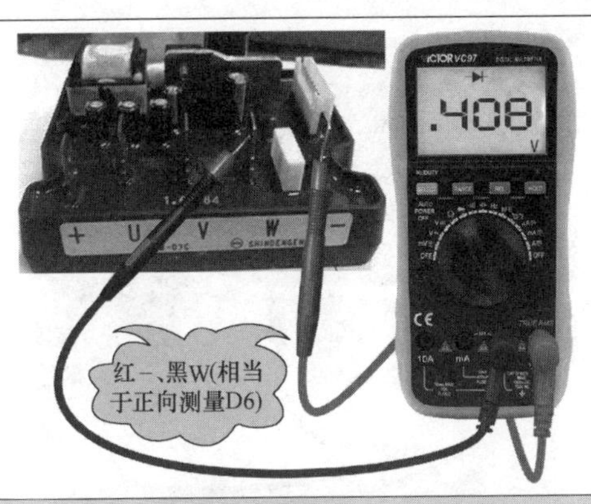

图 4-25 正向测量 D6

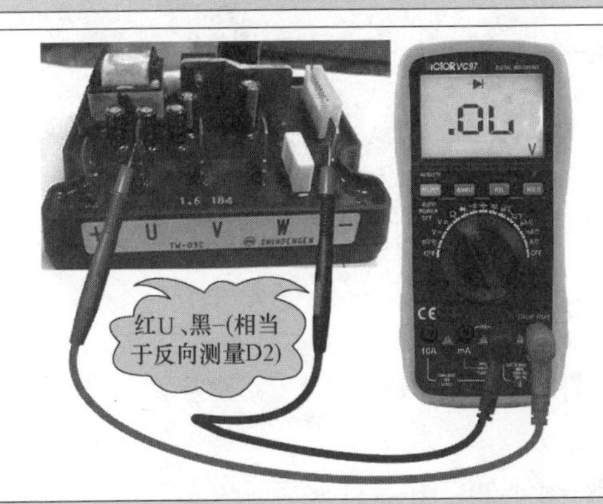

图 4-26 反向测量 D2

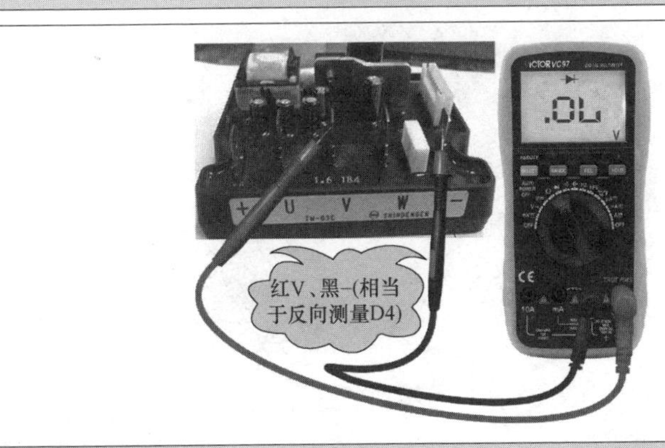

图 4-27 反向测量 D4

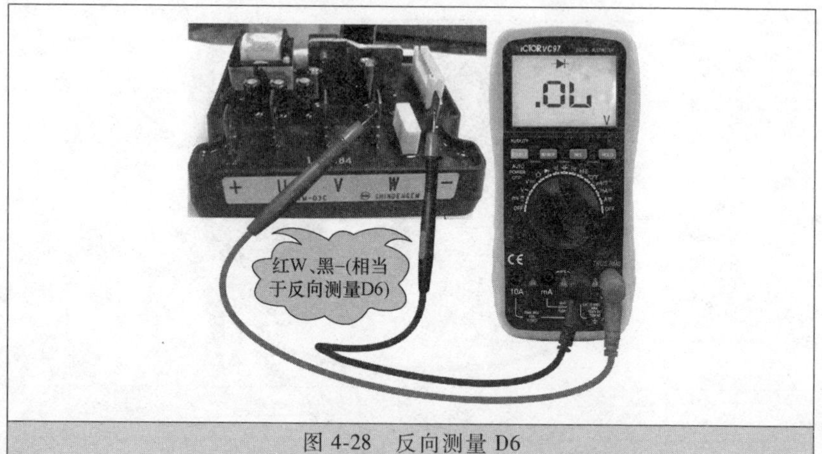

图 4-28　反向测量 D6

1）正向测量。红表笔接 N（-）端，黑表笔分别接 U、V、W 端，正常情况下，3 次结果应相同，均为 408mV。

2）反向测量。黑表笔接 N（-）端，红表笔分别接 U、V、W 端，正常情况下，3 次应相同，均为无穷大。

3）如果反向测量或正向测量时，N 与 U、V、W 端结果接近 0mV，说明功率模块 NU、NV、NW 端击穿。

（4）测量 U、V、W 端子。

测量过程如图 4-29～图 4-31 所示。

图 4-29　测量 U、V 端子

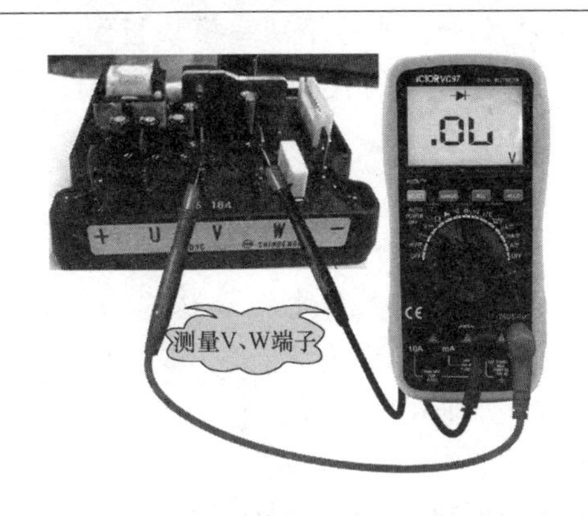

图 4-30　测量 V、W 端子

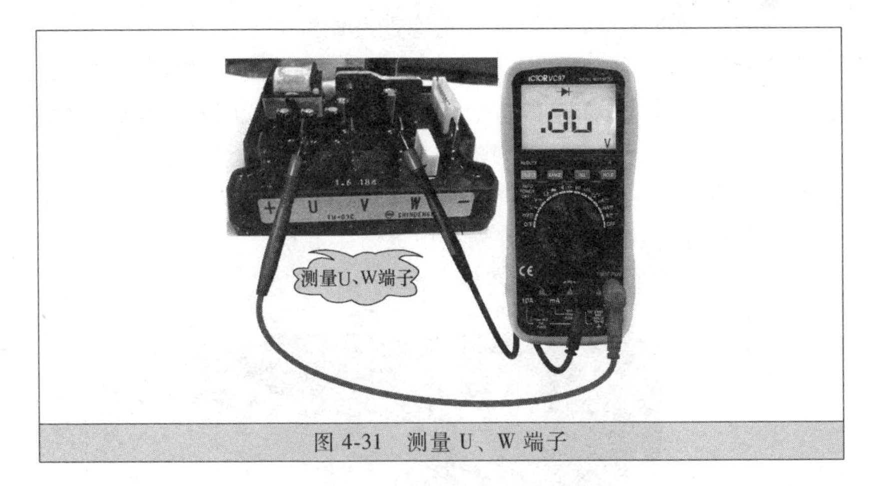

图 4-31　测量 U、W 端子

1）由于模块内部无任何连接，U、V、W 端子之间无论正反向测量，正常情况下，结果应相同，均为无穷大。

2）如果测得读数接近 0mV，说明 UV、VW、UW 端击穿。

如果使用指针式万用表检测功率模块，则应选择“$R\times1\mathrm{k}$”档，测量时红、黑表笔所接端子与使用数字万用表测量方法相反，得出的规律才会一致。

4. 功率模块的代换

变频空调器的功率模块为一体化封装，如内部 IGBT 开关管损坏，只能更换整个功率模块或整个功率模块板组件（功率模块与控制基板）。通常，功率模块的代换分同型号和通用型号两种代换方法。

(1) 代换方法与步骤。

代换功率模块，一般选择与原机相同型号的功率模块，在代换功率模块前，一定要先用笔记下每连接点对应的连接线，以便连线时一一对应。功率模块上有P、N、U、V、W五个连接端及10芯、11芯连接排（部分机型可能没有），其中“P”用来连接直流电正极，在有些模块中也可能标识为“+”；“N”用来连接直流电负极，在有些模块中也可能标识为“-”；“U、V、W”为压缩机线。

当确认模块需要更换时，应先检查室外机电脑板放电是否完毕，因为故障机的大负载电流回路往往已烧断，放电速度相对缓慢。这时，可通过目测室外机电源指示灯是否完全熄灭，也可以直接用万用表直流电压档检测P、N端间的电压是否已低于36V，如图4-32所示。只有确认放电完毕后，才可以拆卸模块。这样既可保护人身安全，又可避免新换上的模块在安装中被高压击穿。

图4-32　检查P、N端间电压

也可代换型号不同而引脚功能相同的通用功率模块。例如海尔 KFR-26GW/B1 型变频空调，KT0010-403442 功率模块与 KT0010403489 功率模块可互换，KFR-50LW/T（DBPJXF）型变频空调 KT0010400460 功率模块与 KT0600274 功率模块可互换等。

代换通用功率模块应注意，由于代换上的功率模块形状有所改变，安装时应先调整整流桥和功率模块在散热片上的位置，以能够安装为标准，然后确定位置后打孔，接着在功率模块和整流桥底部均匀地涂抹导热胶，将其牢固地固定在散热片上，最后按照拆下前所记录的接线顺序，正确连接整流桥和功率模块的 N（-）、U、V、W 五个端子及排线即可。

（2）代换技巧与注意事项。

1）切不可将新模块接近磁体，或用带静电的物体接触模块，特别是信号输入端，否则极易引起模块内部击穿。

2）变频模块装配不正确，会导致变频模块散热不好，击穿的较多。当将模块安装到散热器上时，应注意过大的或不平衡的紧固力可能会使内部硅片受到应力的作用，进而会造成模块损坏或绝缘能力下降。正确的操作方法如图 4-33 所示，紧固螺钉时必须使用扭矩扳手并紧固到规定的力矩强度。同时请注意模块和散热器之间的接触表面不要有其他异物。

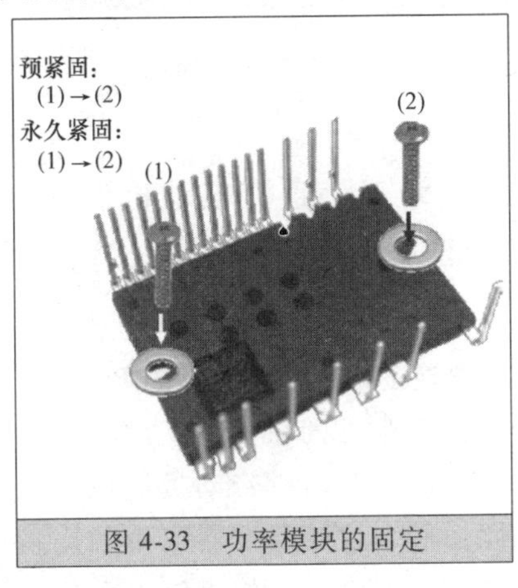

图 4-33　功率模块的固定

3）为了使功率模块更好地散热，安装时应在模块和散热器之间的接触面上应均匀地涂抹一层 100~200μm 的导热硅脂，如图 4-34 所示。涂导热硅脂同时也有助于防止模块与散热器接触表面被腐蚀。涂硅脂和安装散热器的时候，注意不要让空气进入硅脂，否则在运行过程中可能会导致接触热阻变大或造成松动。

4）焊接功率模块的电烙铁要求选用具有温度可调功能的半导体焊接专用烙铁（12~24V 低电压型且烙铁头接地），考虑到模块内部

封装树脂的玻璃态转化温度（Tg）和内部硅片的耐热能力，功率模块端子根部的温度应保持在150℃以内，操作时将电烙铁放在端子上距端子顶部1mm以内的部位，如图4-35所示，且焊接时间越短越好。

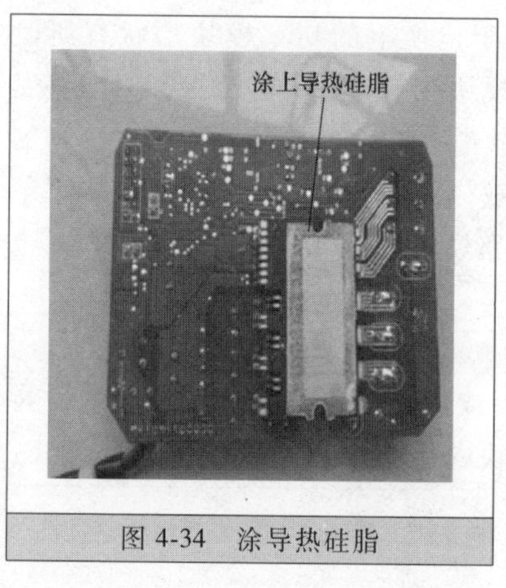

图4-34　涂导热硅脂

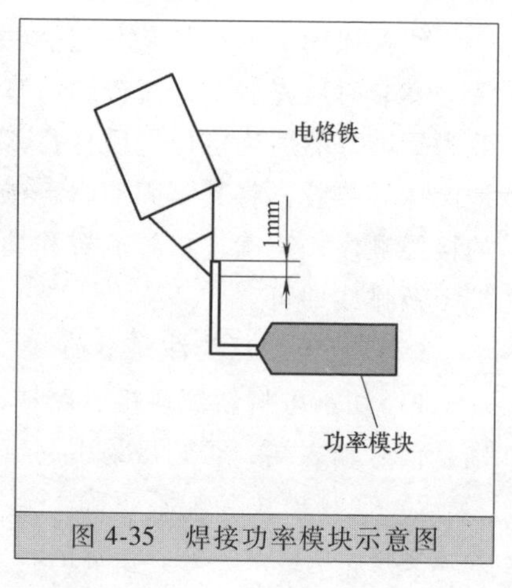

图4-35　焊接功率模块示意图

★三、直流电动机识别、检测与代换

直流电动机用于全直流变频空调器的室内机和室外机风机，与普通定频空调室内机的PG电动机、室外机的轴流电动机一样，室内直流电动机带动贯流风扇运行，制冷时将蒸发器产生的冷量输送到室内；室外直流电动机带动轴流风扇运行，制冷时将冷凝器产生的热量排放到室外，吸入自然空气为冷凝器降温。如图4-36所示，为直流电动机实物结构。

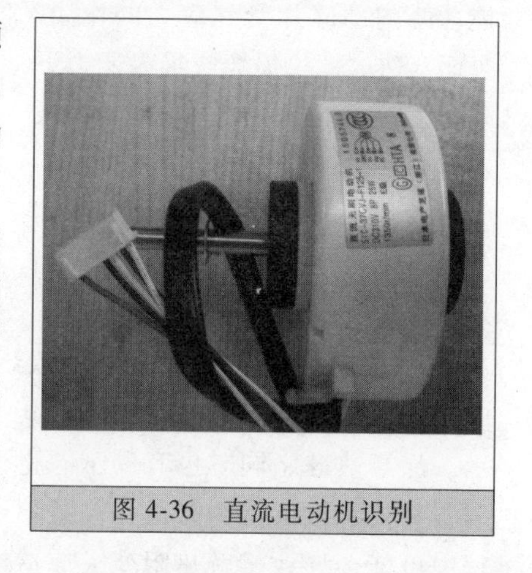
图4-36　直流电动机识别

1. 直流电动机内部结构原理

直流电动机的内部结构如图4-37所示。直流电动机是由定子和

转子两大部分组成，每一部分也都是由电磁部分和机械部分组成，以便满足电磁作用的条件，换向极用来换向。

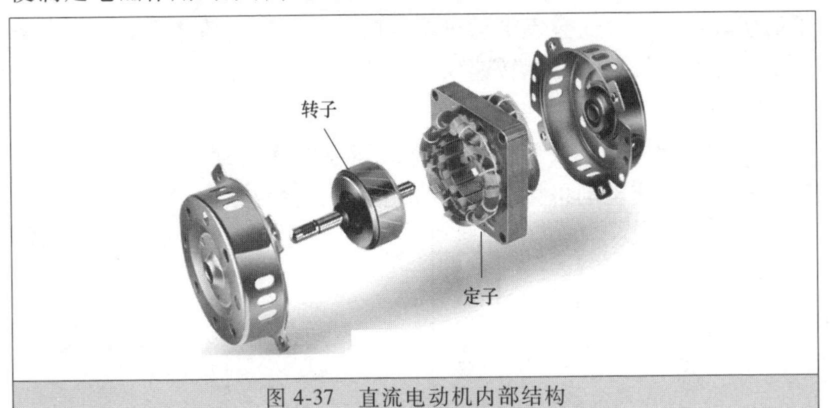

图 4-37　直流电动机内部结构

直流电动机插头共有 5 根引线，如图 4-38 所示，分别为：直流 300V 电压正极引线；直流电压地线；直流 15V 电压正极；驱动控制引线；转速反馈引线。

直流电动机的供电电压为 300V，控制电路供电电压为直流 15V，均由主板提供。主板 CPU 输出含有转速信号的驱动电压，经光耦耦合由 4 号引线送入直流电动机内部控制电路，处理后驱动变频模块，将直流 300V 电压转换为绕组所需要的电压，直流电动机开始运行，从而带动贯流风扇或轴流风扇旋转运行。

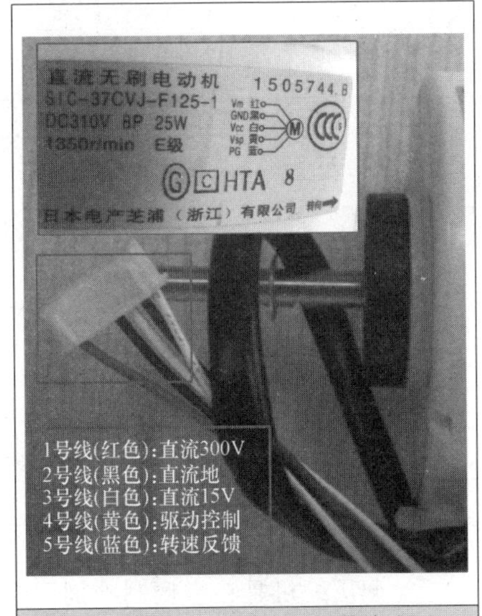

图 4-38　直流电动机引线定义

直流电动机运行时 5 号引线输出转速反馈信号，经光耦耦合后送至主板 CPU，主板 CPU 适时监测直流电动机的转速，与内部存储的目标转速进行比较，如果转速高于或低于目标值，主板 CPU 调整输出的脉冲电压值，直流电动机内部控制电路处理后驱动变频模块，改变直流电动机绕组的电压，转速随之改变，使直流电动机的实际转速与目标转速保持一致。

2. 直流电动机的检测及代换

直流电动机常见故障是不运行或运行时无转速反馈信号。如图 4-39 所示为直流电动机接线示意图及参数，检测方法如下。

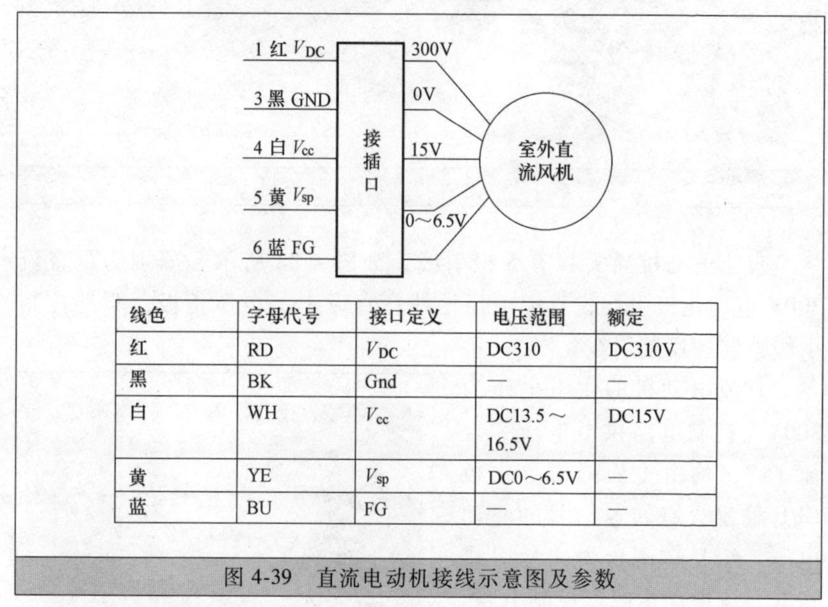

线色	字母代号	接口定义	电压范围	额定
红	RD	V_{DC}	DC310	DC310V
黑	BK	Gnd	—	—
白	WH	V_{cc}	DC13.5～16.5V	DC15V
黄	YE	V_{sp}	DC0～6.5V	—
蓝	BU	FG	—	—

图 4-39　直流电动机接线示意图及参数

1）首先拔出风机接线插头，测试红、白、黄、蓝对黑（地线）的电阻，正常值应为几十千欧或几百千欧。

2）如果阻值只有几欧或更小，则可以判定风机损坏。

空调直流电动机若损坏，只需更换相同规格型号的电动机即可。

★四、压缩机识别、检测与代换

空调压缩机是在空调制冷剂回路中起压缩驱动制冷剂的作用。空调压缩机一般装在室外机中，如图 4-40 所示。压缩机在制冷系统里面的主要作用是把从蒸发器来的低温低压气体压缩成高温高压气体，

为整个制冷循环提供源动力。

1. 压缩机内部结构原理

压缩机实物及内部结构原理如图 4-41 所示，主要是由转子和绕组等组成。普通空调压缩机电动机是单相电动机，其定子绕组为两组，一组为启动绕组，一组为运行绕组。交流变频压缩机电动机是三相电动机，其定子绕组为阻值基本一样的 3 个绕组。两者电动机的区别如图 4-42 所示。

图 4-40　压缩机识别

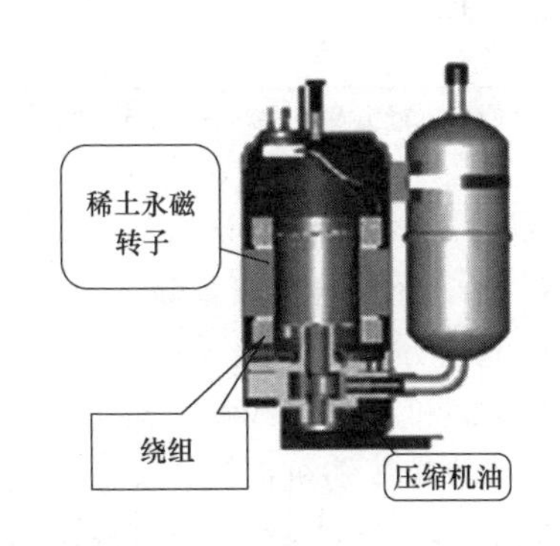

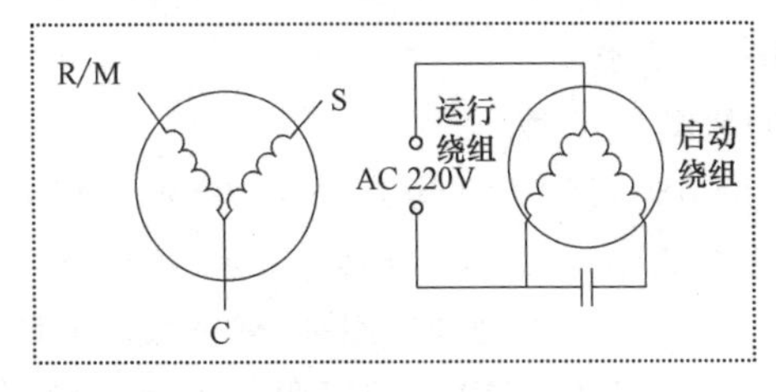

图 4-41　压缩机实物及内部结构原理

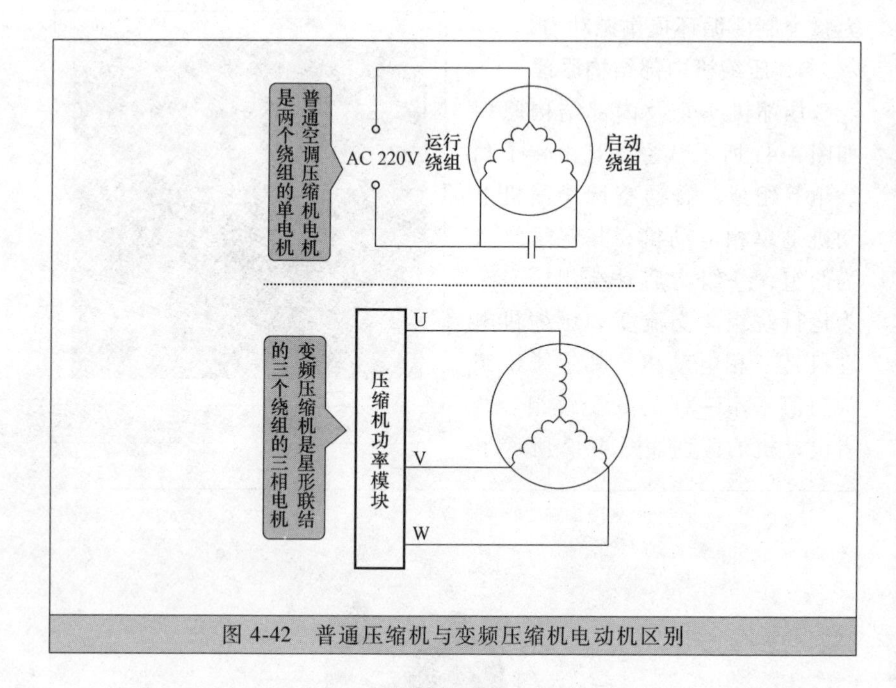

图 4-42 普通压缩机与变频压缩机电动机区别

变频空调器压缩机有三个绕组，每次会有 2 个绕组通电，形成推力，绕组间会按规律转换，让压缩机按设定频率运行。如图 4-43 所示，为变频压缩机 180°通电方式及转换顺序。

不同空调器厂家的压缩机，其接线柱方位虽然不同，但在每个接线柱旁都标有字母；对于单相压缩机而言，C 表示公共端，R 表示主绕组端，S 表示副绕组端。各绕组接线一定要按图示方法，否则压缩机不能正常工作，甚至烧毁。

2. 压缩机的检测与代换

一般来说，可以通过如下方法大致判断空调器压缩机的好坏。

1）用万用表检查压缩机阻值（压缩机厂家不同，其阻值不同）。

2）用绝缘电阻表摇一下压缩机线圈有没有对地（对地压缩机烧坏）。

3）将压缩机通电运转，用手摸下吸、排气口有没有吸、排气，如果通电后压缩机不运转，电流也很大，则说明压缩机卡缸了。

由于变频压缩机电动机是三相交流异步电动机，所以三相绕组阻值基本相同，测量三相绕组直流电阻方法如图 4-44 所示。

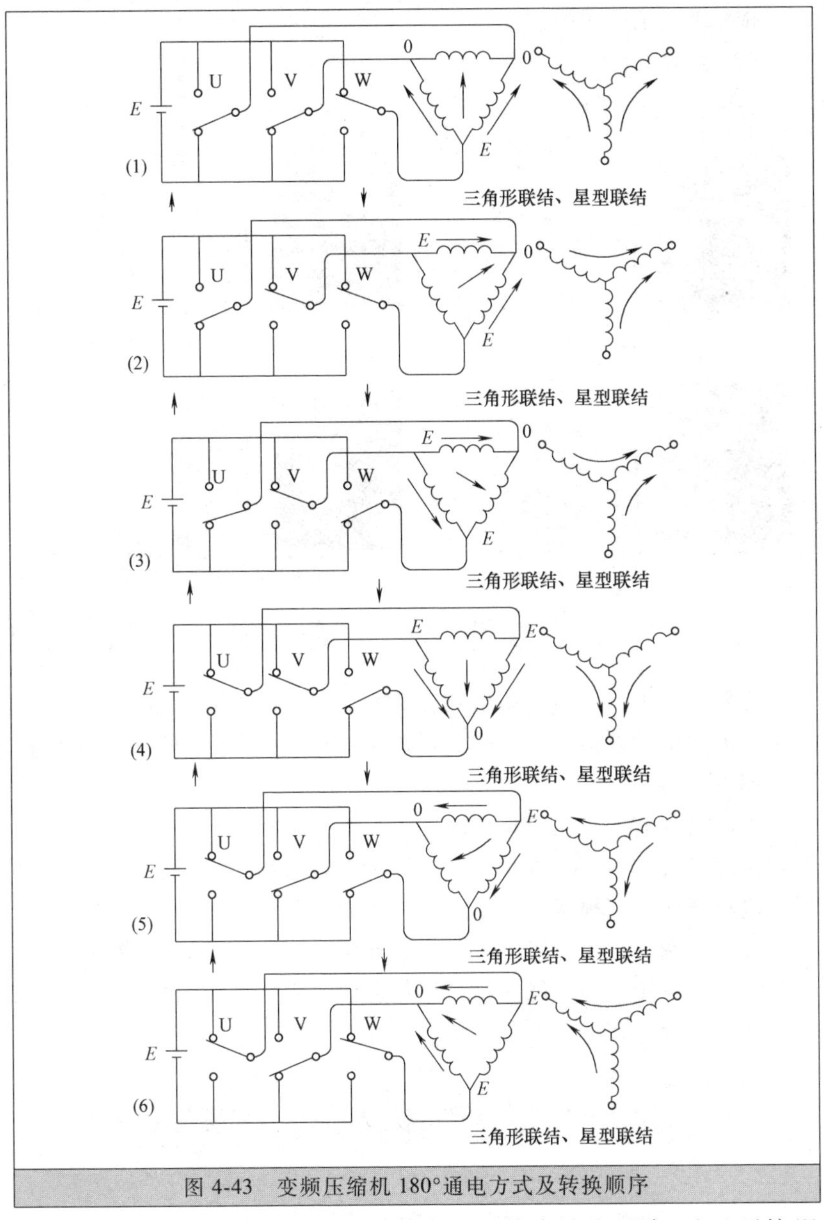

图 4-43　变频压缩机 180°通电方式及转换顺序

例如，三洋 C-6RV73HOW 压缩机，其直流电阻如下（环境温度 25℃）：

R-S 之间 1.3170Ω；

S-T 之间 1.375Ω；

T-R 之间 1.376Ω。

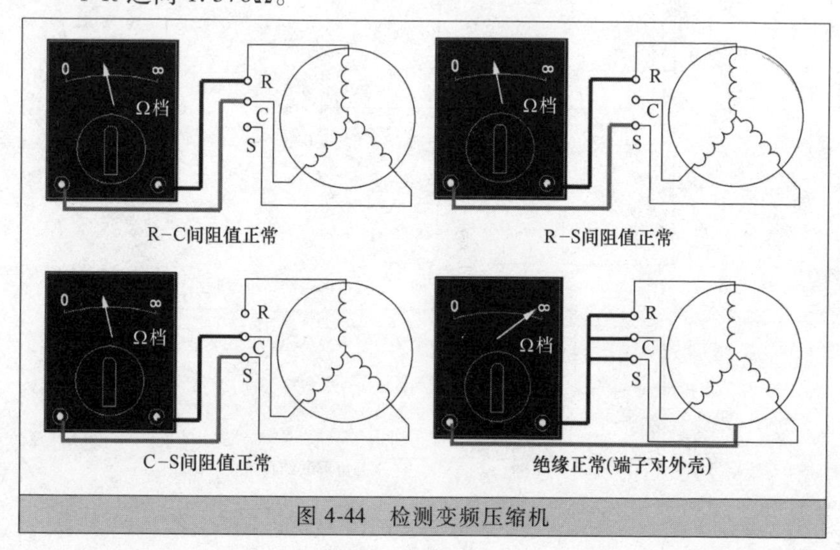

图 4-44 检测变频压缩机

一般情况下，若所测阻值均在 2Ω 左右，且基本相等时，可认为压缩机电动机是好的。接线时，可按压缩机接线盖上的标注与接线柱对应即可，

当不能分清 R、S、T（C）三端，又不知如何连接时，可先将线接到压缩机三端子上，如果此时压缩机出现抖动，表明压缩机相序错误，应对调任意两根线，改变压缩机转向即可消除。

代换空调压缩机可以不要求品牌型号完全相同，但功率应相同。安装时应注意接线柱不能接错，以免造成压缩机不能正常工作，甚至烧毁。

第二节 空调器单元板识别、检测与代用

★一、室内机主板识别、检测与代用

定频空调器的室内机主板是整个电控系统的控制中心，对空调器

整机进行控制，室外机不再设置电路板；变频空调器的室内机主板只是电控系统的一部分，工作时处理输入的信号，处理后传送至室外机主板，才能对空调器整机进行控制，也就是说室内机主板和室外机主板一起才能构成一套完整的电控系统。

如图 4-45、图 4-46 所示，为典型定频和变频空调器的室内机主板实物结构。

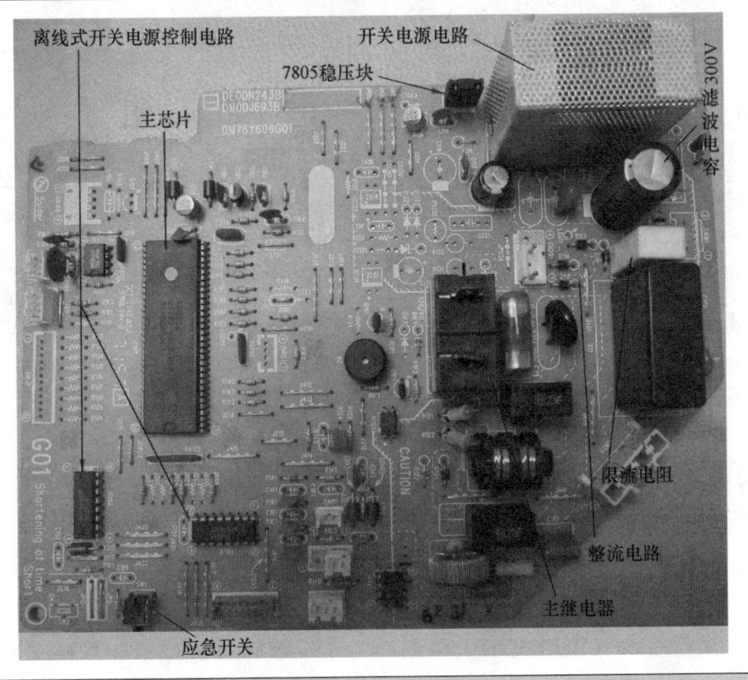

图 4-45　三菱电动机 MSH-J12SV（KFR-34GW/A）定频空调器室内机主板

室内机主板主要具有以下功能：

1）接收用户发来的温度需求信息。

2）采集环温、管温等相关信息并传至室外机。

3）显示各种运行参数或保护。

室内机主板是否正常，可以通过检测空调室内机与室外机接线端电压来加以判断。以变频空调器室内机主板为例，其检测方法如下：

1）首先开机测内外机连接线室内机端信号线与零线 N 之间有无

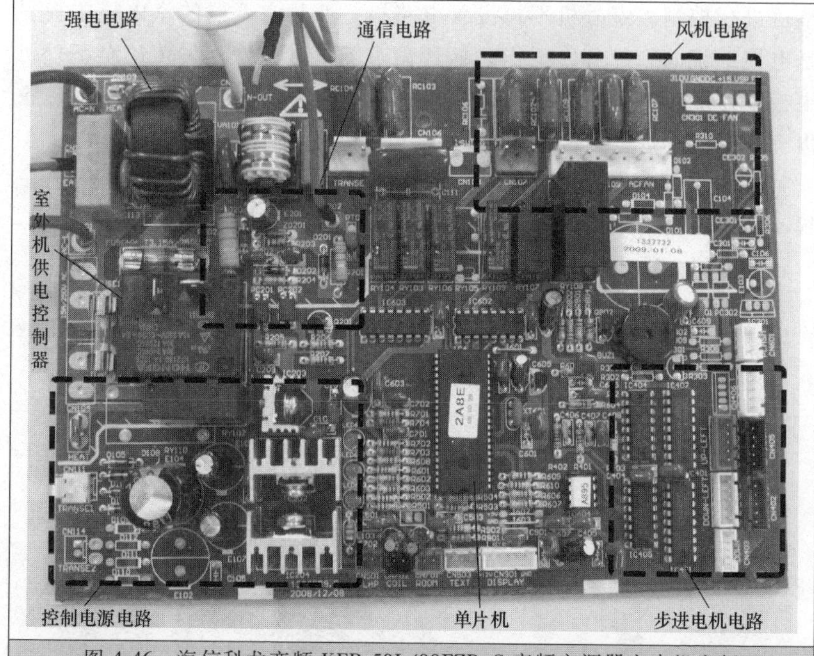

图 4-46　海信科龙变频 KFR-50L/08FZBpC 变频空调器室内机主板

110V 交流或 24V 直流电压，如图 4-47 所示。

2）如有 110V 交流或 24V 直流电压，则可表示室内机无故障。

3）测连接线室外机端信号线与零线 N 之间有无 110V 交流或 24V 直流电压，如有可以排除连接线，如图 4-48 所示。

代换空调器室内机主板，选择与原主板的规格型号一致，安装好相应接插件即可。

★二、室外机主板识别、检测与代用

如图 4-49 所示，为变频空调器室外机主板。

室外机主板主要具有以下功能：

1）接收室内通信，综合分析室内环境温度、室内设定温度、室外环境温度等因素，对压缩机变频调速控制。

2）根据系统需要，控制室外风扇、四通阀、压缩机、电加热等负载。

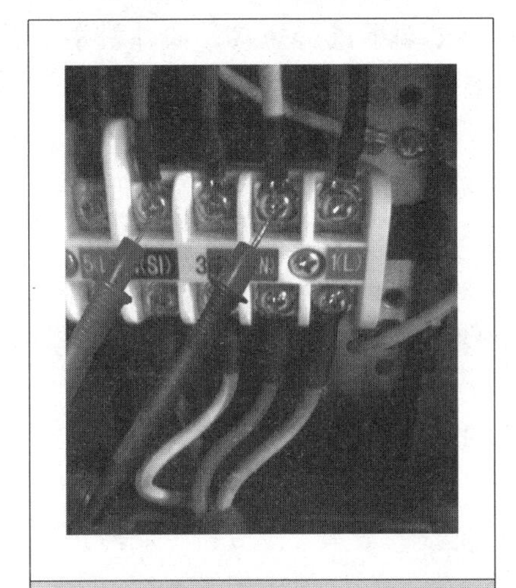

图 4-47　测室内机端信号线与零线电压

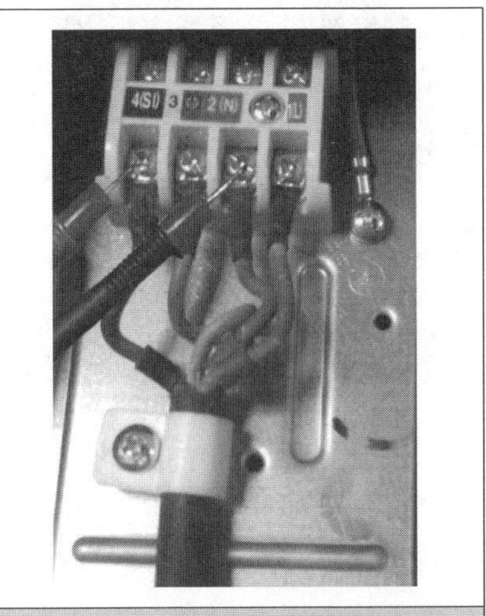

图 4-48　测室外机端信号线与零线电压

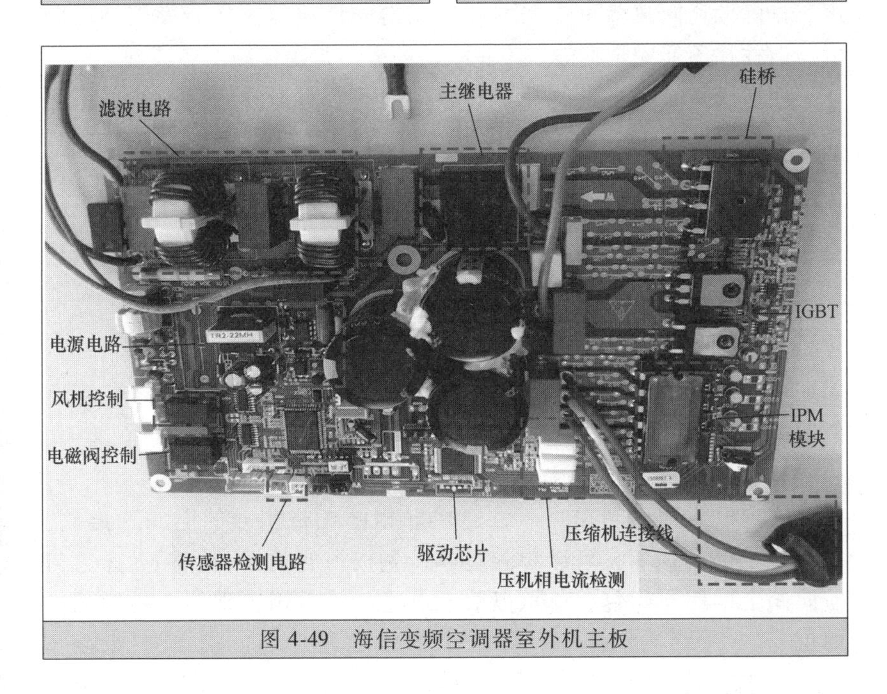

图 4-49　海信变频空调器室外机主板

3）采集排气、管温、电压、电流、压缩机状况等系统参数，判断系统是否在允许的工作条件内是否出现异常。

判断外机可将外主板 IC 下方有 3 个端子进行短接，如外机主板上无 IC 的，模块上有两个端子，将其短接，压缩机风扇运转，为外机正常。不转则为外机故障。

代换空调器室外机主板，选择与原主板的规格型号一致，安装好相应接插件即可。

第三节　空调器元器件焊接与板块连接易学快修

四通阀是空调中起制冷制热转换的一个阀门，它的损坏故障为卡住、窜气或阀体漏氟，表现出的现象（排除其他故障的情况下）为：开机制热却制冷或开机制冷却制热；窜气一般多表现开机不制冷也不制热，低压压力偏高，接近平衡压力，还伴有比较明显的“嘶嘶”声。排除四通阀故障可先采取轻轻敲击阀体或给阀体线圈瞬间通断电，但往往不能完全奏效，唯一根治的方法是更换新的四通阀。

四通阀焊接的难点就在于阀体内部的塑料滑块容易受热变形损坏。下面结合实际维修经验，具体介绍四通阀的焊接方法及注意事项。

★一、电磁四通阀拆焊和代换技巧

热泵式空调器的故障率比单冷式空调器要多，判断电磁四通阀的故障和更换电磁四通阀都需要一定的经验和操作技巧，掌握得好即可保证更换的质量，要求更换的速度要快，否则容易造成返工和损坏电磁四通阀。具体可按如下方法进行。

1. 备件准备

确定电磁四通阀损坏后，选用好相同规格型号的电磁四通阀。如果是电磁阀损坏，可以单独更换，先拔掉它的插头，再拆掉它与换向阀上的固定螺钉，就可以取下电磁阀。再用正常的电磁阀更换即可。

2. 拆焊要点

1）首先取下电磁线圈。

2）卸下线圈固定螺钉，将其取下，如图 4-50 所示。

图 4-50 卸下线圈固定螺钉

3）用焊枪焊下高压焊口（注意降温用湿布包住阀体），如图4-51所示。

图 4-51 焊下高压焊口

4）用焊枪逐步焊下其余焊口（由易到难），将电磁四通阀取出，如图 4-52 所示。

3. 焊接要点

1）换新阀时，四根铜管接口应摆正到位，要注意保持原来的方向和角度，换向阀必须水平状态。

2）焊接时，要先焊单根（高压管），再焊三根的中间一根（低压管），然后焊接左、右两根管。

3）选用适当的焊把，火焰及温度应调到立刻焊接的程度，火到

图 4-52　取出电磁四通阀

即焊，焊到铜管的 2/3 处，焊接完立刻回烤一次，保证焊口牢固。焊接时可用湿毛巾对电磁四通阀与铜管端进行降温，稍等片刻焊余下的 1/3；

4）焊接时要看得准，手法快，按顺序焊接，待电磁四通阀温度没上来就争取焊接完成，避免长时间烘烤造成管路变形等其他问题发生。

5）四根接口先后焊好后，宜用湿毛巾降温，以期达到电磁四通阀的使用要求。

【维修日记】 拆除四通阀的方法：将电磁阀线圈上的 1 颗固定螺钉拧下，取下线圈。用湿润的棉纱布包住四通阀，将连续接到四通阀上的 4 个焊点焊下，即可取下四通阀，如图 4-53 所示。

电磁四通阀浸水焊接技巧：即是将电磁四通阀的焊接在水中进行。操作方法及注意事项如下：

首先将组件中的四通阀浸没在水中（最好能设计简易适用的工装），水面高于阀体 10～20mm，如图 4-54 所示。为了控制四通阀组件管路件之间相对角度，可以采取拆下一根管路件重新装新阀焊接好后，再拆换其他管路件方法。

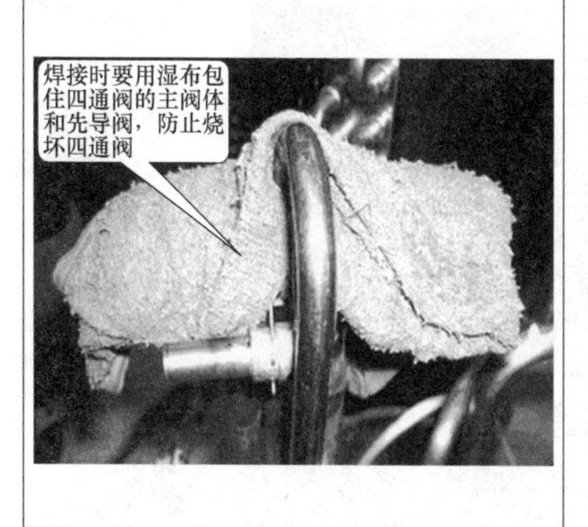

图 4-53　焊下四通阀

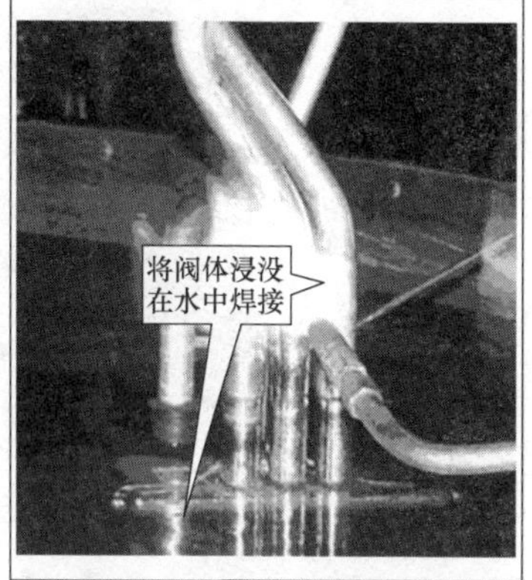

图 4-54　将组件中的四通阀浸没在水中焊接

★二、电子膨胀阀的焊接

空调器电子膨胀阀堵塞、阀体裂漏、闸阀组件损坏等故障，这时就需要使用焊接工具对损坏的器件进行拆焊代换。拆焊和代换之前，应提前准备好与原机线圈、控制板相匹配的，且性能良好的电子膨胀阀，如图 4-55 所示。

图 4-55　准备好代换的电子膨胀阀

拆焊和焊接要点如下：

1）首先取下电子膨胀阀的线圈。

2）用焊枪焊下焊口（注意降温用湿布包住阀体），将其取出，如图 4-56 所示。

3）将提前准备的电子膨胀阀按原位焊接回即可。

★三、压缩机的焊接

压缩机的焊接方法方法及注意事项如下。

图 4-56　拆焊电子膨胀阀

1. 维修安全的防范

1）空调器里的制冷剂（R22）虽然不是可然性气体，但是如果直接与高温火焰接触的话，它会分解，产生有毒气体，因此焊接操作以前，应将制冷系统内的制冷剂慢慢地放出。

2）如果制冷系统内的压力过高，则焊接作业十分危险，这时绝对不能焊接作业。

3）如果压缩机已烧坏，会泄放出制冷剂热分解时产生的有毒气体，操作人员要特别注意。

2. 备件准备

更换压缩机前，必须查清故障机型的压缩机型号（风机电容上面贴有压缩机型号标签），选择完全一致的压缩机进行更换，不能单纯只根据机型来判断压缩机型号，否则会造成压缩机与系统管路及控制器的不匹配。

3. 判定润滑油状态

排放出残留制冷剂时，要慢慢泄放，太快了会把压缩机里的润滑油放掉。

4. 拆焊要点

1）首先拆下压缩机上的电器插头。

2）用专用工具旋出固定压缩机的螺母，如图 4-57 所示。

3）用焊枪焊下吸排气焊口（注意降温），即可取出压缩机，如图 4-58 所示。

图 4-57　旋出固定压缩机的螺母

图 4-58　焊下吸排气焊口

5. 安装新压缩机

1）倒出压缩机冷冻油确认油色，如油色异常，则应清洗系统。

2）装上新压缩机。

3）用弯管器将高低压连接管弯曲整形，并装上原有的橡胶底脚。

4）钎焊作业，将管子连接处钎焊。

5）连接压缩机电线。为避免终端端子接线错误，必须参照电路图接线。

6）系统抽真空。需足够的抽吸时间，以保证系统真空度。

7）充制冷剂、检漏。按铭牌上的标准充制冷剂量充制冷剂。

★四、干燥过滤器的焊接

变频空调器的干燥过滤器通常是与压缩机和四通阀相连的，维修代换时需要使用到气焊设备，操作方法如下。

1）首先连接好气焊设备，将焊枪火焰调成中性焰。

2）先加热干燥过滤器与四通阀的接口部位，再加热干燥过滤器与冷凝器接口部位，即可将有故障的干燥过滤器拆下。

3）选择与空调器所使用的制冷剂相匹配的干燥过滤器，将其焊接回制冷管路上。值得注意的是，干燥过滤器在使用前 5min 才可以

拆开包装，以免空气中的水分进入干燥过滤器中，影响其使用效果。另外，将与四通阀连接的管路插入到干燥过滤器的出口端（细），插入时，不要碰触到干燥过滤器的过滤网，一般插入深度为15mm左右，如图4-59所示。

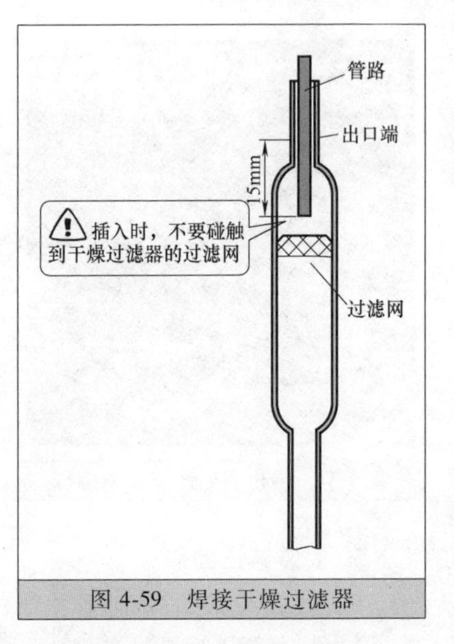

图4-59　焊接干燥过滤器

4）最后用肥皂水对焊接处进行检漏，没有气泡出现说明焊接良好，空调器就可正常使用了。

★五、毛细管的焊接

拆焊和代换毛细管方法及注意事项如下：

1）在焊下毛细管前，应在毛细管的背部放置一块隔热板，以免在焊下毛细管的过程中造成其他管路由于温度过高而变形。

2）若毛细管与干燥过滤器连接在一起，在拆焊毛细管时，应将干燥过滤器同时焊下，以免原干燥过滤器中进入水分、杂质等，引起空调器二次故障。

3）焊下毛细管后，再将等长度的新毛细管以盘曲的形式重新焊接回管路即可。

★六、空调器通用板接口的连接

空调器生产厂家的转、停产给空调器维修点维修增加了难度，尤其是控制板。无法找到原厂产品的情况下，只有换用通用型控制板。

通用控制板又称万能改装板，一般用于普通空调器的换板维修。图4-60所示为壁挂式空调器万能改装板，主要组件是由主板、电源变压器、显示板、室内温度/管温传感器、遥控器等组成。

代换万能改装板之前，应注意连接端口匹配，换板型号匹配，一般在其包装盒上附有线路连接图和产品说明。图4-61所示为某壁挂式空调器万能改装板线路连接图。

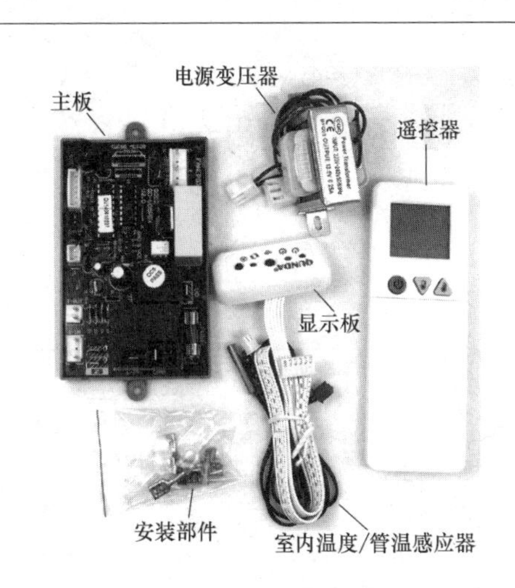

图 4-60　壁挂式空调器万能改装板

室内风扇电动机的风速，通用控制板是利用 3 个继电器来进行转换的，如果空调器风扇电动机是抽头式的就好办，3 个抽头分别接在通用控制板的 3 个风速档上即可。如果室内风扇电动机是电子变速的话，那就不能按照抽头电动机方式来改了，否则只是有一个最高风速档。

典型普通壁挂式空调器通用万能改装板的换板维修可参照如下操作方法：

1）首先取下损坏的控制板。

2）用万用表电阻档测量室内风机的 5 根线。阻值大的两根接电容。把这两根线并在一起，测其他 3 根，阻值大的为低速风档、阻值小的为高速风档，剩下的为中速档。

3）将高、中、低 3 根线分别插到控制板上，再从接电容的两根线中并入一根接电源。如果试机发现风机转向不正确，可调换之。

4）步进电动机接线的公共端子必需与通用控制板插座的公共端子之一对正，风向电动机才工作。如果电动机反转，则调换之。

5）接好四通阀及室外机连线。

6）恢复所有安装，试机正常的话，则换板成功。

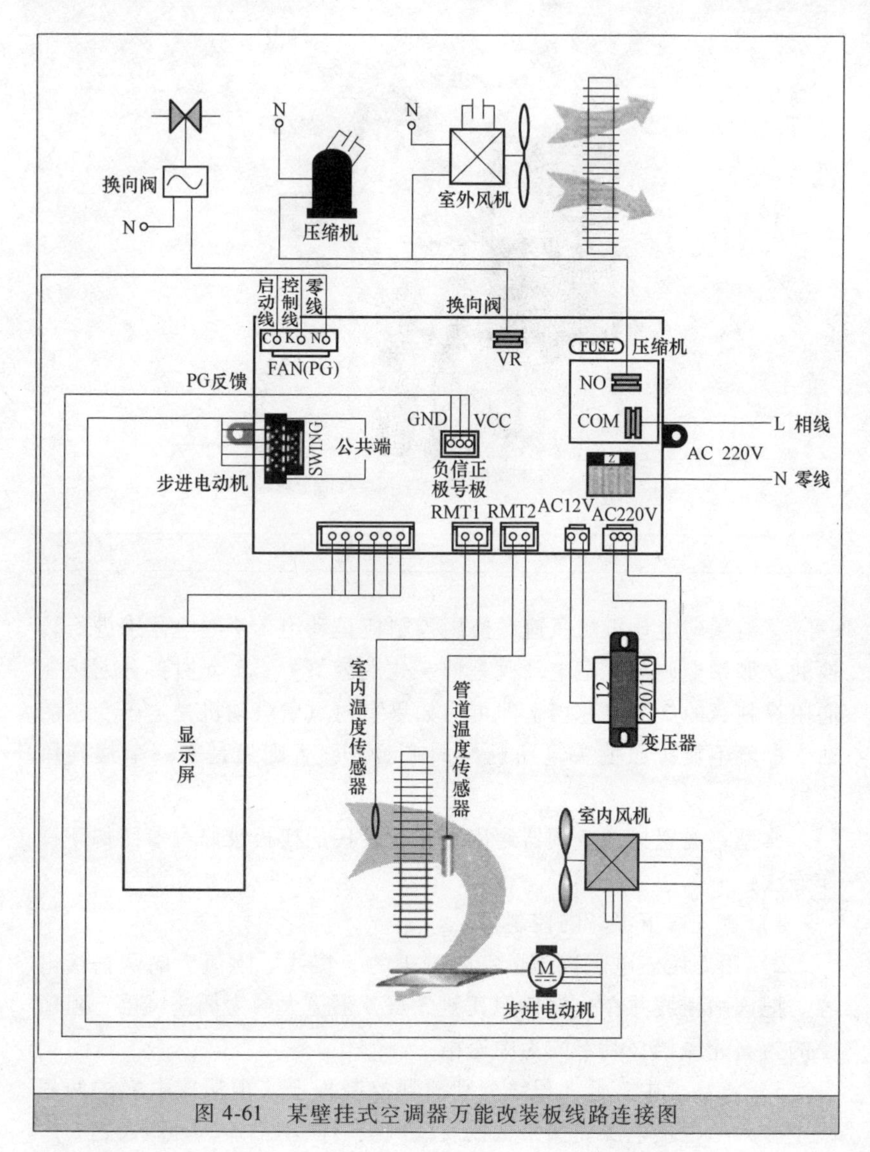

图 4-61 某壁挂式空调器万能改装板线路连接图

第五章

易学快修第3步——案例易学快修

第一节　格力空调器案例易学快修

（一）【询问现象】格力 1~1.5P 玉、绿、凉系列变频空调显示故障代码“E6”，且外机板只有红灯闪烁

【初步判断】 该故障应利用故障代码和自诊断功能法进行判断和检修，经查显示“E6”为通信故障。

【拆机检查】 用万用表直流电压档测量 C503 两端的电压，如果电容 C503 两端的电压恒为高电平（3.3V 左右）或者恒为低电平（0V 左右），则用万用表的交流电压档测量室外机接线板上的通信线（2）对零线（N1）之间的电压，电压在 0V 至 20V 左右跳动说明室内机有信号发送，室外机没有接收到，属于室外机故障，更换外机板。如果没有跳动，则说明室内机根本没有发送信号或通信线断路。

该机通信信号现场维修检测点及电压变化情况如图 5-1 所示。

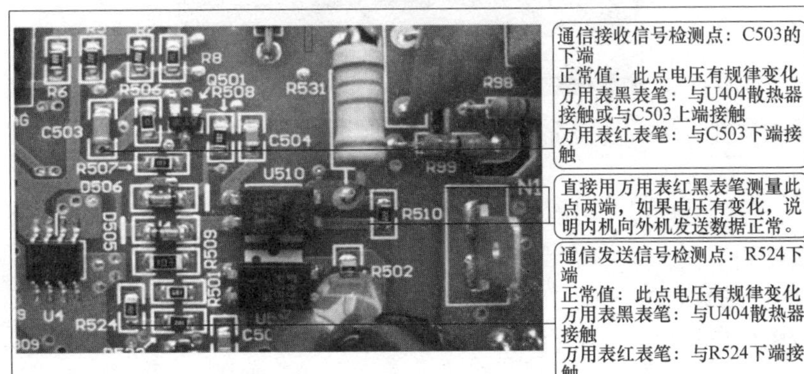

图 5-1　格力 1~1.5P 玉、绿、凉系列变频空调通信信号现场维修检测点及电压变化情况

【故障排除】 更换室内机控制器或通信线。

【维修日记】 该故障的检修方法适用于格力 1~1.5P 玉堂春、玉兰春、绿满园、绿嘉园、凉之夏、凉之静变频空调。

(二)【询问现象】格力 1~1.5P 玉、绿、凉系列变频空调整机能够制热不能制冷

【初步判断】 根据故障现象可初步判断为外机控制板电路故障，需要拆板维修。

【拆机检查】 拆开外机，重点用万用表检测控制器电磁四通阀继电器 K3 是否正常，经查为 K3 触点粘结所致。四通阀继电器 K3 在主板中的位置如图 5-2 所示。

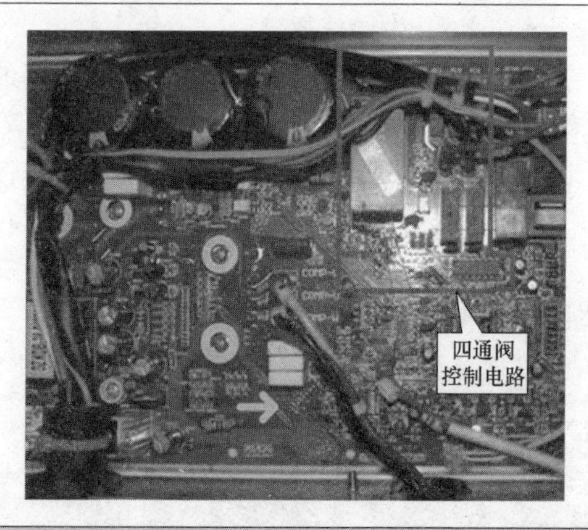

图 5-2 电磁四通阀继电器 K3 在主板中的位置

【故障排除】 更换外机控制器电磁四通阀继电器 K3，即可排除故障。

(三)【询问现象】格力 2/3P 睡系统变频空调器不工作，显示故障代码“E6”，且外机板绿灯正常闪烁

【初步判断】 根据故障代码和故障指示灯显示，可确定为通信故障，重点检查室外控制器电路是否正常存在元器件损坏。

【拆机检查】 拆开外机，在断电情况下用万用表的直流电压档

实测为电容 C504（编码 3332000130）击穿所致，如图 5-3 所示。

图 5-3　电容 C504 在电路板中的位置

【故障排除】 采用高压瓷片电容 103/1kV 代换后，故障排除。

【维修日记】 需要注意的是，C504 不能直接更换普通的瓷片 103 电容，如无此电容或不具备更换条件，则直接更换外机控制器。

（四）【询问现象】格力 KF-23GW/23316E-N5 型空调移机运行 30min 后，室内机出墙处漏水

【初步判断】 室内机管路出墙处漏水，说明出墙孔直径过小，同时铜管、排水管、控制线在一起绑扎过松，管子在穿墙时，把排水管拉坏或被挤压。

【拆机检查】 经全面检测发现出水管在过墙处压瘪。

【故障排除】 可把出水管从出墙处截断，重新接一个出水管，即可排除故障。

【维修日记】 也可在出墙处压瘪的水管内部衬一个粗细相当的铜管，撑起压瘪处；然后把室内机外壳卸下，用嘴反吹排气管，看蒸发器水槽是否有气泡产生，如有气泡产生，说明压瘪处已被铜管撑起。

（五）【询问现象】格力 KF-26GW/2638B 型空调室内电动机不运转，吹不出风

【初步判断】 根据故障现象初步可判断为电动机控制电路或电动机本身存在故障，需要拆板维修。

【拆机检查】 重点检查室内机风扇电动机起动电容 C102 是否容量不足，经查 C102 已无容量，如图 5-4 所示。

图 5-4　C102 电容

【故障排除】 更换起动电容 C102 后，故障排除。

【维修日记】 造成室内电动机不运转故障主要原因有：A. 风叶被异物卡死；B. 电动机连接线接触不良；C. 室内机主板损坏；D. 电动机电容坏；E. 电动机本身坏；F. 电动机绕组断路或短路。

（六）【询问现象】格力 KF-26GW/A103 型空调器工作，漏电保护器跳闸

【初步判断】 根据故障现象初步可判断为电路短路保护跳闸，需要进行全面检测维修。

【拆机检查】 上门检查用户的电源 220V 正常，测量插头 L、N

两端阻值正常，L、N 对地阻值大于 4MΩ。用户的开关是漏电保护开关并有长城标志，根据检测结果分析，该机不是因为空调短路而跳闸，而是由于插座的相线、零线搞反。

【故障排除】 调整 L、N 线，故障排除。

【维修日记】 漏电保护器是检测相线、零线的进出电流，如果进出电流不相等说明有漏电现象，而根据所检测结果，空调又不存在漏电现象，只在相、零线搞反的情况下，电源相线通过空调的零线对室外机电容充电，而空调的相线地要通过到室内机继电器的吸合才能形成回路，而空调的相线进的是电源的零线，没有电流产生，因此漏电保护器跳闸。

（七）【询问现象】格力 KF-35GW/E3531R-N4 型空调工作 20min，室内机仍无冷气吹出

【初步判断】 根据故障现象初步可判断系统缺制冷剂或过滤器阻塞，需要拆机维修。

【拆机检查】 现场检测电路控制系统良好，测量制冷系统低压偏低，补加制冷剂后，压缩机声音加大。经全面检测发现过滤器堵塞。

【故障排除】 采用如图 5-5 所示 4 孔并排过滤器更换后，故障排除。

图 5-5 格力空调室内机 4 孔并排过滤器

【维修日记】 过滤器的直径一般为 14～16mm，长度为 100～150mm，采用纯铜管为外壳，壳内端装有铜丝制成的过滤网，两网之间装有铝酸盐材料（分子筛）。过滤网主要是去除杂质尘埃；分子筛的作用是吸附水分。

（八）【询问现象】格力 KF-60LW/60312LS 型空调同步电动机不能调节风向

【初步判断】 根据故障现象初步可判断为同步电动机插件不良或电动机本身损坏，需要拆机维修。

【拆机检查】 卸下室内机外壳，测强电板上通往同步电动机的有交流 220V。用手转动同步电动机轴较灵活。按从易到难顺序继续检查，拔下同步电动机插头，测量同步电动机绕组开路。该机原配同步电动机型号为 MP24GA，如图 5-6 所示。

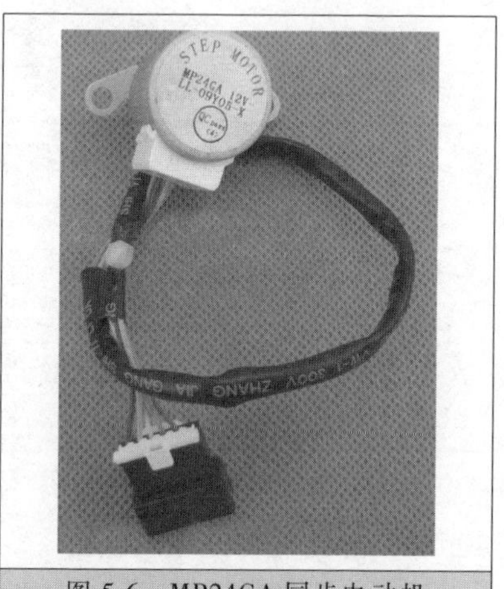

图 5-6 MP24GA 同步电动机

【故障排除】 采用同型号 MP24GA 同步电动机更换后，故障排除。

【维修日记】 同步电动机主要柜机导风板的上下摆风，其工作电压为交流 220V。当控制面板发出导风信号，强电板上的断电器吸合，直接提供同步电动机电源，使其进入导风状态，当同步电动机不转时，可用万用表的交流电压档，检测电动机插头是否有 220V，若无电压，表明强电板有故障，应更换强电板；若有电压，表明同步电动机坏，更换同步电动机。

（九）【询问现象】格力 KFR026GW/K（26556）C2-N5 型空调开机 1min 左右后红灯亮闪 11 次，自动保护关机

【初步判断】 根据维修经验，初步判断故障在室内机，应重点检查温度传感器和风机霍尔检测电路是否正常。

【拆机检查】 先测温度传感器正常，再测室内风机霍尔元件信号输出端电压偏低，焊下与之相接的 C62（103）电容检测发现已漏电短路，如图 5-7 所示。

图 5-7　电容 C62 在电路板中的位置

【排除故障】 采用同规格的 103 瓷片电容代换后，故障排除。

【维修日记】 C62 电容在本机电路中与地相连，击穿后造成短路导致机器自动停机保护。

（十）【询问现象】格力 KFR120LW/K2SDY 型空调不制热

【初步判断】 上门观察空调开机 3min 跳停保护，经询问用户之前维修人员多次上门加制冷剂，换过电脑板但未能解决问题，由于是新购机，估计问题不会太大，经再次询问用户空调之前移过机，初步可判断为系统故障。

【拆机检查】 经检测低压压力偏低，高压压力偏高判定为毛细管脏堵。焊开毛细管、过滤器检查，发现过滤器内有焊渣杂物。

【故障排除】 重新用氮气吹净，更换过滤器加制冷剂试机正常，故障排除。

【维修日记】 遇到此类问题应多多询问用户，才能快速准确地解决问题。

（十一）【询问现象】格力 KFR-32W/FNC03-2 型空调室外风机能开机工作，指示灯亮，但不制热，也无故障代码显示

【初步判断】 指示灯亮能开机说明 CPU 没问题，初步可判断为

模板或传感器故障，需要拆板维修。

【拆机检查】 检查 300V 到了模块，检查模块驱动电压正常，检查传感器电压时，发现有一个电压为 0.9V 左右不正常（正常应为 3.3V），把三个传感器都拔掉测量端子电压两个 3.3V，一个 1V 左右不正常，顺着不正常的一组线路测量，发现对地分压的贴片电阻 R801 阻值不正常，如图 5-8 所示。

图 5-8 贴片电阻 R801 在主板中的位置

【故障排除】 采用 10kΩ 色环电阻代换 R801 后试机，故障排除。

（十二）【询问现象】格力 KFR-35G（35569）AaC-N2（A）型空调显示故障代码“E6”

【初步判断】 出现现象后上电试机，没有听到大继电器“嗒”一声的吸合声，初步可判断为整流滤波和开关电源两部分存在故障，需要拆板维修。

【拆机检查】 测 330V 滤波大电容上电压正常，开关电源无电压输出，大电容经灯泡放电后，数字万用表二极管档测量开关电源后级输出有没有短路，测量 5V、12V、15V 三组输出，其中 15V 有短路，拆下整流二极管 D124 测量正常，沿 15V 线路走向，拆下模块 15V 供

电脚位后依旧短路，当焊下 D205（24V1W 稳压管）后短路不存在了，测 D205 果然击穿。D205 在主板中的位置如图 5-9 所示。

图 5-9　D205 在主板中的位置

【故障排除】 装上新的稳压管 D205 后，上电测量 15V 电压为 14.8V，基本正常。焊接好模块供电脚后，上电试机测试正常。

【维修日记】 整流二极管 D205 的作用是保护 15V 供电防止高压涌入从而保护 IPM 模块。

(十三)【询问现象】格力 KFR-50LW/(50569) Ba-3 型 2 匹柜机，开机 5~10min 后自动停机，液晶面板上显示“E3”的故障代码，且不能关机，在关掉电源后再开机又能制冷一段时间后，又显示“E3”代码，故障依旧

【初步判断】 根据故障显示代码“E3”是低压保护，初步可判断为制冷剂的压力不足（正常应 4.5kg 压力）或压力开关及压力开关线路不良，需要拆机维修。

【拆机检查】 先检测制冷剂的压力够不够，够的话再检查压力开关和压力开关的线路，测低压压力开关是否通，如果通就把线拔出来测有没有 220V 电压，如果没有 220V 电压，说明为线路或电脑板故障。实际中压力开关损坏较多见。

【故障排除】 更换同规格压力开关即可排除故障。格力空调器压力开关相关资料见表 5-1 所示。

表 5-1　格力空调器压力开关厂家代码与简称对应资料

压力开关	物料编码	厂家简称	厂家代码
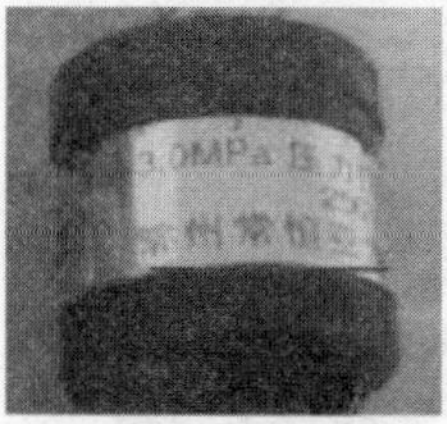	460200151 460200152 460200154 460200157 460200158 ……	常州曼淇威	775106
	46020003 46020011 46020014 460200043 460200044 ……	镇江宏联	775145
	460200151 460200152 460200154 460200157 460200158 ……	常州曼淇威	775106
	46020001 46020003 46020007 46020011 ……	上海俊乐	775111

（十四）【询问现象】格力 KFR-50LW/K50511LB-N5 型空调更换压缩机后仍不制冷

【初步判断】 根据故障现象初步可判断为系统或四通阀故障，需要拆机维修。

【拆机检查】 卸下室外机外壳，手摸压缩机排气管烫手，低压管较热，说明四通阀损坏。

【故障排除】 采用如图 5-10 所示四通阀代换后，恢复制冷，故障排除。

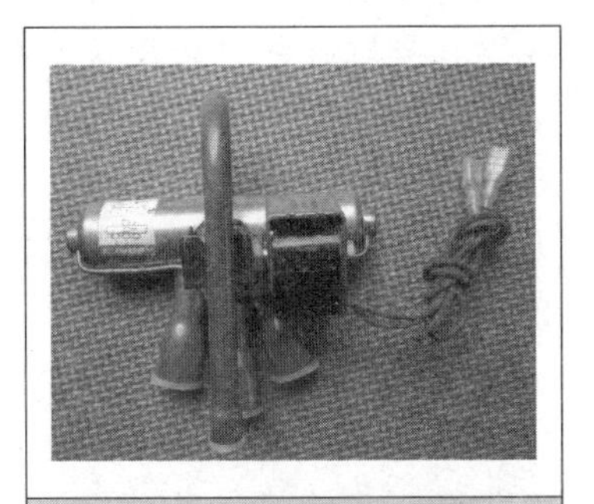

图 5-10　格力柜机四通阀

【维修日记】 四通阀串气与压缩机串气有相同之处，也有不同之处。有的维修人员经常误判，造成先换了压缩机，后又换四通阀，而且多次加制冷剂、放制冷剂的错误维修后果。四通阀与压缩机串气故障现象如表 5-2 所示对比。

表 5-2　四通阀与压缩机串气故障现象对比表

	压缩机串气	四通阀串气
相同点	①高压侧压力偏低，低压侧压力偏高 ②电流异常 ③制冷（制热）效果明显下降	
不同点	①压缩机工作时，排气管不烫手吸气管无吸力 ②内外机制冷剂气流声特弱 ③压缩机温度比正常运转高 15℃左右 ④压缩机回气无吸力	①四通阀串气，排气管吸气管都很烫 ②四通阀阀体内有较大制冷剂流动声 ③贮液器温度较高 ④压缩机回气管吸力较大，手摸吸气管烫手

（十五）【询问现象】格力 KRF-35GW/BPC 型变频空调器，用户搬入新居，该空调器也随之移机到新居，但在新居安装好开机后室外机不能起动工作

【初步判断】 根据故障现象可初步判断为安装不良，需要进行全面检测。

【拆机检查】 重点检查连接线 L 线与 N 线是否反接。对于家庭中的插座来说，正常的安装方式如图 5-11 所示，为左边一般为零线、中间为地线、一右边为相线。

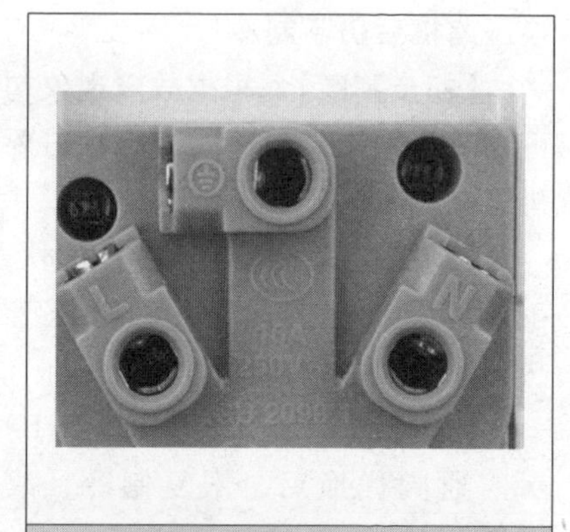

图 5-11　插座正确接线方式

【故障排除】 试将室内、室外的 L 线与 N 线交换后，接通电源试机，室外机工作恢复正常，故障排除。

【维修日记】 由于格力 KU-35GW/C 型变频空调器室内机与室外机之间的串行通信是采用强电作为载波的，故当 L 与 N 线连接反以后，通信电路不能形成回路，室内机与室外机之间无法进行信息交换，从而造成了上述故障。

（十六）【询问现象】格力蓝海湾系列变频空调显示“H5”，且指示灯灭 3s 闪烁 5 次

【初步判断】 根据显示代码和故障指示灯初步可确定为模块保护故障，重点应检查外机控制板电路。

【拆机检查】 拆开外机，用万用表二极管档对模块电路内部的 IGBT1 ~ IGBT6 和续流二极管 D11 ~ DI6 进行检测。实测得 6 个值有一个值不满足 0. 3 ~ 0. 7V 要求，说明 IPM 模块已损坏。该故障的电压检测点如图 5-12 所示。

【故障排除】 更换同型号 IPM 模块后，故障排除。

【维修日记】 测试时务必保证万用表电池电量充足。另外，因为了防潮主板刷有防潮的胶，导致表笔无法与测试点可靠接触，操作时应注意表笔可靠接触。

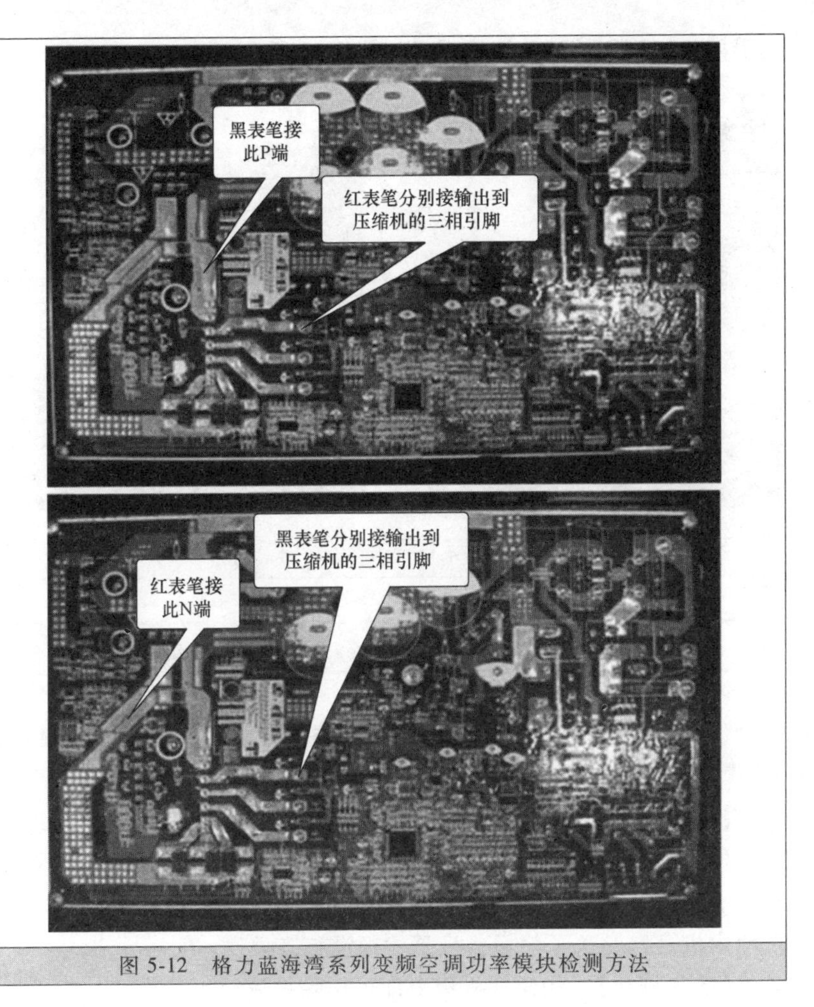

图 5-12　格力蓝海湾系列变频空调功率模块检测方法

（十七）【询问现象】格力绿嘉园 KFR-23GW/K（23556）B3-N3 型空调无法遥控开机

【初步判断】 到达现场试机用遥控器不能开机，但强制能开机，初步可判断为遥控接收器故障，需要拆板维修。

【拆机检查】 扳开液晶面板和遥控接收板，将万用表置直流 10V 档，空调通电情况下用万用表黑表笔接遥控接收头 GND 脚，红笔接 SIN 脚，用遥控器开机，表针不动（正常应在 4.5V 间摆动），说明接收头损坏。相关维修现场如图 5-13 所示。

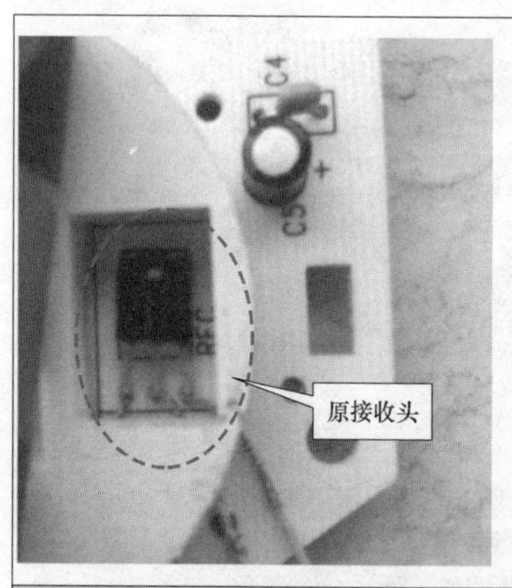

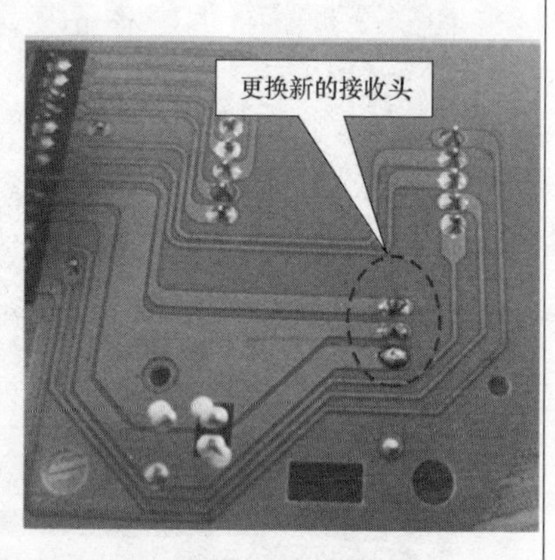

图 5-13 检修遥控器

【维修日记】 更换接收器时要注意分清+5V 和接地脚。

(十八)【询问现象】格力谦者直流变频空调开机显示故障代码“E6”，且只有红灯显烁

【初步判断】 根据故障现象可初步判断为通信故障，需要拆板维修。

【拆机检查】 该故障应重点对外机板进行检测。用万用表直流电压档测量 R935 两端的电压，如图 5-14 所示。如果电压值在 0~3. 3V 之间，说明内机已经发送了信号，只是外机没有接收到。

【故障排除】 代换外机板，即可排除故障。

【维修日记】 如果 R953 两端的电压恒为 3. 3V 高电平或者为 0V 低电平，则可用万用表的交流电压档测量外机接线板上的通信线（2）对零线（N1）之间的电压，电压在 0~20V 左右跳动说明内机有信号发送，外机没有接收到，属于外机故障，更换外机板。如果没有变动，则说明内机根本没有发送信号或通信线断路，应检查通信线或更换内机控制器。

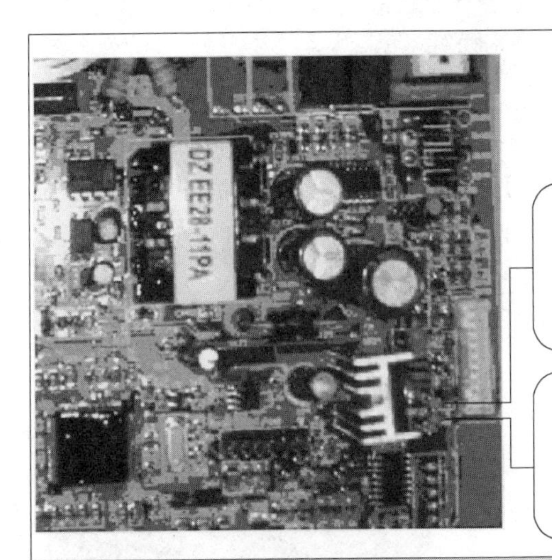

图 5-14　测量 R935 两端的信号电压

（十九）【询问现象】格力谦者直流变频空调整机能够制冷不能制热

【初步判断】 根据故障现象可初步判断为四通阀或外机控制器故障，需要拆板维修。

【拆机检查】 首先检查四通阀紫线之间 220V 电压正常，如图 5-15所示，再检查四通阀紫线之间的阻值为无穷大（正常应为 1.6kΩ 左右），说明电磁阀失效，如图 5-16 所示。

图 5-15　检查四通阀紫线电压和阻值

图 5-16　格力谦者空调四通阀

【故障排除】 更换电磁阀，即可排除故障。

【维修日记】 如果测得四通阀紫线无220V电压，则更换外机控制器；如果四通阀紫线之间的阻值为1.6V正常，则说明为四通阀故障。

（二十）【询问现象】格力睡梦宝1.5匹变频挂机开机几秒就显示“Ld”，不制热，外机不工作

【初步判断】 上门检查，外机不工作，但是导风板可以打开，遥控正常，显示代码“Ld”。经查故障代码“Ld”为缺相，但用户明显为单相挂机，却显示了三相电空调的代码。怀疑外机电控盒和压缩机异常所致。

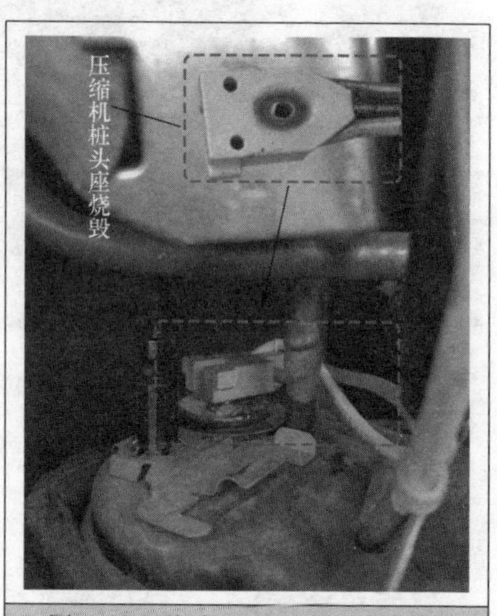

图5-17 格力睡梦宝1.5匹变频挂机压缩机桩头座

【拆机检查】 拆开室外机，用万用表测量压缩机U、V、W三相供电线电阻，只有一相是通的，其他均不通。拆开压缩机桩头盖，发现压缩机桩头座由于长期发热已烧毁，如图5-17所示。

【故障排除】 更换相同的一根新的连接线后，故障排除。

【维修日记】 变频压缩机一般是三相供电，该例故障是因压缩机桩头座发热烧毁导致压缩机只有一相和电器盒功率模块相通，故而电器盒检测缺相，给室内机主板一个信号，室内机停止信号输出，并显示故障代码“Ld”。

第二节 春兰空调器案例易学快修

（一）【询问现象】春兰KFR-35GW/AY1BpdWa型空调风机运转但速度很慢，冷风微弱

【初步判断】 根据故障现象初步判断为运转电容或风扇电动机

绕组存在故障。

【拆机检查】 首先检查检查运转电容是否击穿，焊下电容后用 $R\times1k$ 档测量正常，故障集中在电动机绕组上，该机风机电动机电动机型号为 YDK-6C-4A，如图 5-18 所示。用绝缘电阻表检查绕组的对地电阻，有严重漏电现象，且每组的对地电阻均相差不多。取下定子检查，无明显损坏迹象，判断为定子受潮引起的故障。

图 5-18　YDK-6C-4A 风机电动机

【故障排除】 将定子烘烤 24h，装上试机，故障排除。

（二）【询问现象】春兰 KFR-120LW/S 型空调显示屏工作正常且无故障代码显示，外机整机不工作，无法制热

【初步判断】 此机是一浴室休息室使用，开机发现室内风机转动，怀疑由于浴室里面温度较高，会不会是温度设置过低造成外机不工作，于是将温度调到最高 30℃，外机还是不工作。

【拆机检查】 拆开外机外壳，强行接通接触器，发现压缩机运行正常，管路压力正常。怀疑还是室内机控制板问题，本着先简后难的方法，先代换室内机环温传感器，无效。

【故障排除】 再用一个 10kΩ 感温探头代换室内机管温传感器，故障排除。

（三）【询问现象】春兰 KFR-20GW 型空调器能制冷，但感温不准，不能随室内温度的变化进行自动温控

【初步判断】 根据故障现象分析，是自动温控电路工作不正常。

【拆机检查】 检查发现，温度传感器 TR2 的电阻值能随温度变化而改变，但变化的范围很小，灵敏度明显变差。相关资料如图 5-19 所示。

【故障排除】 更换新的温度传感器后试机，故障排除。

（四）【询问现象】春兰 KFR-22GW 型分体式空调器接通电源，

用遥控器开机，室内机运转正常，但室外压缩机不运转，故不能制冷

【初步判断】 根据故障现象初步可判断为压缩机控制电路故障，需要拆板维修。

图 5-19 春兰 KFR-20GW 型空调器电脑板

【拆机检查】 打开室内机外壳测 IC1（μPD75028CW）㊱脚有高电平信号输出，但测 IC2（μPA2003）⑦脚电压为 0V，如图 5-20 所示。再检查 IC1③脚与 IC2⑦脚间的元件 R27 未发现有明显的虚焊，怀疑虚焊比较隐蔽仅用肉眼难以查出。

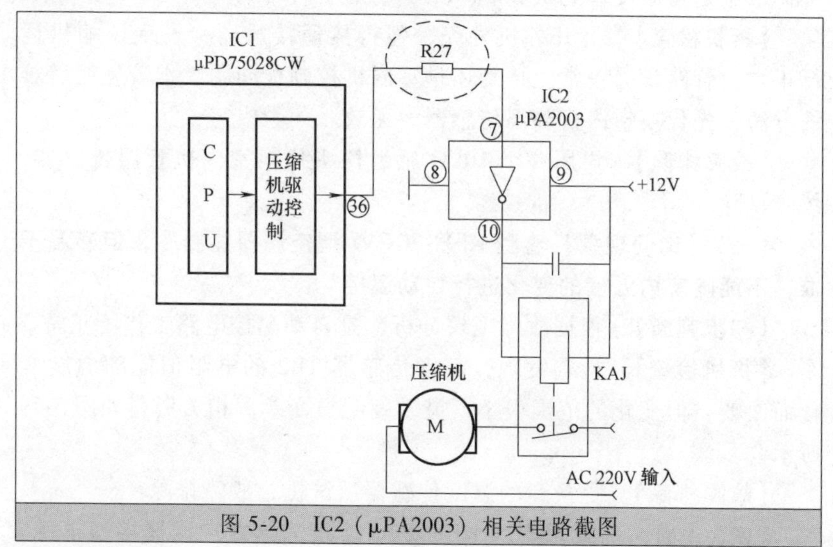

图 5-20 IC2（μPA2003）相关电路截图

【故障排除】 用电烙铁加锡对IC2（μPA2003）⑦脚及R27电阻器引脚重焊一次后，故障排除。

【维修日记】 本例故障显然是虚焊引起的，且虚焊点较隐蔽，用肉眼无法直接看出。虚焊是各种电器的一大隐患，它不但直接影响机器的正常工作，而且还会使某些空调器出现一些难以判断的软故障。

（五）【询问现象】春兰KFR-32GW2型空调器接通电源后，用遥控器开机，压缩机不运转，故不能制冷

【初步判断】 根据故障现象初步可判断故障可能出在电气控制电路，需要拆板维修。

【拆机检查】 该机压缩机控制电路如图5-21所示，首先测量IC1的③脚为高电平，属于正常工作状态。再测继电器K1线圈两端电压为0.3V（正常时应为12 V），于是沿路检查R27、C23、IC2、CN6、K1等相关元器件，结果发现与继电器K1线圈并联的C23电容器已击穿短路。

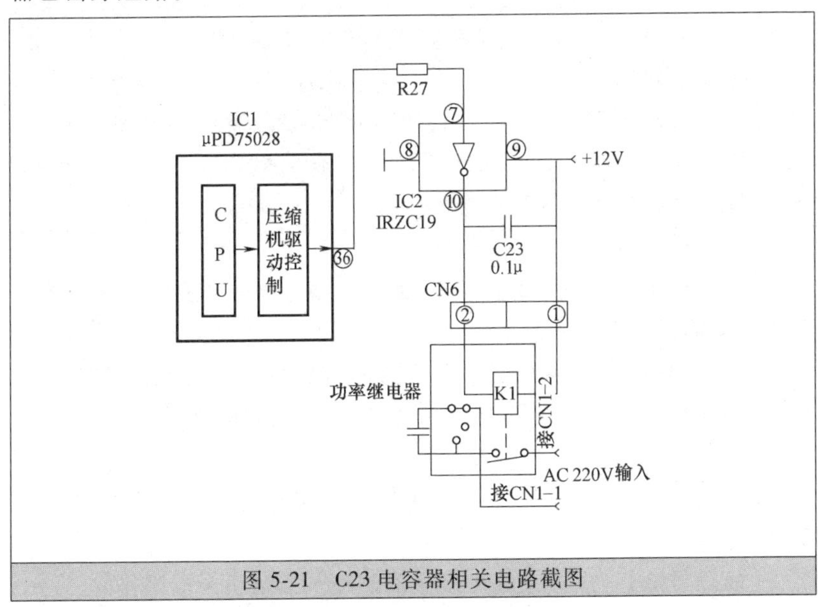

图5-21　C23电容器相关电路截图

【维修日记】 正常工作时，IC136 脚输出高电平，经 IC2 反相后从⑩脚输出低电平，使 K1 线圈得电工作，为室外机提供供电，当 C23 电容器击穿短路后，K1 线圈失去作用，从而导致了上述故障。

（六）【询问现象】春兰 KFR-32GW 型壁挂式空调器接通电源后用遥控器开机，室内机与室外机均可以起动并工作，但不能制热

【初步判断】 根据故障现象可初步判断为制冷剂不足造成的，需要拆机维修。

【拆机检查】 接通电源测量制冷系统的工作压力异常，怀疑制冷剂不足。打开室外机外壳，经检查发现有一根毛细管的管壁破裂，破裂处有制冷剂漏出的痕迹。

【故障排除】 先用双零号砂纸将毛细管破裂处的表面打磨光亮，然后用 400W 左右的电烙铁将破裂处焊好，再按常规方法进行检漏与加适量的制冷剂后，接通电源试机，空调器制热恢复正常，故障排除。

【维修日记】 从现场来看，毛细管的管壁破裂，主要是由于其与主管路相碰所致，致使制冷剂泄漏而造成了本例故障。有时电线与管路摩擦也会使管道破裂，此时会出现空调外机壳带电，检修时一定要注意先检测机壳是否带电，若带电则在断电后再进行检测，否则会有触电的危险，切记！

（七）【询问现象】春兰 KFR-32GW 型分体壁挂式空调器压缩机刚起动就停机，不能正常工作

【初步判断】 据用户反映，此故障是在拆移时补充制冷剂后出现的。由此分析是加充的制冷剂过多或制冷剂循环系统中有空气，使管路内压力过高，压力开关 KP 动作。

【拆机检查】 观察压缩机上有浮霜，用复合压力表测系统压力明显偏高。

【故障排除】 放掉系统中多余的制冷剂后试机，故障排除。

（八）【询问现象】春兰 KFR-32GW 型分体壁挂式空调器压缩机刚起动就停机，不能正常工作

【初步判断】 据用户反映，此故障是在拆移时补充制冷剂后出现的。由此分析是加充的制冷剂过多或制冷剂循环系统中有空气，使管路内压力过高，压力开关 KP 动作所致。

【拆机检查】 拆开机外壳后加电试机，观察压缩机上有浮霜，用复合压力表测系统压力明显偏高。判断为移机后，加制冷剂不准确引起本例故障。

【故障排除】 放掉系统中多余的制冷剂后试机，故障排除。

【维修日记】 空调移机之前均先要回收制冷剂，方法是将空调进入制冷状态开始运行，待正式进入制冷状态后，关闭（用内六角扳顺时针旋转 90°）高压管（细管）路截止阀，制冷正常进行约 3~5min，就可以关闭（用内六角扳顺时针旋转 90°）低压管路（粗管）的截止阀（开机制冷太长，压缩机就保护了），目的就是将室内机里面的制冷剂全部回收到室外机的压缩机和冷凝器中。若是冬天，则空调进不了制冷状态，此时可拔掉电磁阀线，让电磁阀自动处于制冷的通断状态即可。（如图 5-22 所示为移机回收制冷剂现场操作图）

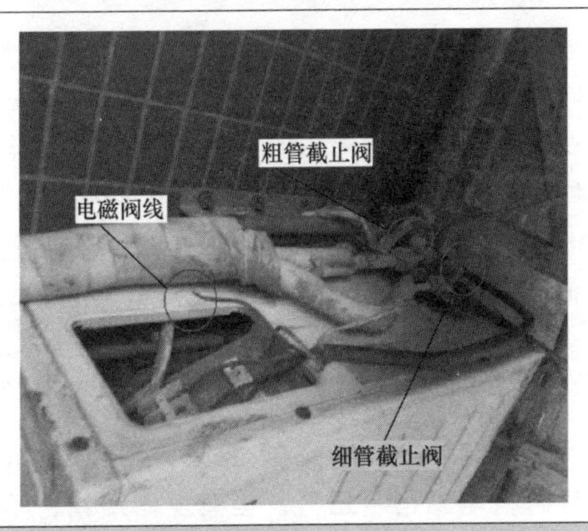

图 5-22　移机回收制冷剂操作示意图

（九）【询问现象】春兰 KFR-32GW 型空调器接通电源开机进行制热工作时，压缩机能起动运转，但不能制热

【初步判断】 到达现场后在压缩机运转状态下检测管道内的压力为 0.6MPa 无变化，四通换向阀接通电源试验无气流冲击声，经轻敲四通换向阀亦无变化，初步判断故障原因可能是四通换向阀损坏或压缩机无排气，需要拆机维修。

【拆机检查】 首先检查压缩机有无排气，将室外机组打开，放出管道内的 F-22 制冷剂，焊下压缩机排气管的外接管道，给压缩机瞬间接通电源。结果排气管有输出，说明故障部位在四通换向阀。

【故障排除】 采用如图 5-23 所示 YQ-Q2 DXQ-032-03 型号四通换向阀代换后，恢复室外机组并抽真空，注入 R-22 制冷剂后，接通电源试机，一切恢复正常，故障排除。

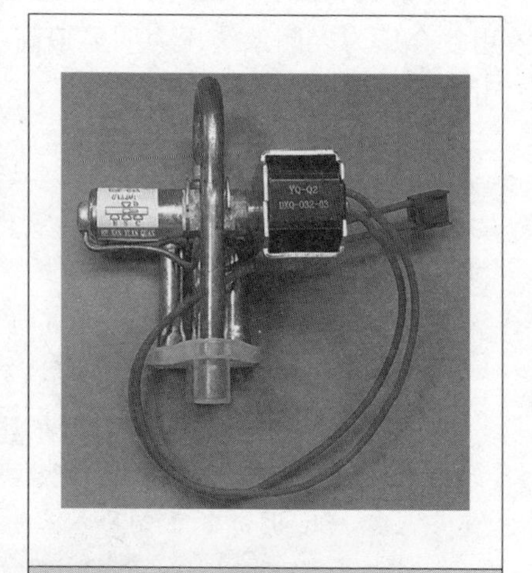

图 5-23 四通换向阀

【维修日记】 检查热泵式冷暖空调器的换向器时，主要是监听其动作时的气流声，以判断四通换向阀是否正常。四通换向阀在正常换向时有两种声音：一种是当电磁线圈接通电源后，阀芯被吸引时不大响的“嗒”的一声撞击声；另一个就是随后急促的气流声。这是电磁四通换向阀的一端与活塞筒体内高压气体间吸气释放的气流流动声。否则说明电磁阀或四通换向阀有故障。若电磁阀有“嗒”的声音而无气流声，则说明电磁阀是好的，而是四通换向阀有故障。

（十）【询问现象】春兰 KFR-40 型空调制热运行，压缩机运转，外风机运转，室内机电源指示正常，但蒸发器结霜，不出风

【初步判断】 根据故障现象分析，初步可判断为四通阀未工作。

【拆机检查】 检查电脑板四通阀无工作电压，检查熔丝管，发现3A熔丝管爆裂。但烧坏的熔丝管上却标着0.2A，再检查主板上的另一个熔丝管，应为0.2A的熔丝管座上，却是一个3A的熔丝管。经再三询问，用户才承认曾私自拆机进行检查，修不好了才通知维修站。

【故障排除】 更换3A熔丝管后试机正常。

【维修日记】 这次的故障原因就是因为用户同时拆下了两个熔丝管进行检查，却又没能正确归回原处，引发了这起人为故障。用户的配合才能使维修工作顺利进行，若用户隐瞒机器的故障情况，只能使维修工作多走弯路。

（十一）【询问现象】春兰KFR-50LW/d型柜式空调器接通电源，开机后出现“E1”保护代码，整机也不工作

【初步判断】 经查“E1”的含义为空调器的室内机与室外机通信失效保护，需要拆板维修。

【拆机检查】 重点检查室内中间接口控制板AP2是否正常，各信号接插件的接触是否良好。经检测，发现中间板AP2上的集成电路IC201（ULN2003）有几个引脚电压不正常，IC201组成的反相驱动电路如图5-24所示。仔细对IC201外围的相关元器件进行检测，结果发现其①脚与⑮脚外接的R202（5.1kΩ）电阻器开路。

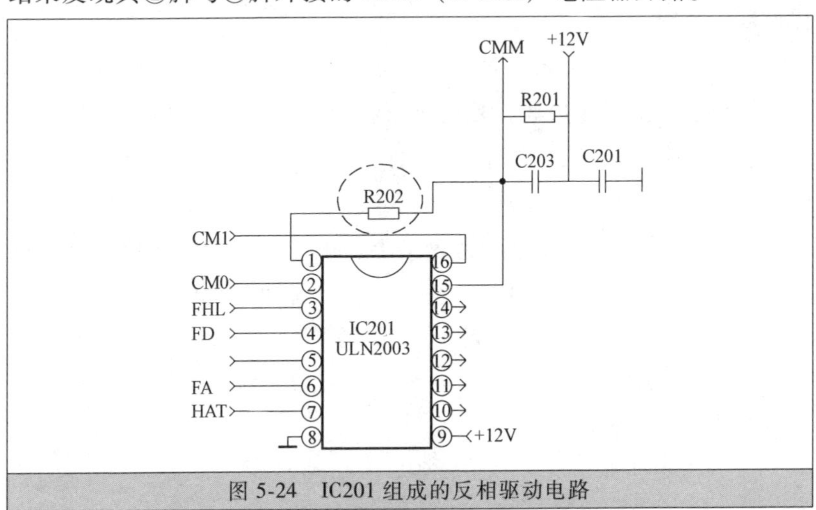

图5-24　IC201组成的反相驱动电路

【维修日记】 由于R202开路，致使IC201⑮脚输出的信号无法加到①脚，IC201⑯脚无信号输出，从而导致了上述故障。

（十二）【询问现象】春兰KFR-70LW/H2ds不工作，显示代码“E2”

图5-25 春兰压缩机起动电容

【初步判断】 “E2”的含义为压缩机过电流保护，当压缩机工作电流在一定的范围内并保持相应的时间时，应立即保护，经分析，初步判断为压缩机电容故障。

【拆机检查】 拆开外机，观察压缩机电容的外形无变形、爆裂等现象，用万用表“R×1k”档测量电容正反相电阻，阻值为0或∞，说明电容已损坏。

【故障排除】 采用如图5-25所示，春兰50μF压缩机启动电容代换即可排除故障。

（十三）【询问现象】春兰RF28W/A型10匹空调器开机1min后热风停止，变成出冷风，且显示缺制冷剂故障

【初步判断】 首先察看四个阀门接头都很干净，没有油污，说明无制冷剂泄漏故障。

【拆机检查】 于是把压力表接上，电流表卡上，然后开机，测得电流13A，压力表1.4MPa，基本正常，说明外机电脑板问题造成判断错乱。

【故障排除】 采用同型号外机电脑板（WIS-43）代换试机，故障排除。相关资料如图5-26所示。

故障换修处理：更换损坏的外机电脑板即可。

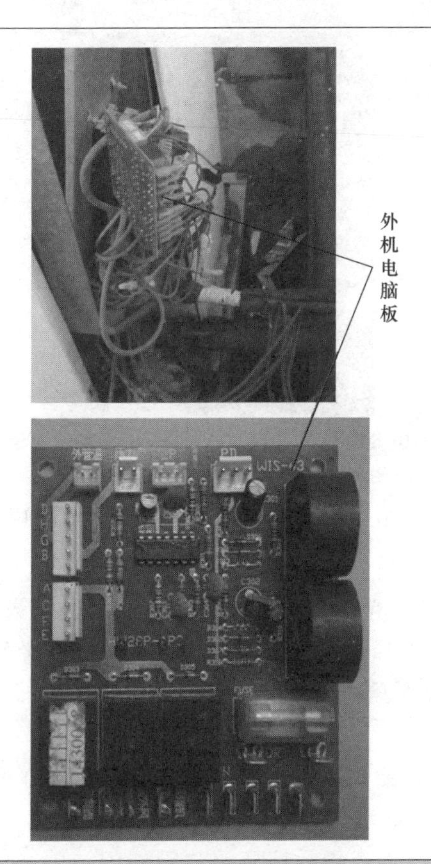

图 5-26 WIS-43 电脑板

第三节 美的空调器案例易学快修

（一）【询问现象】美的 KF-26G/Y-E2（E1）型空调上电显示代码“E1”

【初步判断】 该机为单冷机，出现上电保护故障初步判断为环境管温、复位电路和存储器有可能存在故障。

【拆机检查】 首先先代换环管温无效，查环管温直流电压也正常。再测复位电压也正常。说明存储器 IC5 有可能损坏，如图 5-27 所示。

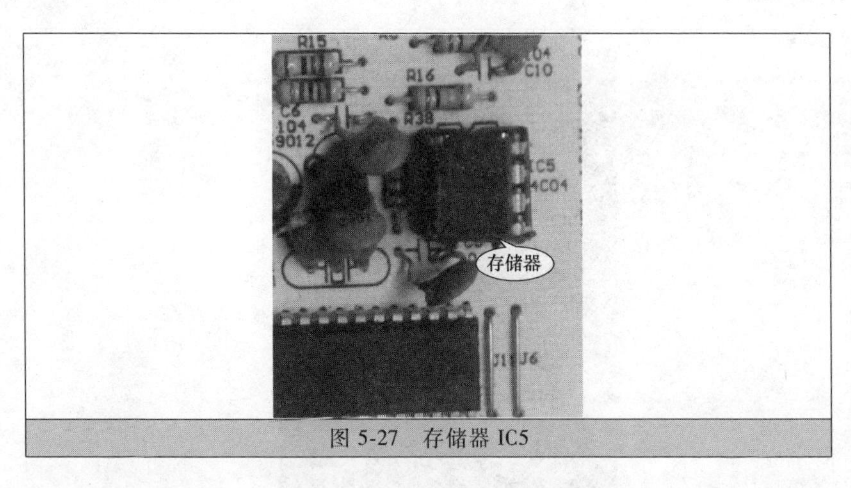

图 5-27　存储器 IC5

【故障排除】 从旧机上拆下个 24C04 存储器代换原存储器 IC5 后，故障排除。

【维修日记】 存储器内部数据出现变化会导致空调器出现千奇百怪的故障，排除方法是采用代换同机型的存储器或使用编程器重新往存储器写入厂方的数据。

（二）【询问现象】美的 KFR-26/33GW/CBPY 型变频空调压缩机不工作，指示灯显示“闪→闪→闪→闪”

【初步判断】 经查指示灯显示“闪→闪→闪→闪”为室内外机通信保护，需要拆板维修。

【拆机检查】 重点检查通信电路光耦合器 IC5 和 IC6、二极管 D3、稳压管 CW1 和 CW2、R30 等元器件是否正常。该机通信电路相关截图如图 5-28 所示。

【维修日记】 该机电路室内与室外机之间的通信为半双工异步串行通信，使室内机和室外机基板电路互通信息。室内机与室外机通信电路主要有四只光耦合器等组成，它们在电路中起到隔离市电的作用。由室外机 AC220V 电压经 D3、R30、C23、CW1 和 CW2 半波整流、滤波、稳压后输出+24V 电压，给室外机通信电路供电，并在通信线上形成约为 DC140V 电压，作为室内、室外机串行通信的载波信号。

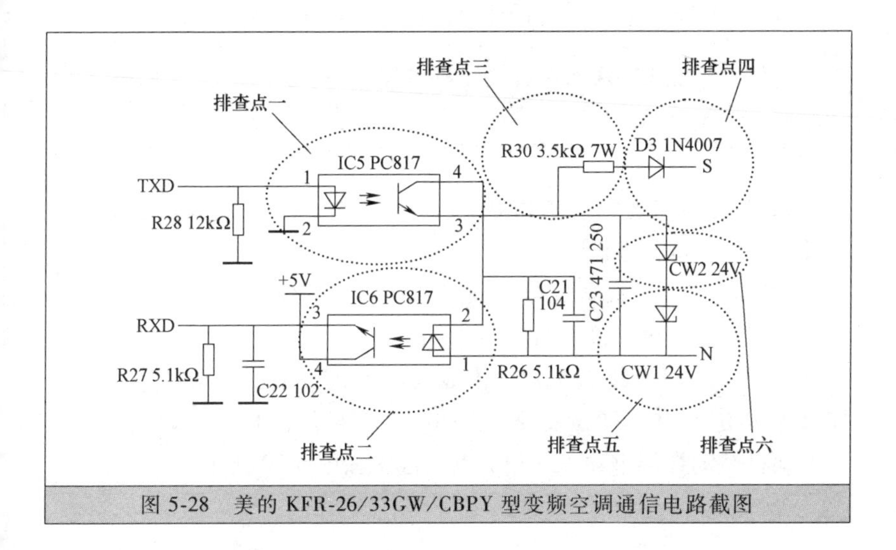

图 5-28 美的 KFR-26/33GW/CBPY 型变频空调通信电路截图

（三）【询问现象】美的 KFR-26/33GW/CBPY 型变频空调指示灯不亮，手控或遥控开机均无反应

【初步判断】 根据故障现象初步可判断为晶振电路存在故障，需要拆板维修。

【拆机检查】 重点测量室内机主控芯片 IC3㊽、㊾脚对地电压是否正常，若被测脚无电压或偏差大，说明晶振电路没有起振。该机室内机晶振电路相关截图如图 5-29 所示。

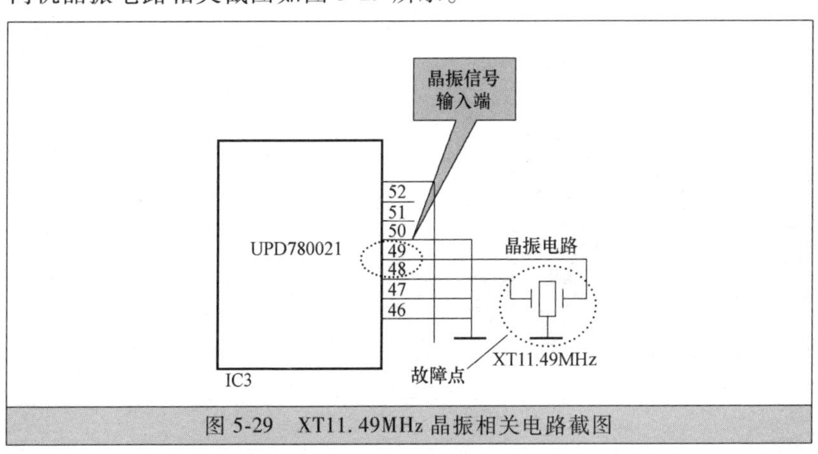

图 5-29 XT11.49MHz 晶振相关电路截图

【故障排除】 采用相同规格的晶体代换，即可排除故障。

【维修日记】 该机室内机主控芯片 IC3㊽、㊾脚对地电压正常时约为 1V 和 12V。

（四）【询问现象】美的 KFR-32GW/BPY 变频空调开机不定时出现工作灯以 5Hz 闪烁

【初步判断】 根据故障现象初步可判断为室内风扇电动机驱动控制电路存在故障，需要拆板维修。

【拆机检查】 重点检查室内风扇电动机驱动控制电路，用手触摸 IC4（TLP3526）明显发烫，说明 IC4 有可能已损坏。该机室内风扇电动机驱动控制电路 IC4 相关电路截图如图 5-30 所示。

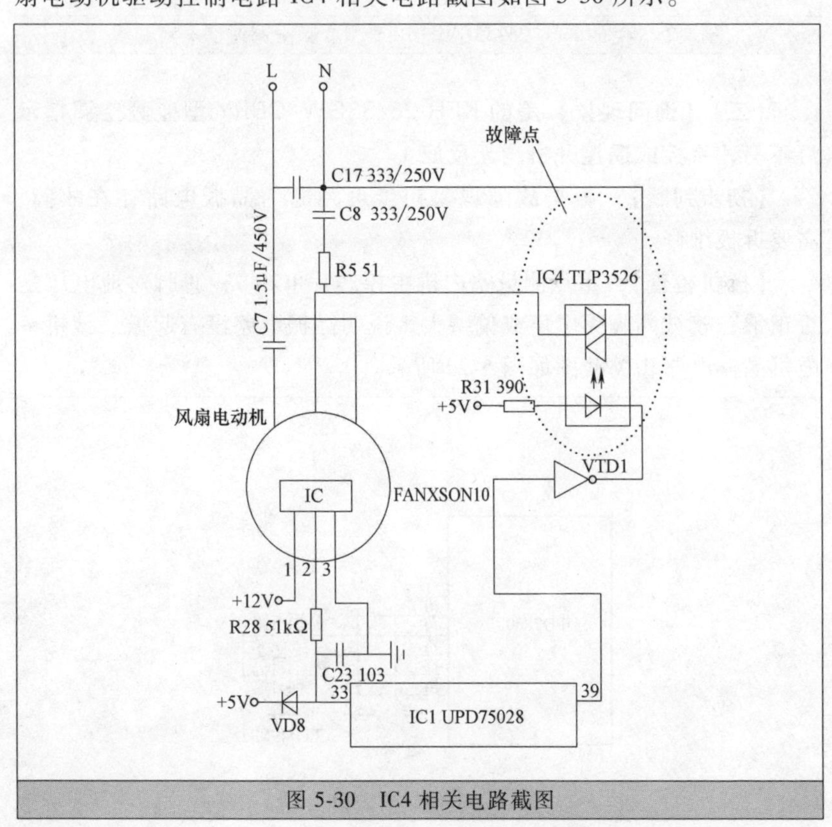

图 5-30 IC4 相关电路截图

【故障排除】 采用一只原型号的TLP3526晶闸管型光耦合器代换后试机，故障排除。

【维修日记】 该机室内风扇电动机驱动控制电路的工作原理如下：

1）IC1的⑩脚为室内风扇电动机驱动控制信号的输出端，高电平有效。该信号经VTD1反向光耦合器IC4中的发光二极管导通发光，IC4内的双向晶闸管导通为室内风扇电动机提供交流220V电压，室内风扇电动机得电后即进入工作状态。

2）改变IC4内双向晶闸管的导通角，就可以改变室内风扇电动机的转速，以此来实现风扇电动机的变速。

3）室内风扇电动机转速反馈电路由室内风扇电动机内的霍尔元件IC及R28、C23、VD8等组成。

4）霍尔元件检测到的室内风扇电动机的转速信号，经R28反馈至IC1的㉝脚内，用于实现室内风扇电动机的无级调速，从而提高空调的舒适度。

5）VD8用于钳位，使IC1的㉝脚电压不超过5V。

（五）【询问现象】美的KFR-35GW/B2DN1Y-DA400（B3）型空调显示代码“E1”

【初步判断】 根据故障代码初步可判断为通信故障，重点检查室内机通信电路是否正常。

【拆机检查】 测量室内机电路板通信电路24V直流电压是否正常，如图5-31所示，经测量电压为0V，说明24V稳压二极管可能击穿，焊下稳压二极管进行确定。

【故障排除】 换新24V稳压二极管后，故障排除。

【维修日记】 检修该故障，可利用美的变频检修仪（如图5-32所示）查找故障部位，从而提高维修效率。操作步骤如下。

1）空调停机掉电后，将工装的“LNS强电接口（白色3针）”中的L、N电源线（S线先不接）并接到室内外连接的接线座上；检漏仪“电源选择键”打到“LNS”（最下档位）。

2）空调上电并开机，等变频仪工作后，选择“通信故障检测→“在线检测”进行自检，以确定检测仪通信电路状态，自检时间约为 10s。

3）空调停机并掉电，将 S 线并接到电流环路中。

4）根据检测结果，确定故障源，并断开电源进行维修处理。

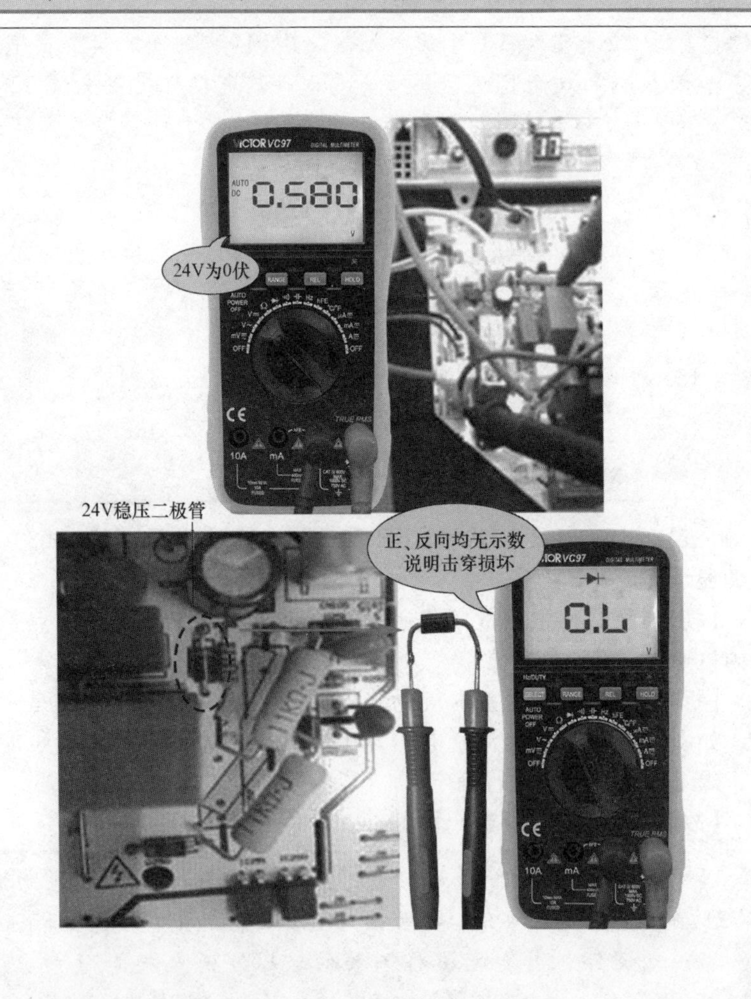

图 5-31　测量通信电路 24V 直流电压

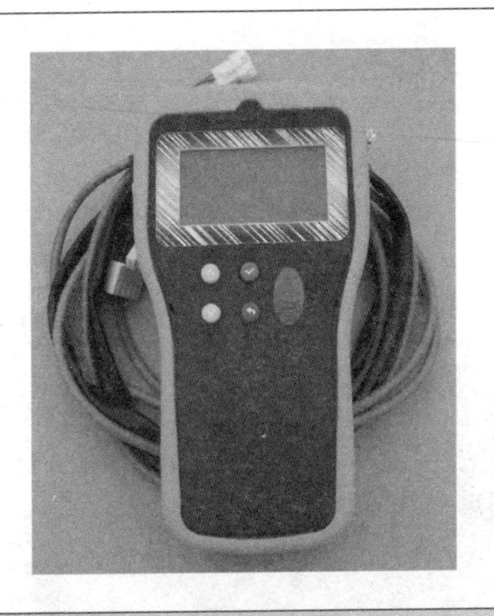

图 5-32　美的变频检修仪

（六）【询问现象】美的 KFR-35GW/BP2DN1Y-DA400 型挂机开机显示代码“E3”，室内机不出风

【初步判断】 经查显示故障代码“E3”为室内机风速失速故障，初步判断为风轮卡死、风机板故障、风机故障等。

【拆机检查】 首先断电，用手拔动风轮无卡死现象。开送风模式，测量风机红、黑两线无 50~200V 交流电压，说明故障在室内机板。查室内机电路板，发现该机风机由集成电路 IC101（AQH2223）控制工作。上电开机，分别用表测集成电路 IC101 的风机控制③脚和 220V 电压输出⑥脚，开机时③脚有电压，而⑥脚无电压变化，说明风机驱动集成电路 IC101 损坏，如图 5-33 所示。

【故障排除】 换新风机驱动集成电路 AQH2223 后，故障排除。

【维修日记】 AQH2223 是一个 600V/0.9A 的光耦合件。其工作原理是：当第②脚与第①、③、④脚有电流流过时，内部的发光二极管发光，于是第⑧脚与第⑤、⑥脚导通。

（七）【询问现象】美的 KFR-35GW/BP2DN1Y-DA400 型空调室内机显示代码“P1”，空调不制热

【初步判断】 根据代码显示“P1”为电压过低或过高保护。到

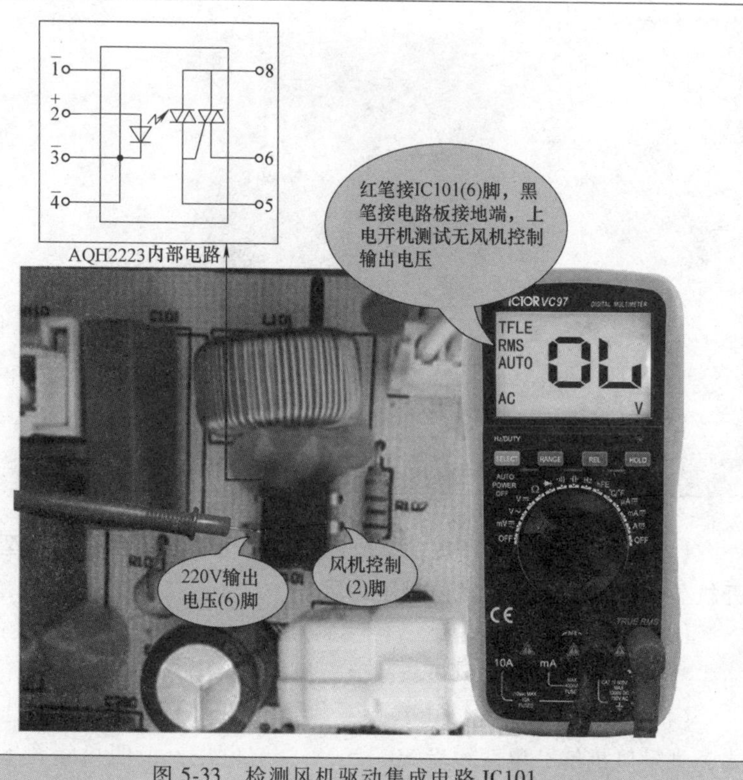

图 5-33　检测风机驱动集成电路 IC101

达现场后测量用户电源 215V 正常，再测量外机接线端 LN 为 215V 也正常，初步判断为外机板电压检测电路故障。

【拆机检查】 拆开外机，检查外机板电压检测电路电压取样电阻 R149、R45 阻值是否异常，如图 5-34 所示。经查，发现 R45 阻值变大。

【故障排除】 更换外机板或 R45，即可排除故障。

【维修日记】 该机外机板电流检测电阻 R149、R45 将电压信号送到 CPU（IRMCK311）的㉔脚（AIND 电压检测）进行处理，当电阻 R45 损坏后，CPU 检测不到 AIND 信号，误采取电压过高保护措施。

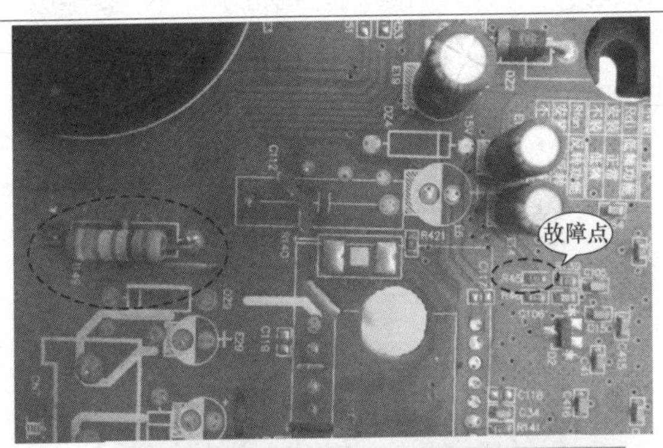

图 5-34　电阻 R45 在外机板中的位置

（八）【询问现象】美的 KFR-35GW/BP2DN1Y-PA402（B3）型空调开机几分钟，室内机显示代码“E1”

【初步判断】 经查显示“E1”为通信故障，又测外机板 N-S 为 15~24V，如图 5-35 所示，说明室内机板、连接线正常，故障范围在外机板上。

图 5-35　测外机板 N-S 电压

【拆机检查】 打开外机发现外机指示灯不亮，测量220V正常，测量整流桥堆BR2直流300V为0V。继续测量BR2交流处220V正常，确定BR2开路，如图5-36所示。

图5-36 整流桥堆BR2

【故障排除】 更换整流桥堆BR2试机正常。

【维修日记】 该例故障需要在路检测，且检测部位都为强电区，操作时应注意做好安全防范，以防发生电击事故。

（九）【询问现象】美的KFR-35GW/BP2DY-M空调开机后滑动门在轨道内上下运动无法停止，显示代码“E9”

【初步判断】 经查故障代码可确定整机出现“E9”为开关门保护。上电开机后滑动门在轨道内上下运动无法停止，可以初步判定室内电控板有控制电压输出给电动机，且电动机无开路、短路故障，应重点检验光电开关组件是否良好。

【拆机检查】 将主控板上的光电开关拔掉，分别短接主控板上光电开关插头的第①脚（红色）与第③脚（综色），第②脚（白色）与第④脚（黄色），如图5-37所示。模拟光电开光正常工作状态下反馈的信号通电开机，若整机运行正常，显示屏开关门保护消除，则说

明故障有可能在光电开关组件上。

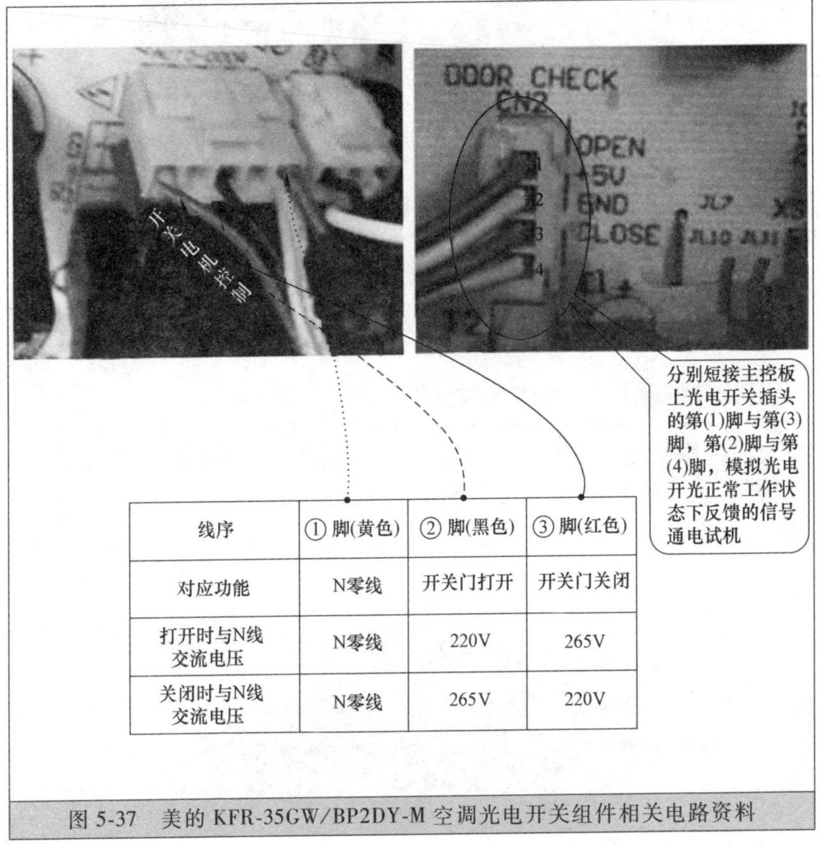

线序	① 脚(黄色)	② 脚(黑色)	③ 脚(红色)
对应功能	N零线	开关门打开	开关门关闭
打开时与N线交流电压	N零线	220V	265V
关闭时与N线交流电压	N零线	265V	220V

图 5-37　美的 KFR-35GW/BP2DY-M 空调光电开关组件相关电路资料

【故障排除】 采用同型号光电开关组件代换，即可排除故障。

（十）【询问现象】美的 KFR-35GW/BP3DN1Y-I（3）型空调开机不制热，开几分钟显示代码“E1”

【初步判断】 经查故障代码显示“E1”为通信故障，上门检测电压 220V 正常，初步判断为室内机或连接线故障。

【拆机检查】 卸下室外机接线板盖，用表测量室内机到外机接线板 N-S 端子间为 0~60V 跳变，如图 5-38 所示，再测量 24V 稳压二极管端为 24V，根据以往经验基本可确定为连接线故障。

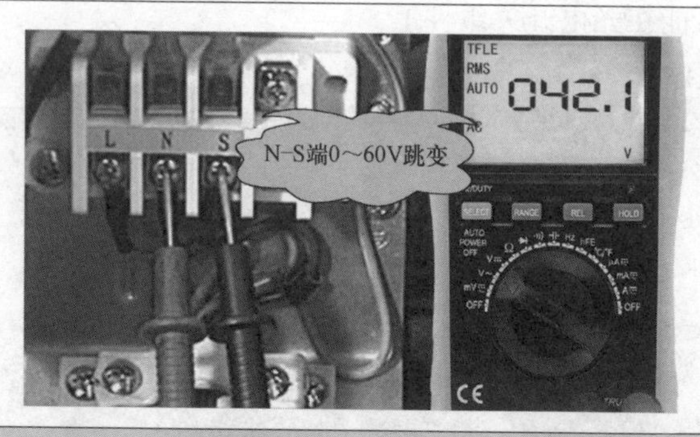

图 5-38　测量室内机接线板 N-S 端子间电压

【故障排除】 更换连接线试机正常。

【维修日记】 内外机连接线绝缘性不良容易有交流成分窜入干扰，应更换质量可靠的美的空调原配连接线，如图 5-40 所示，更换时应注意 L、N、S 接线端子不要接错。

图 5-39　美的空调原配连接线

（十一）【询问现象】美的 KFR-35GW/BP3DN1Y-LB（A2）型挂机机器不制热，内外机都不工作，几分钟以后室内机就显示代码“E1”

【初步判断】 经查故障代换显示代码“E1”为内外机通信故障，一般涉及室内机板、外机板、连接线、电抗器等其他负载，需要进行拆板维修。

【拆机检查】 首先检测 300V 直流电压为 190V 电压异常，去掉 300V 负载直流风机插件，300V 立即恢复正常，怀疑直流风机故障所

致。用表测试风机接线插头红、白、黄、蓝对黑（地线）的电阻只有几千欧（正常值为几十千欧或几百千欧），说明直流风机损坏。本案例维修现场检测数据如图 5-40 所示。

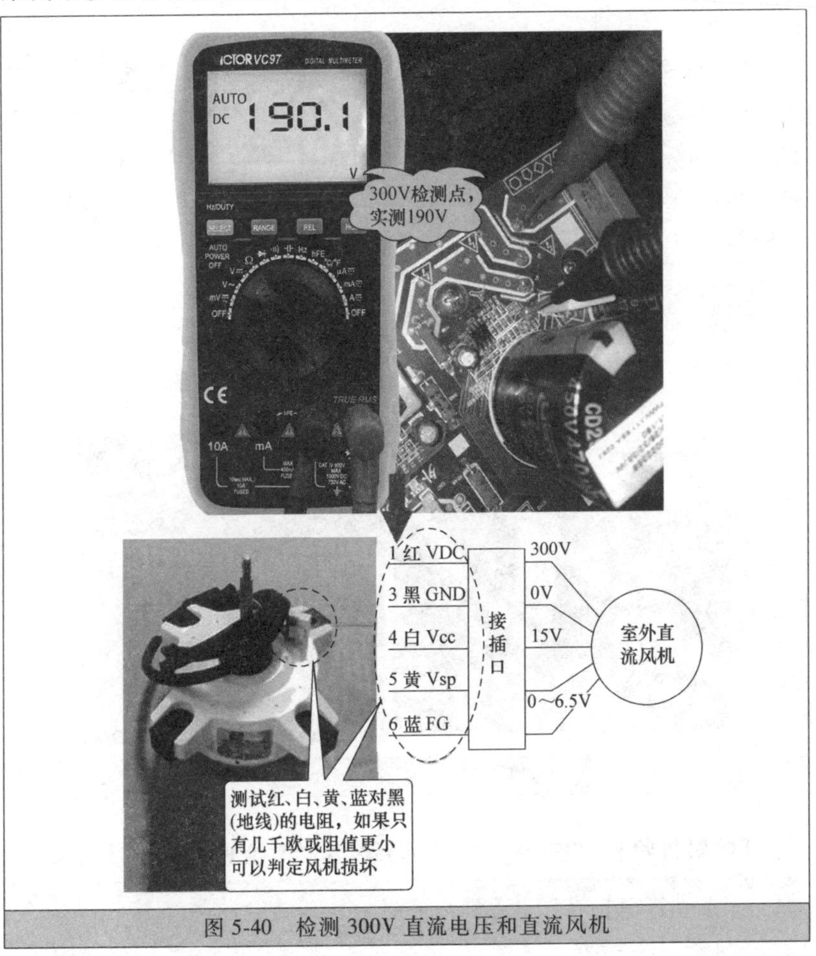

图 5-40　检测 300V 直流电压和直流风机

【故障排除】 更换外机直流风机，试机正常。

【维修日记】 该故障是因直流风机损坏，造成 300V 直流电压过低外机开关电源工作不正常，从而使 5V 电压输出偏低造成 CPU 不能正常工作，造成通信异常。

（十二）【询问现象】美的 KFR-72LW/BP2DY-E 型变频空调不工作，屏幕显示代码“P2”

【初步判断】 经查该机显示代码“P2”为“压缩机顶部温度保护”故障，需要进行拆板维修。

【拆机检查】 首先拆开室外机顶盖，将压缩机顶部温度保护插头从电控板插座上拔下，将电控顶部温度保护的插座短接。然后接上变频检测仪上电开机查询，若发现整机运行正常，“P2”保护故障代码消除，则确定故障点在压缩机顶部温度保护上。该机压缩机温度保护如图 5-41 所示。

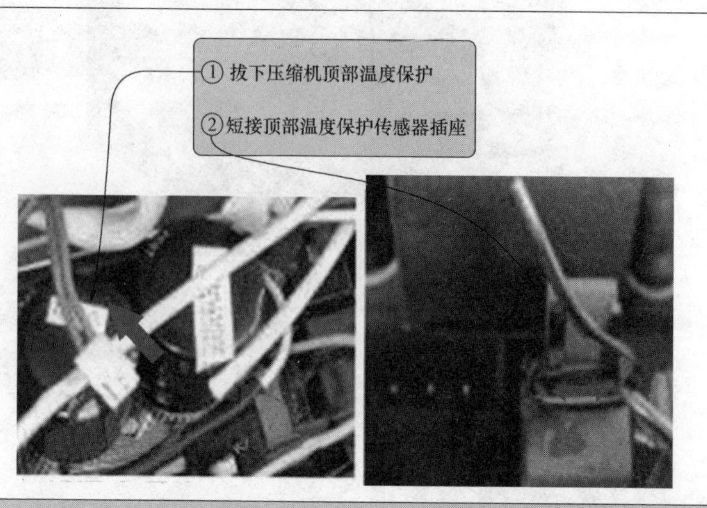

图 5-41　美的 KFR-72LW/BP2DY-E 型变频空调温度保护

【故障排除】 更换压缩机顶部温度保护，空调上电运行正常。

【维修日记】 该故障需要用到的检修方法有：故障代码和自诊断功能法、短接法。需要准备的工具有：美的变频空调器检测仪。

（十三）【询问现象】美的 KFR-72LW/BP2DY-E 型变频空调器开机频繁显示代码“P1”，制冷效果差

【初步判断】 经查故障代码，确定此机显示“P1”是电压过高

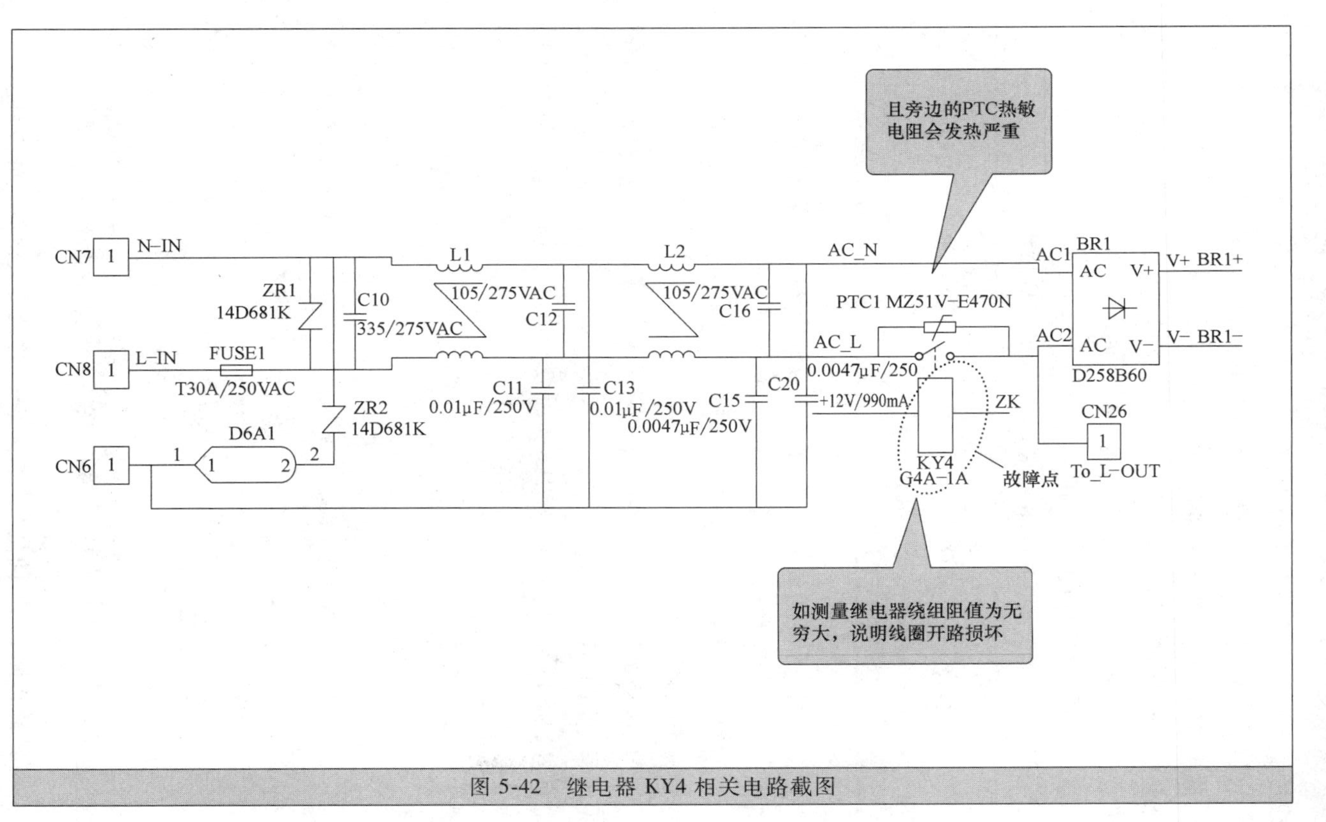

图 5-42　继电器 KY4 相关电路截图

或过低保护，需要进行拆板维修。

【拆机检查】 重点应检查室外主电源供电线路继电器 KY4 是否正常。可试将接在主继电器的端子接在另外一端，若故障排除，而当恢复此继电器接线端子为正常安装状态试机时，故障再现，则说明故障点是外机电控板上的主继电器不良。如图 5-42 所示。可用万用表测量继电器绕组阻值进一步确认。

【故障排除】 换新继电器 KY4 后试机，故障排除。

【维修日记】 该故障应利用故障代码和自诊断功能法、测量法、触摸法及短接法进行判断和检修。

（十四）【询问现象】美的 KFR-75LW 柜式空调器，压缩机不工作

【初步判断】 根据故障现象可初步判断为控制电路存在故障，需要拆板维修。

【拆机检查】 重点检查外机控制的电流检测电路是否正常。首先测量电阻 R312、R322，电阻值参数正常，再测量滤波电容 C302 也良好，在测量整流二极管 D305 时发现其正、反向电阻值为无穷大，说明 D305 已损坏。该机外机电路检测电路截图如图 5-43 所示。

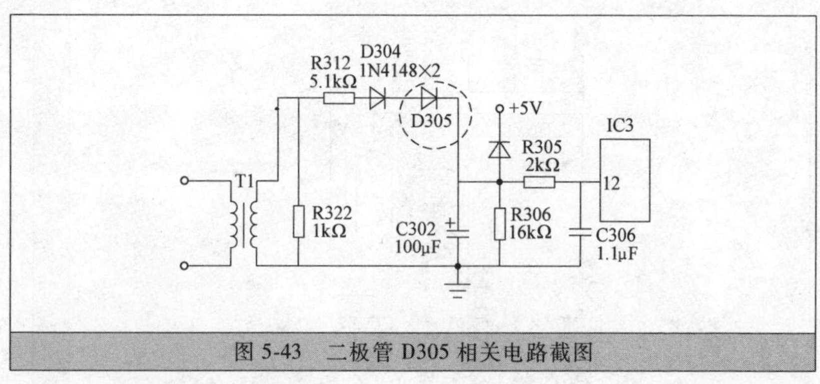

图 5-43　二极管 D305 相关电路截图

【故障排除】 用同型号的整流二极管进行更换后，故障排除。

【维修日记】 当压缩机起动电容及压缩机线圈不良，也会出现类似故障。

第四节　海尔空调器案例易学快修

（一）【询问现象】海尔 KFR-25BP×2 型一拖二变频空调不能开机，室内机显示“闪→闪→灭”

【初步判断】 根据故障代码初步可判断为电流保护所致，需要拆板维修。

【拆机检查】 重点应检测外机电流检测电路钳位电位器 VR1（120Ω）是否因碳膜氧化，从而形成电阻开路。该机电流检测电路电位器 VR1 相关资料如图 5-44 所示。

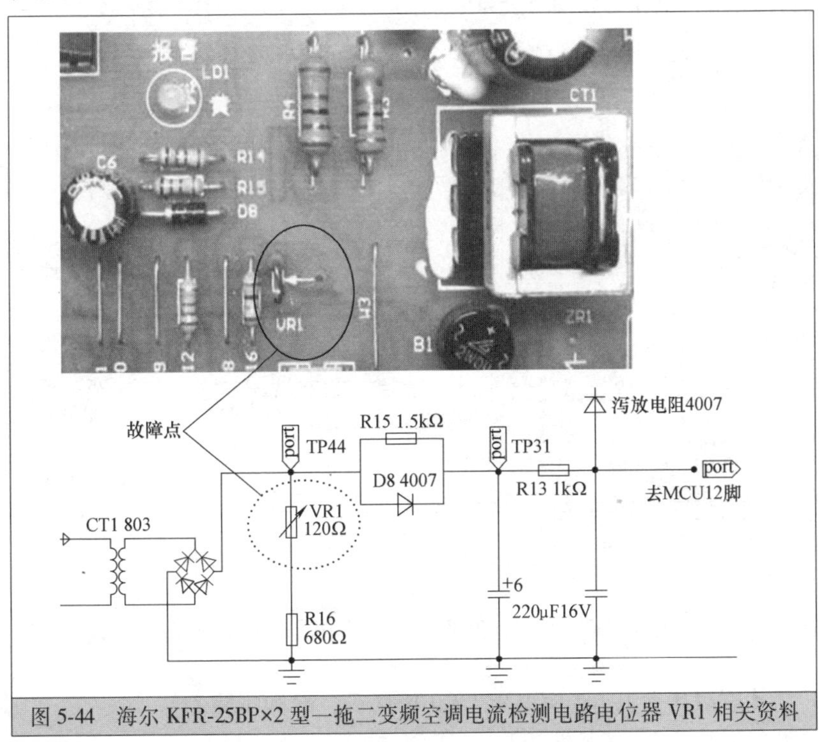

图 5-44　海尔 KFR-25BP×2 型一拖二变频空调电流检测电路电位器 VR1 相关资料

【故障排除】 更换损坏的钳位电位器 VR1 即可排除故障。

> **【维修日记】** 更换损坏的钳位电位器 VR1 后，应检测电阻 R16 的阻值是否正常；若阻值偏大，频率提不上去，会造成误报“过电流故障”；若阻值偏小，又起不到过电流保护的作用。

（二）【询问现象】海尔 KFR-26GW/CA 变频空调显示故障代码“E2”

【初步判断】 根据故障代码和自诊断功能初步可判断该机进入室内盘管传感器异常保护状态，需要拆板维修。

【拆机检查】 首先检查连接器 CN1 的连接良好，再检查室内温度传感器也正常，最后检查微处理器 IC3 的㉘脚输入的电压也正常，怀疑存储器 IC4 和微处理器 IC3 损坏。该机室内存储器 IC4 和微处理器 IC3 相关电路截图如图 5-45 所示。

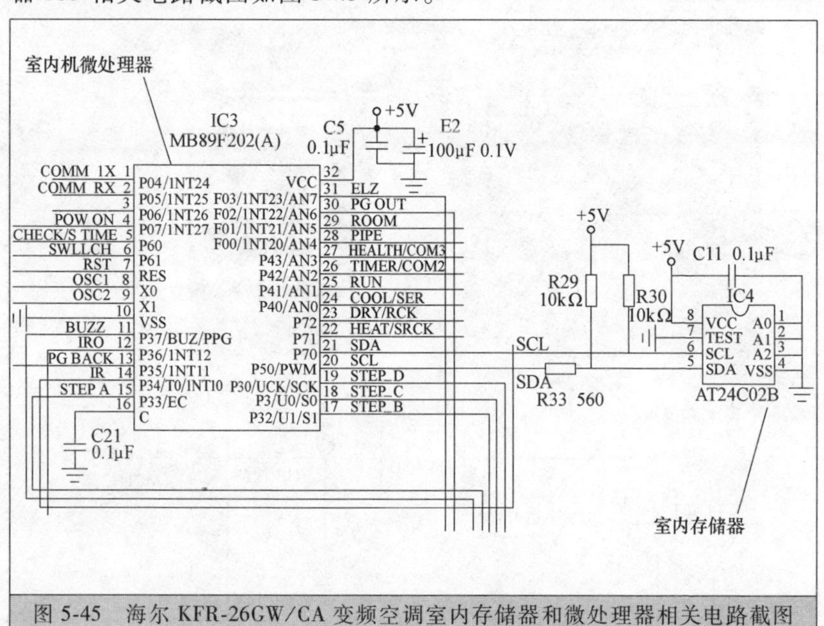

图 5-45 海尔 KFR-26GW/CA 变频空调室内存储器和微处理器相关电路截图

【故障排除】 代换 IC4、IC3 后试机，故障排除。

【维修日记】 当E4、C9、R25、R28损坏，也会出现类似故障。

（三）【询问现象】海尔KFR-28GW/01B（R2DBPQXF)-S1型变频空调完全不工作

【初步判断】 根据故障现象初步可判断为室内主板电源电路故障，需要拆板维修。

【拆机检查】 重点检查主板上7805的输入电压DC12V和输出电压DC5V是否正确，如输入电压正常，而无输出，则说明7805损坏。该机三端稳压集成电路7805相关电路截图如图5-46所示。

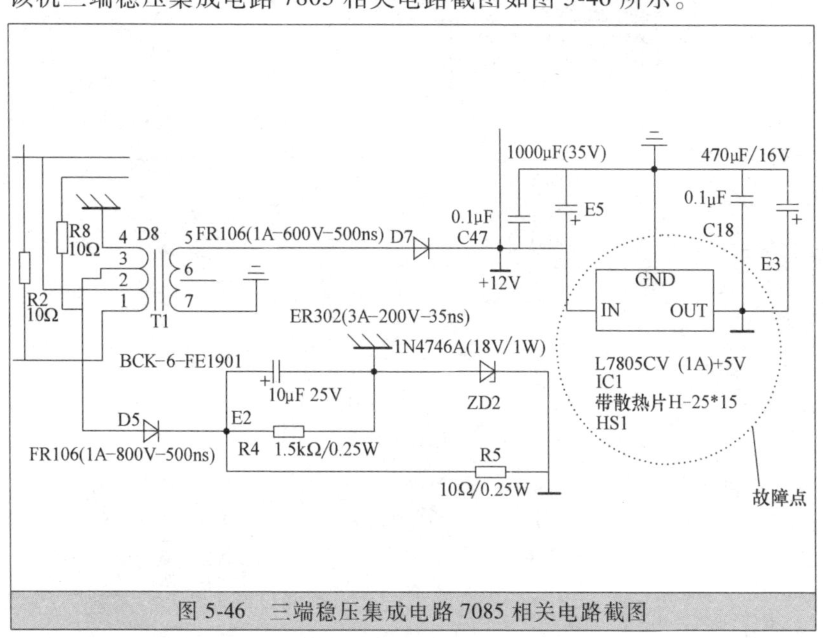

图5-46 三端稳压集成电路7085相关电路截图

【故障排除】 更换三端稳压集成电路7805即可排除故障。

【维修日记】 该机主板上三端稳压集成电路7805的输入电压正常应为DC 11~12.5V，输出电压正常应为DC 4.5~5.5V。

（四）【询问现象】海尔 KFR-32GW/01NHC23A 变频空调室外风机不工作

【初步判断】 根据故障现象初步可判断为室外机电动机故障，需要拆机维修。

【拆机检查】 重点检测室外电动机各个接线端之间的绕阻阻值是否正常，该机室外线路图如图 5-47 所示。如测得短路、断路或与规定阻值相差较大，说明电动机已损坏。

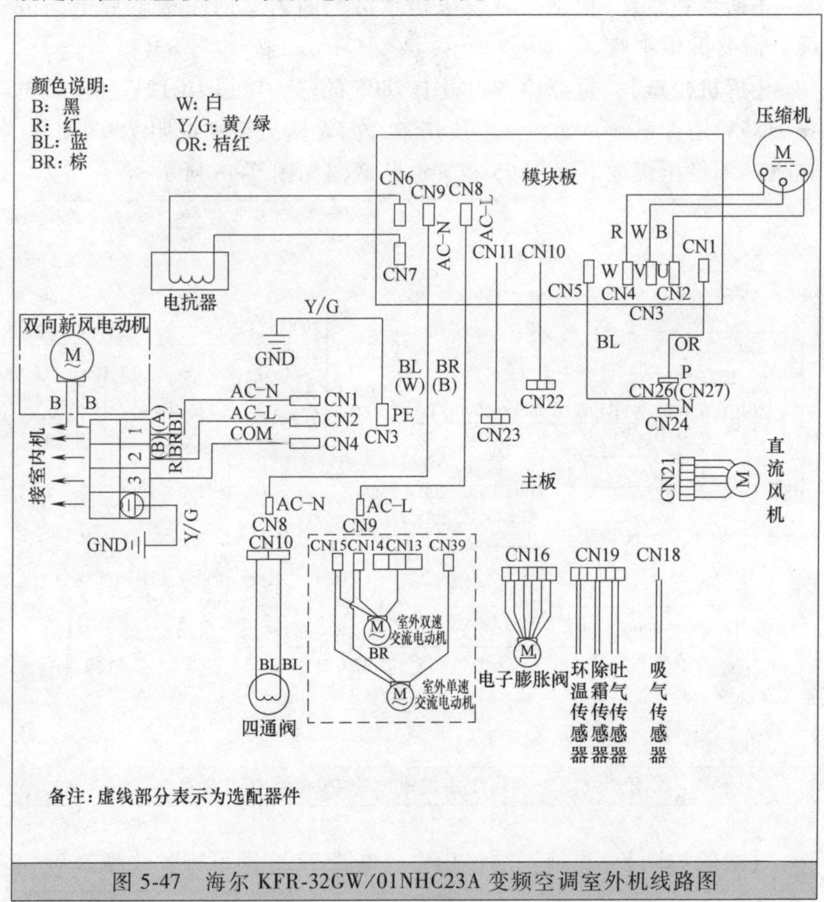

图 5-47 海尔 KFR-32GW/01NHC23A 变频空调室外机线路图

【故障排除】 采用同型号海尔专用室外电动机代换，即可排除故障。

【维修日记】 检修该机故障需要提前准备一只章丘海尔专用室内电动机，正常情况下，其绕组冷态阻值（容差：±7%）20℃，主绕组主 310Ω±10%、副绕组 193Ω±10%。

（五）【询问现象】海尔 KFR-32GW/01NHC23A 型变频空调导风叶步进电动机不工作

【初步判断】 根据故障现象初步可判断为室内机导风叶步进电动机 DC12V 电源故障或电动机本身损坏所致，需要拆板维修。

【拆机检查】 首先检测室内机电脑板上连接器输出端 DC12V 是否正常，该机室内机接线原理如图 5-48 所示，如输出端 DC12V 正常，

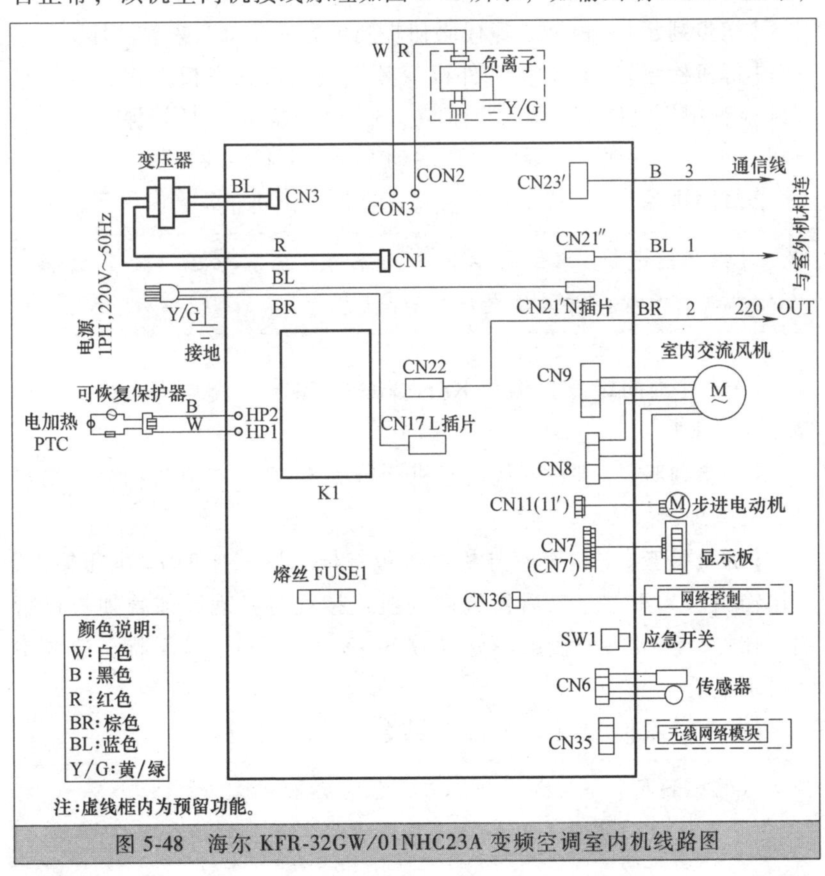

图 5-48　海尔 KFR-32GW/01NHC23A 变频空调室内机线路图

则用万用表电阻档检测步进电动机阻值是否正常，如测得步进电动机短路、断路或与规定阻值相差较大，则说明步进电动机损坏。

【故障排除】 采用同型号常州雷利步进电动机代换后试机，故障排除。

【维修日记】 检修该故障需要提前准备一只常州雷利步进电动机，其正常阻值为300Ω，环境温度25℃时，测量红线和其他几个接线间的阻值误差应小于±20%。

（六）【询问现象】海尔 KFR-35GW/BPY-R 型空调开机后显示P0（模块保护）保护

【初步判断】 根据故障代码初步判定为室外机变频模块坏。

【拆机检查】 经测量室外机变频模块正常，主板工作正常。经仔细检查用户电压波动较大，但电压波动应显示“P1”保护，后经试机一小时，发现用户瞬间电压波动太大，引起模块保护。

【故障排除】 建议用户加装稳压器后，试机正常。

【维修日记】 维修前要认真检查用户电源电压（负载电压、压缩机工作后要测量工作电压）。

（七）【询问现象】海尔 KFR-35GW/BPY-R 型空调室外机不起动，显示E1

【初步判断】 到过现场后开机运行测S、N，有直流信号，初步判定为室外机故障。

【拆机检查】 检查室外机电源板有指示灯，有310V电压输出，模块输出+5V正常，最后检查内外机连接线时发现以前曾加长过管线，在加长线接头处接触不好导致S、N、L之间信号干扰，造成室外机不运转。

【故障排除】 更换内外机连接线后，故障排除。

【维修日记】 在检查到所有元器件均无明显故障时，一定要检查一下连接管线是否有问题，接线不好常常会影响变频信号。

（八）【询问现象】海尔 KFR-35GW/CA 变频空调显示故障代码“F3”

【初步判断】 根据故障代码可初步判断该机进入室外机电路板与模块通信异常保护状态，需要拆板维修。

【拆机检查】 首先检查连接器 CN14、CN15 连接正常，再代换模块板后故障不变，怀疑 IC11 和室外微处理器 IC9 损坏，相关电路截图如图 5-49 所示。

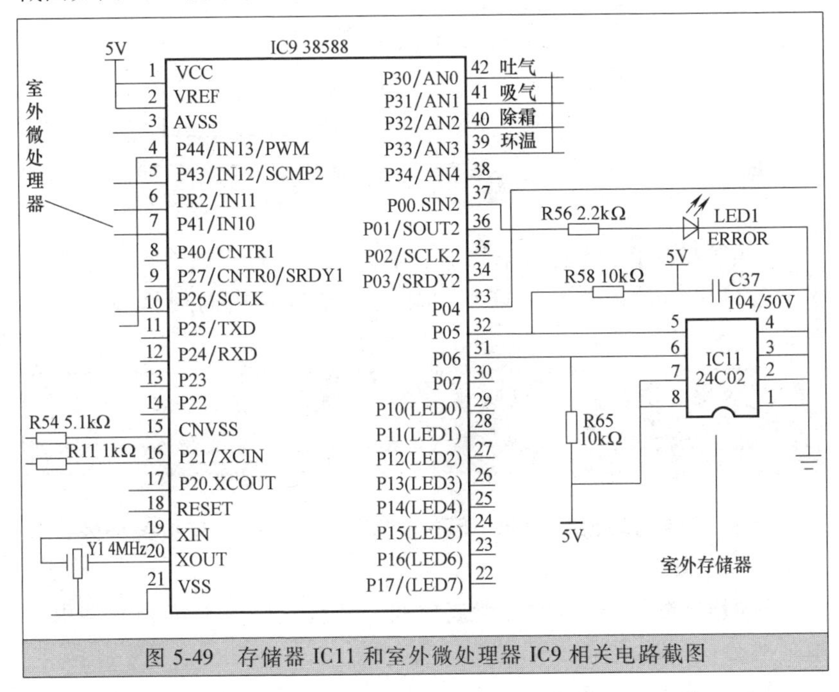

图 5-49　存储器 IC11 和室外微处理器 IC9 相关电路截图

【故障排除】 代换存储器 IC11 和室外微处理器 IC9 后，故障排除。

（九）【询问现象】海尔统帅 KFR-36GW/06TAB13T 型空调开机启动 2min 后停机，显示板显示代码“E14”

【初步判断】 根据故障代码显示可初步判断为室内风机故障，先断电 5min 再重新上电试机故障不变，需要拆板维修。

【拆机检查】 首先检查风机端子 CN8 是否良好，重新固定接插件后故障不变，再检查风机绕组已短路，说明电动机已损坏。相关电路截图如图 5-50 所示。

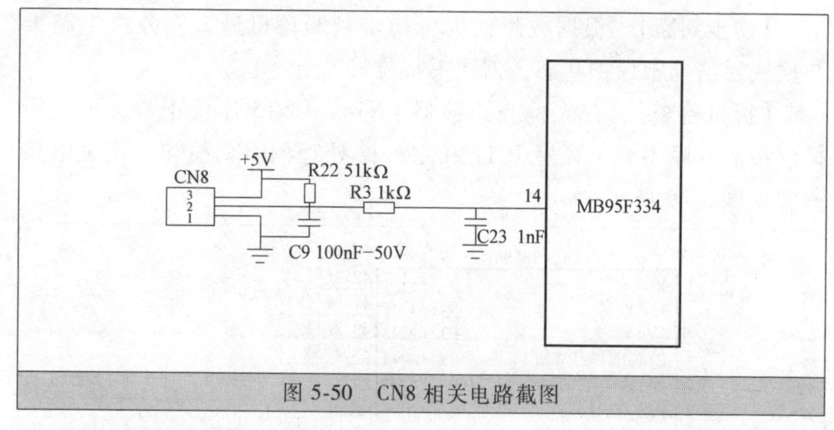

图 5-50　CN8 相关电路截图

【故障排除】 转动风扇找到联轴器螺钉并拆下，然后拆下固定风扇及风扇电动机螺钉，取下损坏的电动机更换同规格新电动机即可。

【维修日记】 安装好电动机后，应拨动风扇检查转动是否灵活再通电试机。

（十）【询问现象】海尔 KFR-48LW/Z 型柜机所有按键失效，且显示代码“E8”

【初步判断】 经查故障代码对照，显示“E8”为面板与室内机通信故障。

【拆机检查】 卸下显示板，用电烙铁焊下 Q2、Q3、Q4 检查，发现 3 个晶体管均存在漏电现象，如图 5-51 所示。

【故障排除】 采用同规格晶体管代换 Q2、Q3、Q4 后，插回显示面板通电试机，几秒钟显示当前室温；开机，继电器吸合，说明故障已排除。

【维修日记】 当室内机板 L2、L3 线圈断路时，也会出现类似故障。更换 L2、L3 或将 L2、L3 分别用短接线短接即可。

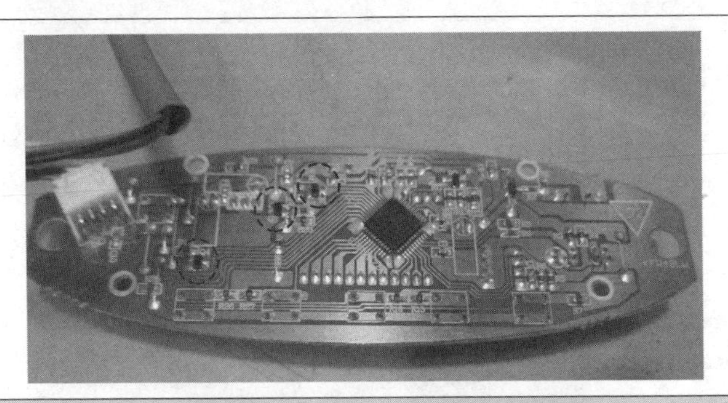

图 5-51 晶体管 Q2、Q3、Q4 在显示板中的位置

（十一）【询问现象】海尔 KFR-50GW/V（ZXF）2P 壁挂空调，遥控与强制开关均不开机

【初步判断】 该例故障无待机电源，初步判断为电源电路存在故障所致。

【拆机检查】 用万用表分别测主滤波电容 E8 有 320V 电压，测开关变压器输出端至整流二极管 D8 脚 4V 电压不稳，测稳压管 7805 后面 2V 波动，测电源 IC1200P60 的⑥脚供电端有 9V 左右电压，说明电源处于工作状态，怀疑电源 IC 异常。故障现场检测数据如图 5-52所示。

【故障排除】 代换电源 IC1200P60 后插电试机，12V 和 5V 电压正常，故障排除。

【维修日记】 像此类采用开关电源的电源电路，因电源 IC 损坏而造成空调器不开机故障在海尔空调器中比较常见，是该品牌空调的通病。多数情况下，可以直接代换电源 IC1200P60 排除不开机故障。

（十二）【询问现象】海尔 KFR-50LW/BP 变频空调开机无反应，电源灯连续闪七次

【初步判断】 根据故障显示内容初步可判断为通信回路故障，表明通信回路中某一处出现断路，需要拆板维修。

【拆机检查】 重点检查室内通信电路光耦合器 TLP741 内部是否

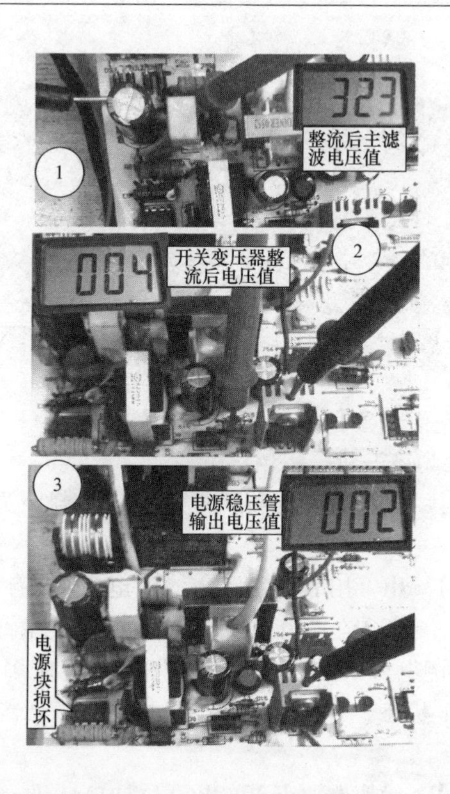

图 5-52　海尔 KFR-50GW/V（ZXF）2P 壁挂空调电源电路故障现场检测数据

断路，该机室内通信电路部分截图如图 5-53 所示。

【故障排除】　更换光耦合器 TLP741 后试机。空调恢复正常。

（十三）【询问现象】海尔 KFR-50LW/BP 变频空调通电后室内机风扇电动机高速转动，风速失控

【初步判断】　根据故障现象初步可判断为控制电路故障，需要拆板维修。

【拆机检查】　重点检查控制电路反相驱动器 IC2（TDG200AP）及外围元器件是否存在故障，实际中多因反相驱动器 TDG200AP 损坏较为多见。该机控制电路反相器 TDG200AP 相关电路截图如图5-54 所示。

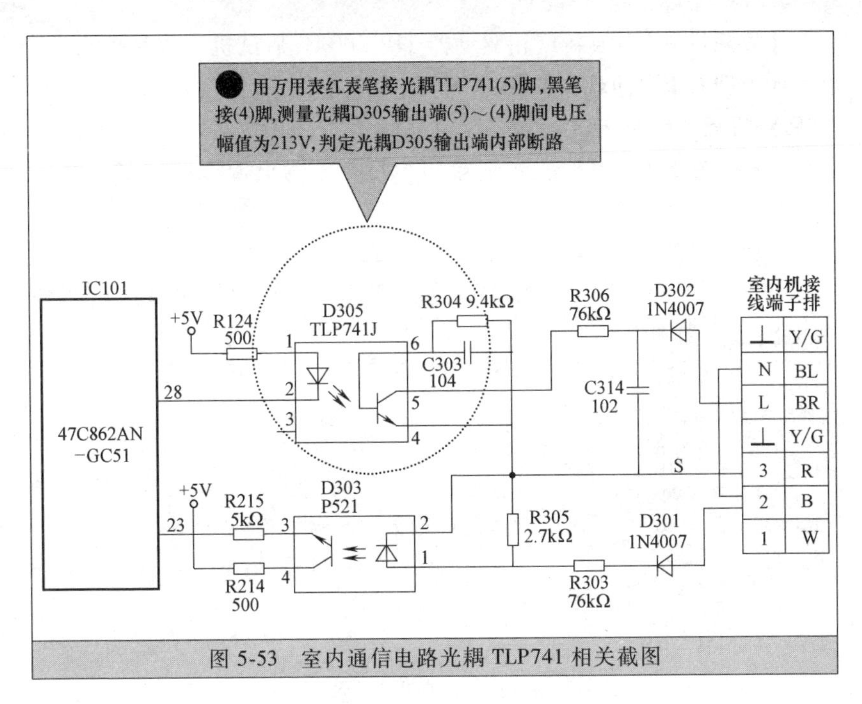

图 5-53　室内通信电路光耦 TLP741 相关截图

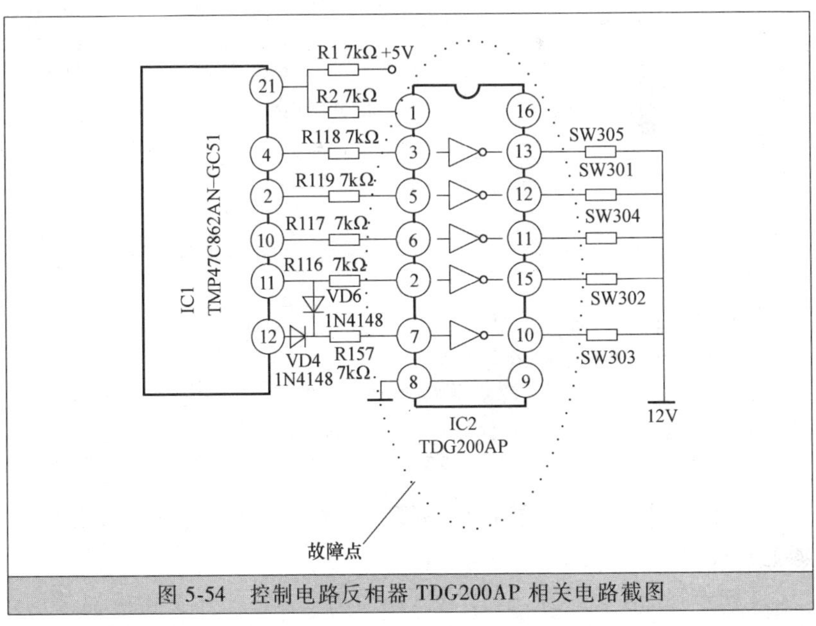

图 5-54　控制电路反相器 TDG200AP 相关电路截图

【故障排除】 换新反相驱动器 TDG200AP 后试机，故障排除。

（十四）【询问现象】海尔 KFR-50LW/BP 变频空调用遥控器开机后整机无任何反应

【初步判断】 根据故障现象初步可判断为电源电路故障，需要拆板维修。

【拆机检查】 重点排查电源电路 Z301 压敏电阻是否击穿短路、保险 FU300 是否熔断、变压器一次绕组是否开路。该机电源电路相关电路截图如图 5-55 所示。

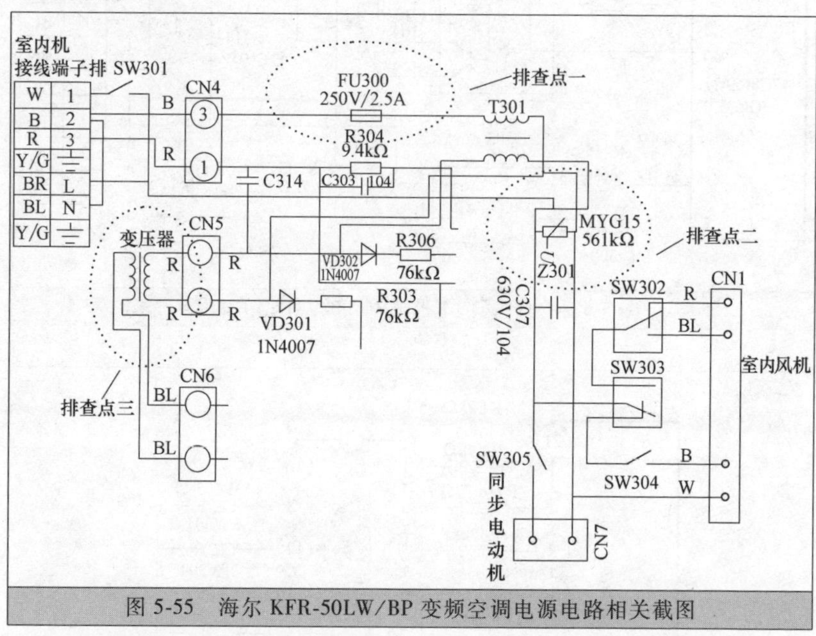

图 5-55 海尔 KFR-50LW/BP 变频空调电源电路相关截图

【故障排除】 更换电源电路损坏的元器件即可排除故障。

【维修日记】 检修该机故障需要准备以下元器件：250V/25A 熔丝管；561kΩ 压敏电阻和电源变压器等。

（十五）【询问现象】海尔 KFR-50LW/R（DBPQXF）变频空调器显示代码“E7”

【初步判断】 经查，显示代码“E7”为室外热交传感器故障，

需要拆板维修。

【拆机检查】 将传感器从电脑板 CN10 接口上拔下，然后用万用表测试两根引出线间的电阻值，同时测量温度传感器处温度，对比传感器规格书的要求判断为传感器损坏。该机 CN10 接口相关电路截图如图 5-56 所示。

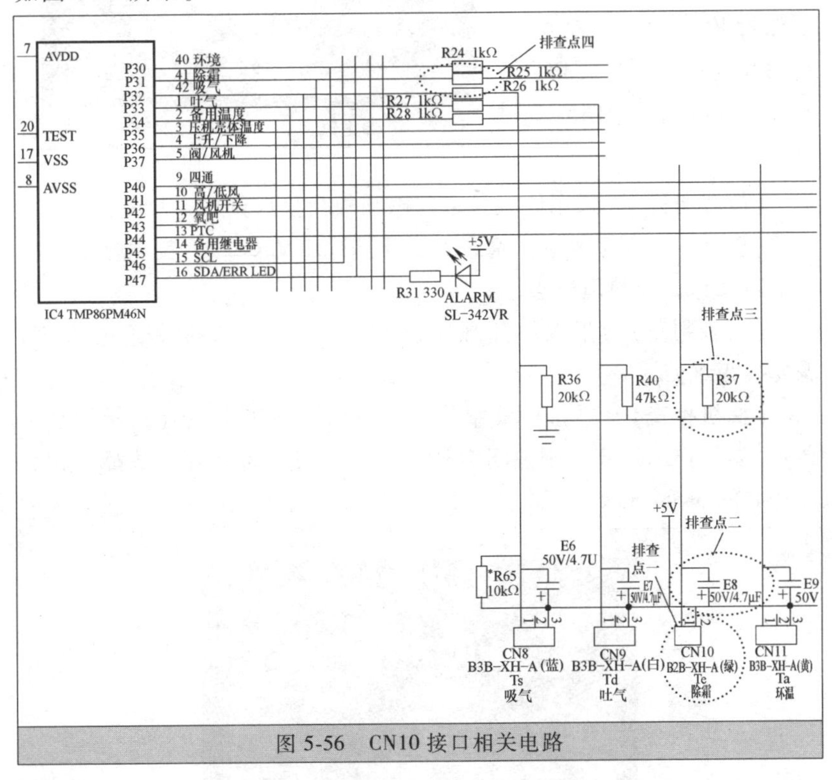

图 5-56　CN10 接口相关电路

【维修日记】 当 E8 电容、R37、R25 电阻损坏，也会出现类似故障。该故障的检修方法同样可适用于海尔 KFR-60 LW/R（DB-PQXF）、KFR-72LW/R（DBPQXF）机型。

（十六）【询问现象】海尔统帅 KFR-50LW/02DCF22T 柜式空调器起动 2min 后自动停机，显示板显示 E14

【初步判断】 根据故障现象可初步判断为室内电脑板故障，需要拆板维修。

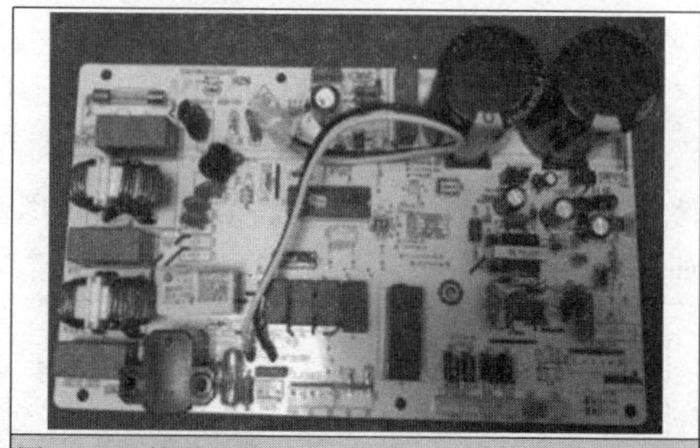
图 5-57 统帅 KFR-50LW/02DCF22T 室内电脑板

【拆机检查】 首先排查风机端子 CN28 是否插接良好、风机绕组是否短路或开路，经查上述部件均正常，怀疑为室内电脑板存在故障。该机室内电脑板如图5-57所示。

【故障排除】 采用同型号室内电脑板代换后试机，故障排除。

（十七）【询问现象】海尔统帅 KFR-50W/0323T 空调器制热模式下不工作，无热风吹出

【初步判断】 根据故障现象初步可判断为室外机板存在故障，需要拆板维修。

【拆机检查】 拆机检查室外板、电容板是否上电（指示灯是否亮），如果指示灯亮，则说明室外机、电容板有可能存在故障。相关资料如图 5-58 所示。

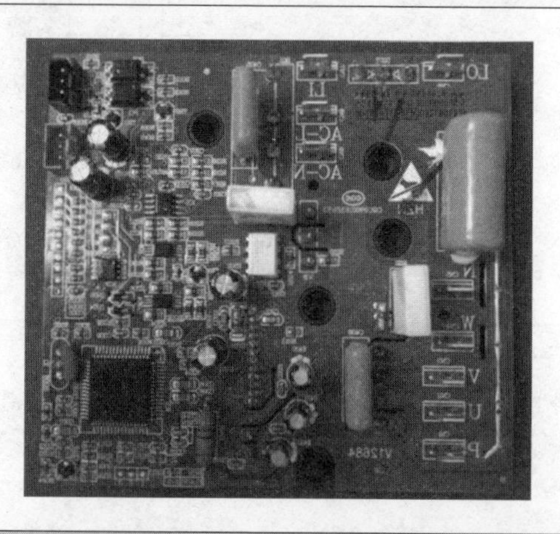
图 5-58 统帅 KFR-50W/0323T 空调器室外板

【故障排除】 采用同型号室外板代换，即可排除故障。

第五节　海信空调器案例易学快修

(一)【询问现象】海信 KFR-26G/27ZBP 型空调在气温 35℃以上无法起动

【初步判断】 根据维修经验，初步可判断为外机模块保护所致。

【拆机检查】 拆开外机，重点检查变频模块板上的电流检测电路及电压保护电路是否存在故障，经用万用表实测反馈电阻 R119、R147 开路，如图 5-59 所示。

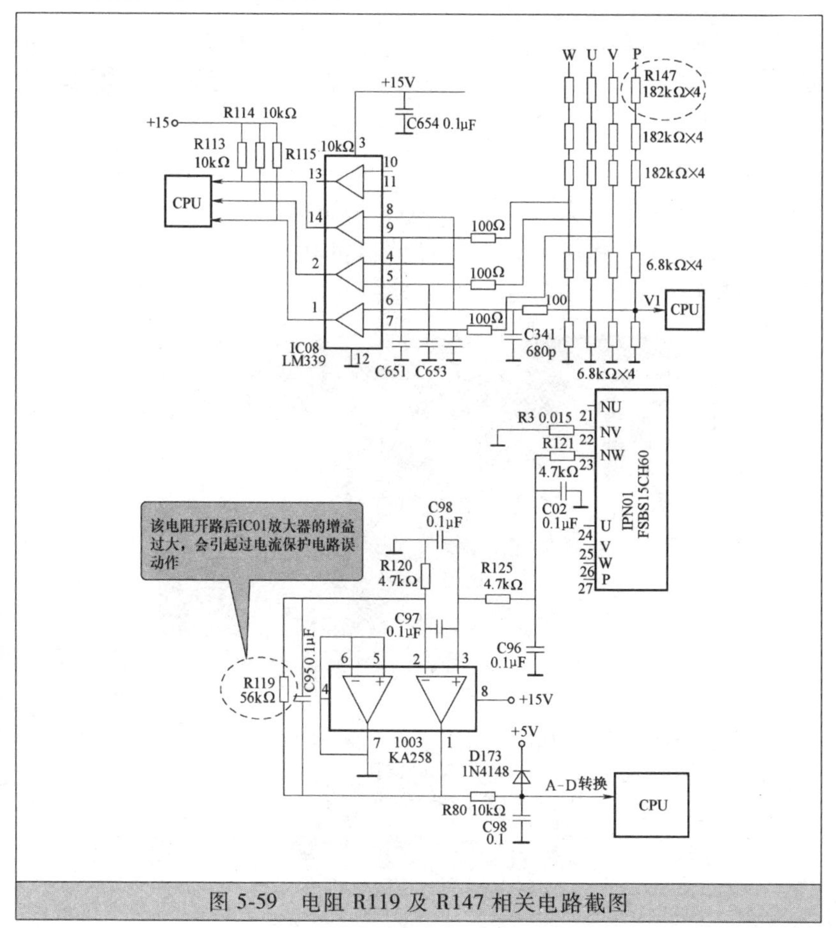

图 5-59　电阻 R119 及 R147 相关电路截图

【故障排除】 换新损坏的元器件，上变频模块板，连上连线，开机故障排除。

【维修日记】 电流检测及电压保护电路中的反馈电阻损坏，会造成功率模块发生欠电压、过电流保护误动作，被CPU识别后，控制该机停止工作，表明该机进入功率模块异常的保护状态。

（二）【询问现象】海信KFR-32S/27ZBB挂机上电试机，室内风机转一会儿就发出“嗡嗡”响声，过会儿就不转了

【初步判断】 到用户家后试机，查看外机启动运转正常，遂用手摸外机细管有冰凉感，说明空调制冷系统工作正常，判断故障可能是因室内风机电路异常所致，重点检查室内风机电容和控制室内风机的光耦合器是否正常。

【拆机检查】 首先代换室内风机电容，故障不变。然后卸下光耦合器TLP3616，用表测其②、③脚正向阻值变大近100kΩ（正常阻值应为23kΩ左右）说明已经损坏。TLP3616内部电路及在主板中的位置如图5-60所示。

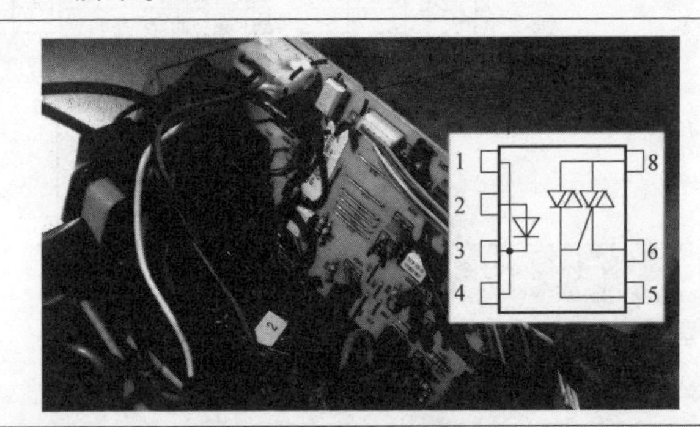

图5-60 TLP3616内部电路及在主板中的位置

【故障排除】 采用同型号TLP3616代换后，故障排除。

【维修日记】 焊下TLP3616之前，最好用一截短导线短接光耦合器输出控制端与室内风机电源输入插座端，如果此时室内风机转说明电动机正常，则判定故障在TLP3616。

（三）【询问现象】海信 KFR-35GW/06BP 型变频空调器开机后出现压缩机不运转的现象，即通电开机后，空调器既不制冷也不制热

【初步判断】 根据维修经验，压缩机不运转一般应重点检查室外机控制板电路，具体检查室外机的供电及变频电路是否正常。

【拆机检查】 拆开室外机，用万用表检测变频电路的输出端无信号输出，而其控制端输入的低压供电电压正常，说明变频电路中的变频模块损坏。该例故障相关维修现场检测数据如图 5-61 所示。

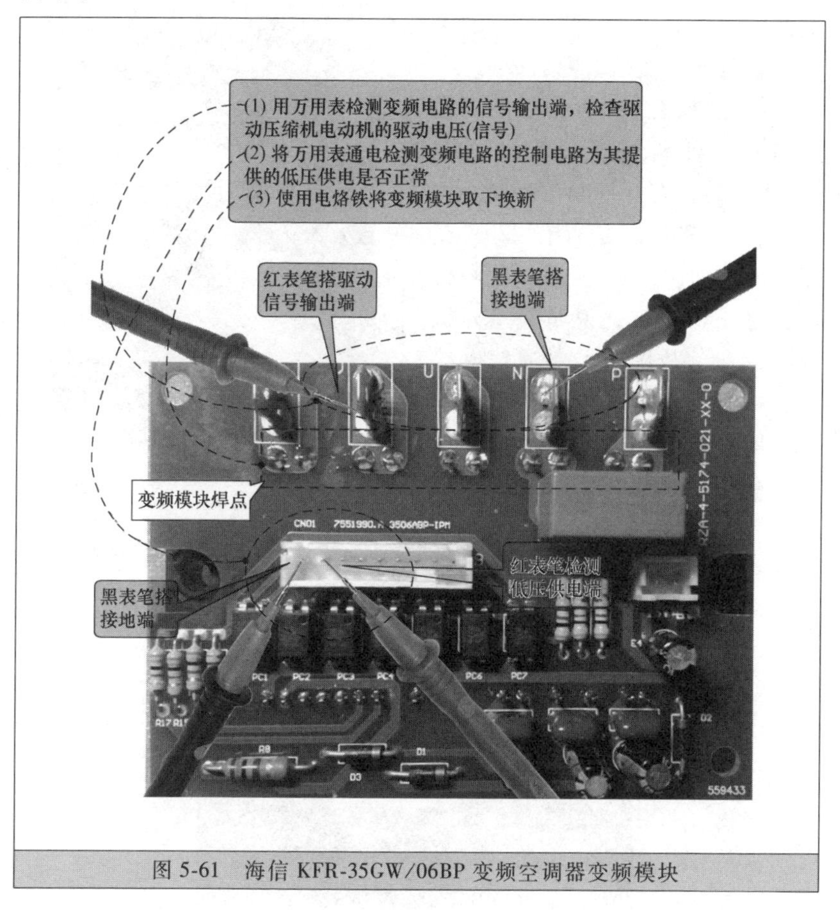

图 5-61　海信 KFR-35GW/06BP 变频空调器变频模块

【故障排除】 更换新的同型号功率模块后，故障排除。

【维修日记】 该机室外机开关电源输出的4路15V电压通过连接器CN01为功率模块的驱动电路供电，同时300V电压也通过P、N端子为功率模块供电。

（四）【询问现象】海信27BP KFR-60W型空调室内机吹风，但室外机不起动

【初步判断】 变频空调器室内机吹风，室外机不起动属于电控性能故障，通常是由于室内机故障或室外机通信故障造成的。

【拆机检查】 可用万能表检测室内、外机端子排2（N）-4（SI）间是否有0~24V直流电压，1（L）-2（N）间是否有220V交流电压，如图5-62所示，若测得以上电压值正常，说明为室外机故障或通信故障。经对通信电路进行排查，发现弱电通信电路电容C45漏电，如图5-63所示。

图5-62 检测室内、外机端子排电压

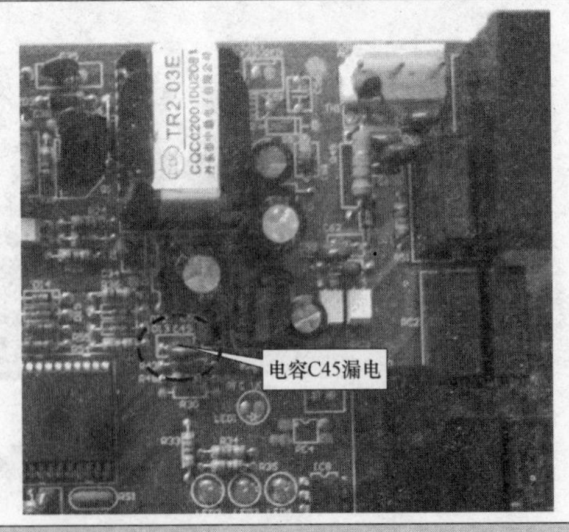

图5-63 电容C45在电路板中的位置

【故障排除】 更换室内电控板，即可排除故障。

【维修日记】 变频空调器室内机吹风，室外机不启动属于电控性能故障。检修此类故障时可采用排除法。首先分出是室内还是室外机故障；再将室外机分成强电电路和弱电控制电路两部分，缩小检测范围以排除法判断机器故障部位。

（五）【询问现象】海信 KFR-2619G/BPR 变频空调制冷时，室内机风扇正常运转，能听到继电器吸合的声音，但室外机无任何反应

【初步判断】 该故障应利用故障代码和自诊断功能进行判断和检修。连续按遥控器上“传感器转换”键两次，电源灯和运行灯亮，经查是“通信故障”。

【拆机检查】 重点检测外机通信电路电阻 R16（4.7kΩ/1W）和光耦合器 PC03 是否损坏。

该机通信电路现场维修实物资料如图 5-64 所示。

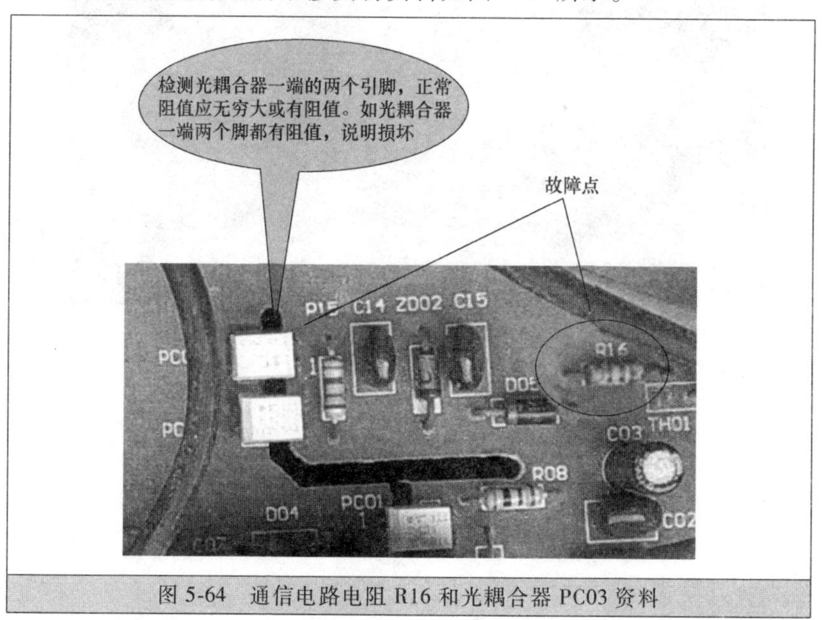

图 5-64　通信电路电阻 R16 和光耦合器 PC03 资料

【故障排除】 更换损坏的元器件即可排除故障。

【维修日记】 拆下怀疑有问题的光耦合器，用万用表测量其内部二极管、晶体管的正反向电阻值，与好的光耦合器对应脚的测量值进行比较，若阻值相差较大，则说明光耦合器已损坏。

（六）【询问现象】海信 KFR-26G/77VZBP 开制冷，室内风机工作正常，外风机及压缩机不工作；显示屏显示室内温度，但室外温度不能正常显示

【初步判断】 首先测量 S，N 端子电压为 24V 左右，无跳变；无故障代码。说明外机信号不能正常传送给室内机，考虑外机通信电路故障。

【拆机检查】 拆机重点对外机通信电路中的 TH01、R10、R11、D5 进行排查，检查 R10 时发现其断路。该机外机通信电路参照图及电阻 R10 在主板中的位置如图 5-65 所示，供维修检测代换时参考。

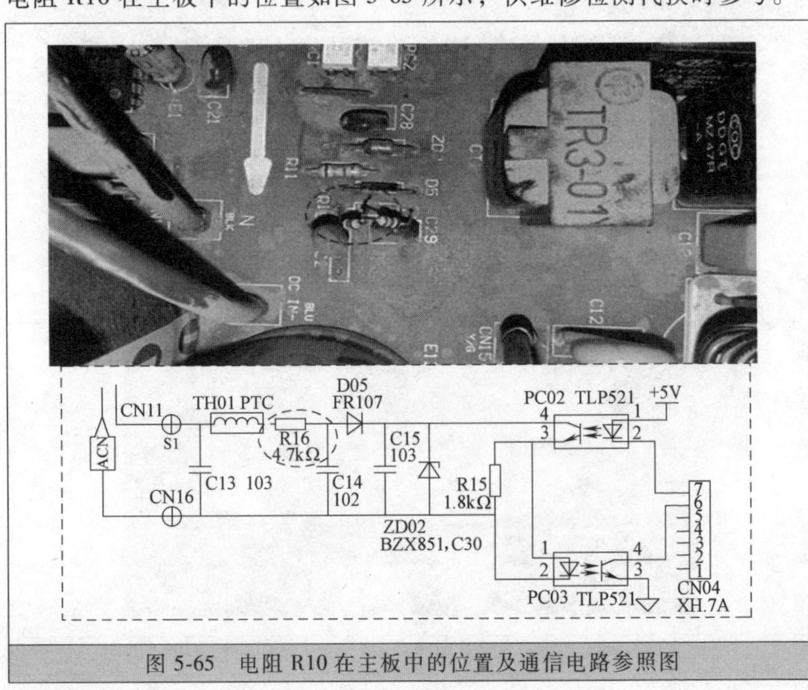

图 5-65 电阻 R10 在主板中的位置及通信电路参照图

【故障排除】 采用 4.7k 电阻代换 R10 即可排除故障（该例中是

采用两只 2.4kΩ 电阻串联代换)。

【维修日记】 若身边一时找不到 4.7kΩ 电阻，也可采用两只 2.4kΩ 电阻串联代换。

(七)【询问现象】海信 KFR-3601GW/BP 型空调通电后室外机不起动

【初步判断】 到过现场后，测外机接线板 L、N 端 220V 正常，测 N、S 为 24V 不抖动，说明室内机正常，故障应在外机控制板。

【拆机检查】 打开外机，查看熔丝管正常，测 300V 电压也正常，又测低电源无 5V 和 12V 电压，说明开关电源存在故障。经排查为 R13 开路，从而造成开关电源不工作所致。该机开关电源相关电路截图如图 5-66 所示。

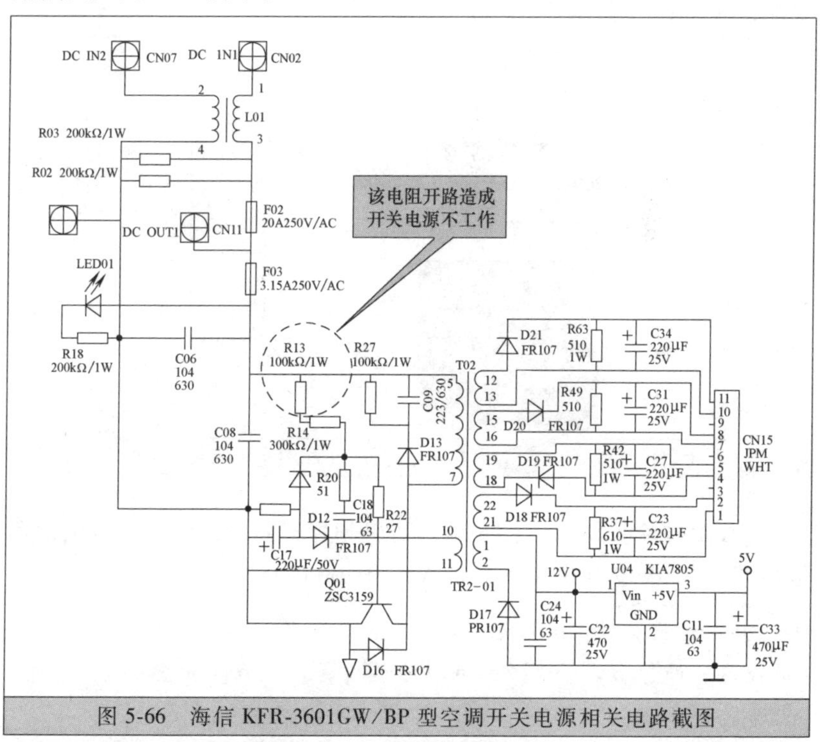

图 5-66　海信 KFR-3601GW/BP 型空调开关电源相关电路截图

【故障排除】 采用 100kΩ/1W 的电阻代换 R13 后，再测 12V、5V 电压正常，室外机启动，制冷正常，故障排除。

【维修日记】 当 ZD2 击穿，也会出现类似故障。

（八）【询问现象】海信 KFR-45LW/39BP 型空调器接通电源后，采用遥控器进行遥控开机，机器无反应

【初步判断】 首先检查遥控器正常，然后测量用户处的 220V 交流市电电源电压基本正常，且已经加到了空调器的室内机中，说明故障在室内机电路板。

【拆机检查】 打开室内机的机盖，测量测试端子板上的 L 端与 N 端之间的 220V 交流电压正常，但测量滤波电感器输出端的交流电压为 0V，怀疑抗干扰滤波电路电感器 L1 开路。进一步对抗干扰滤波电感器 L1 进行检测，结果发现其④脚与②脚之间线圈的④脚出现了虚焊，如图 5-67 所示。

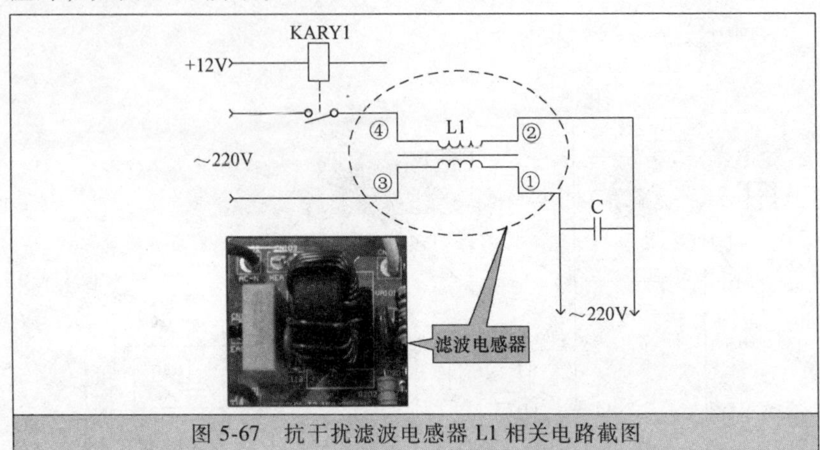

图 5-67 抗干扰滤波电感器 L1 相关电路截图

【故障排除】 加锡将 L1 虚焊的引脚焊牢固后，测量滤波电感器输出端的 220V 交流电压恢复正常，说明故障排除。

【维修日记】 出现此类故障的原因较多，例如：与供电电源、遥控器、保护功能等有关，在排除遥控器正常后，应重点检查供电电路是否正常。

（九）【询问现象】海信 KFR-5001LW/BP 空调器开机无反应，显示故障代码“5”

【初步判断】 该故障应利用故障代码和自诊断功能进行判断和检修，经查显示代码“5”为通信故障。

【拆机检查】 用万用表检测室内机控制板，测量 PC02 ④、⑤脚对 N 端电压均为 0V，而 D11 左端对 N 端为 196V/0V 变化值，由此怀疑二极管 D11 内部断路。焊下 D11 进一步测量，其正、反向电阻均为无穷大，证实确属二极管损坏。该机室内信号通路如图 5-68 所示。

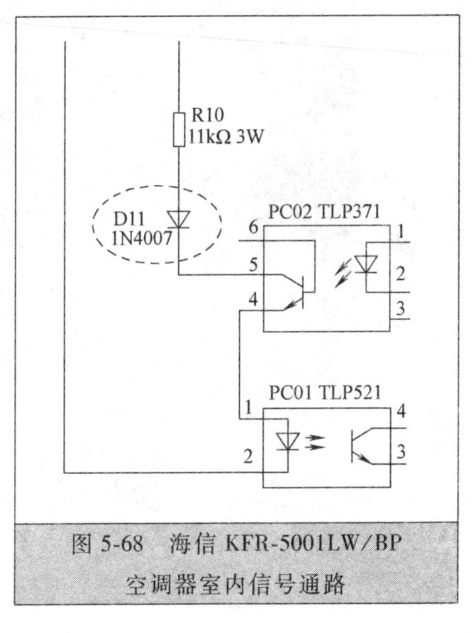

图 5-68 海信 KFR-5001LW/BP 空调器室内信号通路

【故障排除】 采用一只 1N4007 二极管代换后通电试机，空调器恢复正常。

【维修日记】 检修该故障时，可先用万用表直流电压档测室内机接线端子 SI-N（红表笔接 SI），若测得 196V/0V 变化值，根据此机型通信供电电源在室外机，说明为室内通信电路部分断路所致。

（十）【询问现象】海信 KFR-50L/26VBP 型柜机室内风机转，但外风机不转，不制冷

【初步判断】 用万用表测外机端子板 200V 电压正常，但外机电路板指示灯均未亮，初步判断外机电路板开关电源存在故障。

【拆机检查】 首先检查 T20A250V/AC 熔丝管正常，再测量大继电器黑线端有电压，而黄线端无电压，进一步测量与之相接的整流硅桥（KBPC3510）无 310V 电压，说明整流硅桥交流进线端击穿短路。

该机外机电路板线路及实物截图如图 5-69 所示。

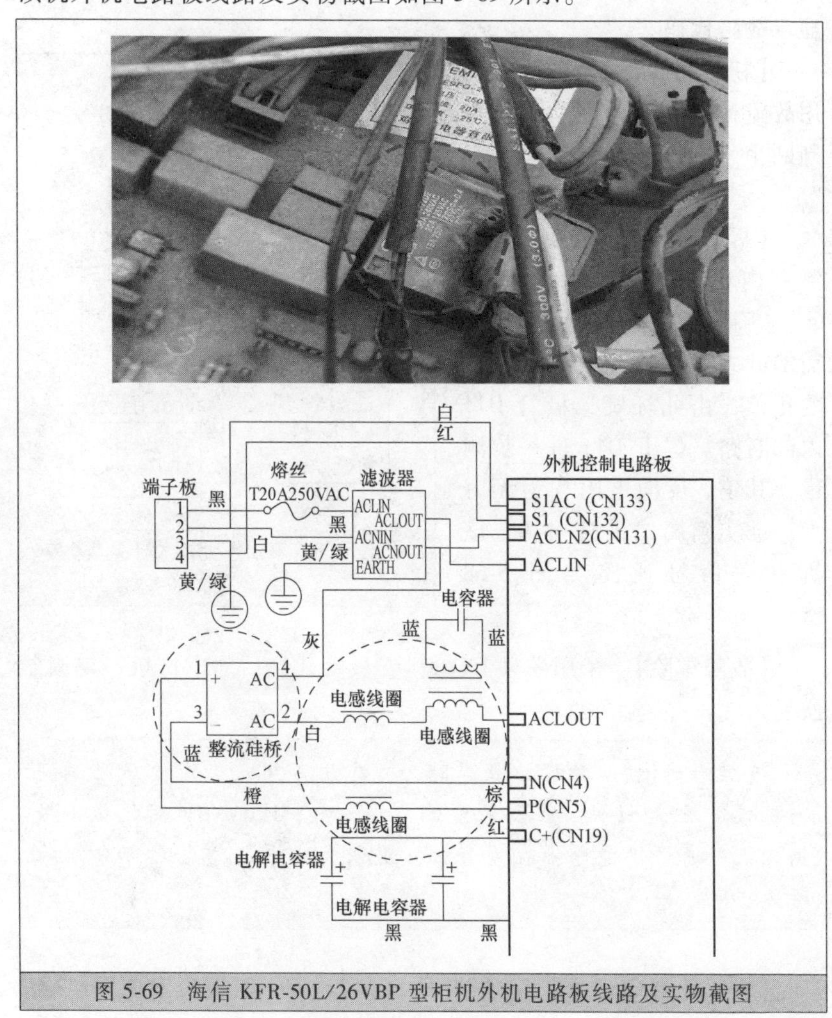

图 5-69　海信 KFR-50L/26VBP 型柜机外机电路板线路及实物截图

【故障排除】　损坏的整流硅桥规格为 35A/1000V，采用同规格整流硅桥代换后即可排除故障。

（十一）【询问现象】海信 KFR-50L/39BP 型空调在制热状态下，室内机风机不转

【初步判断】　首先对故障进一步分析，此故障在制热状态下，

室内风机不转，但在制冷状态下室内风机运转正常，说明故障出在室内机盘管温度传感器电路或通信电路中。

【拆机检查】 用短接工装短接室外机 CN6 强制启动进入制热状态，室内风机转，说明故障出在内、外机的通信电路如图 5-70 所示。经进一步确认为室内机信号接收光耦 PC2（TLP521）损坏。

图 5-70　短接通信电路端子 CN6

【维修日记】 此系列的通信电路已经更改了通信协议，首先室内机向室外机发送信号，室外机压缩机等运行正常情况下，室内机必须接收到室外信号，室内机风机才会正常运行，如果室内机接收不到通信信号，室内机风机不会运转的，所以故障出在室内机信号接收的光耦合器上或室外机发送的光耦合器上。

（十二）【询问现象】海信 KFR-50W/26VBP 风机正常运转，但压缩机不起动

【初步判断】 到达现场后通电，发现压缩机不起动，风机能正常运转，故障自诊断显示（亮、亮、灭），初步判断为传感器故障。

【拆机检查】 首先用万用表 DC20V 档检测排气、盘管及环境传感器的分压电阻 R39、R45、R47 电压为 0V，说明传感器开路或没有 5V 电压。然后用万用表 DC20V 档检测电感 L7 输入端的电压为 5V，输出端电压为 0V，怀疑电感开路，导致整个温度传感器电路无法工作。进一步验证 L7 是否存在问题，断电后用万用表欧姆 2k 档测量 L7 已为无穷大，该例故障现场检测数据如图 5-71 所示。

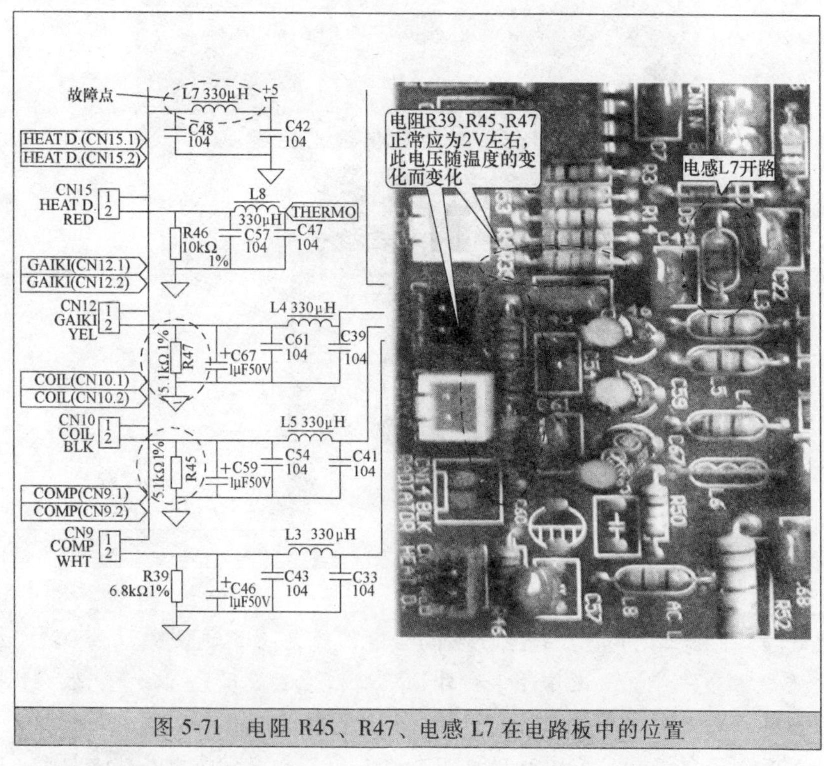

图 5-71 电阻 R45、R47、电感 L7 在电路板中的位置

【故障排除】 更换电感 L7，通电后空调器运转正常。

【维修日记】　该故障因为故障自诊断功能能显示，说明CPU能正常工作，也就是5V正常。后测得三个传感器的电压都为0V，说明不可能都是传感器开路，检修思路应是传感器电路供电电路存在问题，导致整个传感器电路不工作。

（十三）【询问现象】海信KFR-50W/39BP型空调压缩机自动停机，风机转

【初步判断】　到达现场后上电开机，查看代码灯LED1、LED2、LED3显示状态为“亮→闪→灭”，初步判断是电流过载保护，应重点检查电流检测电路。

【拆机检查】　断电，用万用表的欧姆档测量电流检测电路中的采样电阻R5、R1、R56是否开路，如图5-72所示。经测R1、R5阻值正常，R56开路。

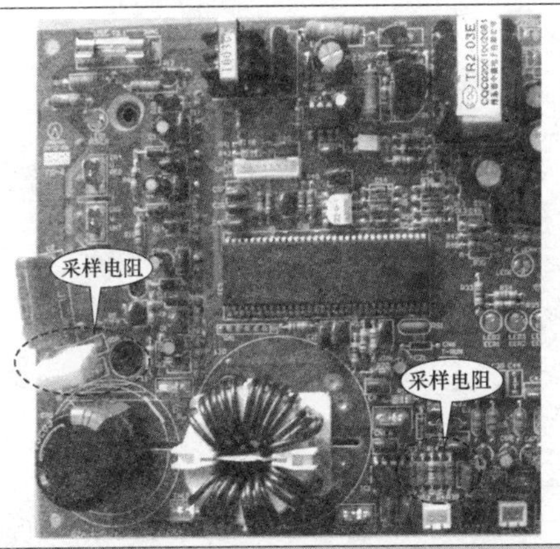

图5-72　采样电阻R5、R1、R56在主板中的位置

【故障排除】　更换R56电阻，即可故障排除。

【维修日记】　电流检测电路是用来检测压缩机供电电流的，保护压缩机不致在电流异常时而损坏压缩机。该机电流检测电路的关键性器件为：LM358、R1、R56。电阻R1、R56采样，信号经LM358放大后送到CPU的第⑱脚。

（十四）【询问现象】海信 KFR-5201LW/BP 型空调开机室内机工作，室外机风机工作，压缩机不起动，显示屏无显示故障代码

【初步判断】 到过现场后，检查用户电源电压在 220V 左右波动，说明正常。根据故障现象初步判断为压缩机坏或室外机电控板问题。

【拆机检查】 打开室外机测量室外主控板和模块的 P、N 有直流 310V 的输入电压，但 U、V、W 三相没有输出。断电后用万用表二极管档正、反向测量模块 U、V、W 与 P 端子之间，发现 P-V 相短路，说明模块坏。该机模块如图 5-73 所示。

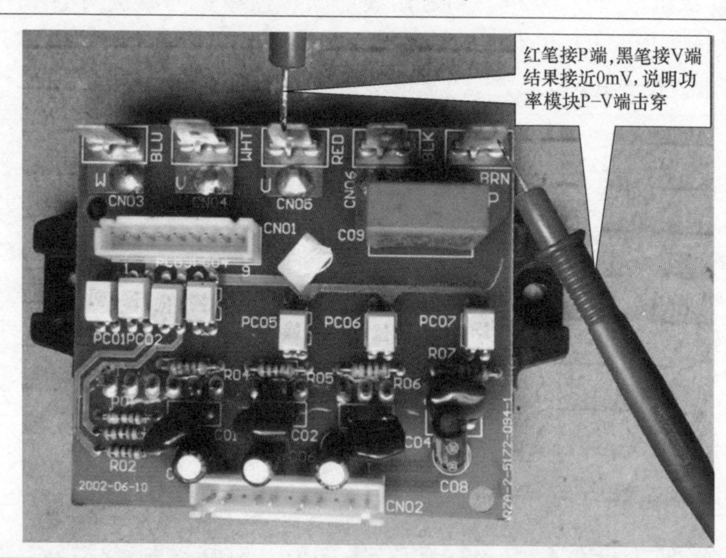

图 5-73　海信 KFR-5201LW/BP 型空调模块

【故障排除】 更换相同型号的变频模块，即可排除故障。

【维修日记】 检修变频空调器故障时，故障代码有没有或显示什么内容并不是很重要，重要的是要仔细地去检查、分析各个部件。

（十五）【询问现象】海信 KFR-72LW/36FZBPJ 型空调室内风机工作，但压缩机不起动

【初步判断】 到达现场后，按住应急开关后接通电源，空调器室内机蜂鸣器响两声后，进入自检状态，故障自检代码“27”，经查为“无负载故障”。

【拆机检查】 首先检查 IPM 的 U、V、W 之间无 310V 直流电压输出，再测 IPM 的 P、N 之间有 310V 直流电压正常，说明 IPM 模块故障。

【故障排除】 更换同型号 IPM 模块，即可排除故障。

【维修日记】 对于该故障机，采用更换 2011-1-24 以后申请的空调外机模块板组件（功率模块板）进行维修，如图 5-74 所示。

图 5-74　海信 KFR-72LW/36FZBPJ 型空调室 IPM 模块

第六节　长虹空调器案例易学快修

（一）【询问现象】长虹 KFR-28GW/BP 变频空调开机外机不工作

【初步判断】 到达现场后，用遥控器操作确定为通信故障。

【拆机检查】 接电开机，若测得 PC402 光耦合器接入端有跳变电压，而光耦合器输出端有 5V 电压不跳变，则说明光耦合器有可能已损坏，该机通信电路光耦合器 PC402 相关资料如图 5-75 所示。

图 5-75 光耦合器 PC402 相关资料

【故障排除】 采用 TLP521 光耦合器代换即可排除故障。

【维修日记】 (1) 采用“故障代码和自诊断功能”法维修结束后，务必按复位键，使之恢复到通常模式。

(2) 通过“故障代码和自诊断功能”法维修，维修结束后应拔下电源插头，然后再次插入，使电控的存储内容回到初始状态。但是，由于异常代码被存储于 EEPROM 中，即使切断电源也不会消失。

(3) 该故障的检修方法同样适用于长虹 KFR-36GW/BMF 交流变频空调器。

(二)【询问现象】长虹 KFR-28GW/BP 变频空调室内机运行正常，电源和运行指示灯亮，但外机不工作

【初步判断】 根据维修经验，可判断为模块开关电源故障。

【拆机检查】 正常情况下，外机主板输入 12V 电压应正常，模

块开关电源的输出端也应有正常直流电压。若测得上述两处均无电压，则说明故障为模块开关电源。拆下变压器⑦脚相关元件单独测量⑤、⑦端，若阻值为无限大，则说明变压器一次绕组断路而损坏。

【故障排除】 更换功率模块即可排除故障。该机功率原配模块如图 5-76 所示。

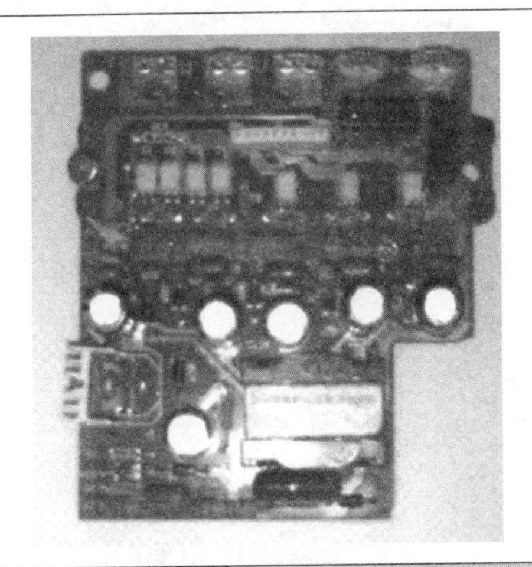

图 5-76 长虹 KFR-28GW/BP 变频空调功率模块

【维修日记】 该机故障是因变压器损坏，开关电源没有四路 15V 和一路 12V 直流电压供给功率模块和主控板，从而造成外机不能正常工作。

（三）【询问现象】长虹 KFR-28GW/BQ 型空调通电开机，室外机完全不工作，故障显示代码“04”

【初步判断】 根据故障代码表初步可判断为通信故障所致。

【拆机检查】 该机通信电路如图 5-77 所示，依次检查连接线是否正确、熔丝是否完好、室内端子排插②、③脚之间是否有串行返回信号、通信电路光耦合器 IC05、IC06 是否正常、电容 C50 是否失效。

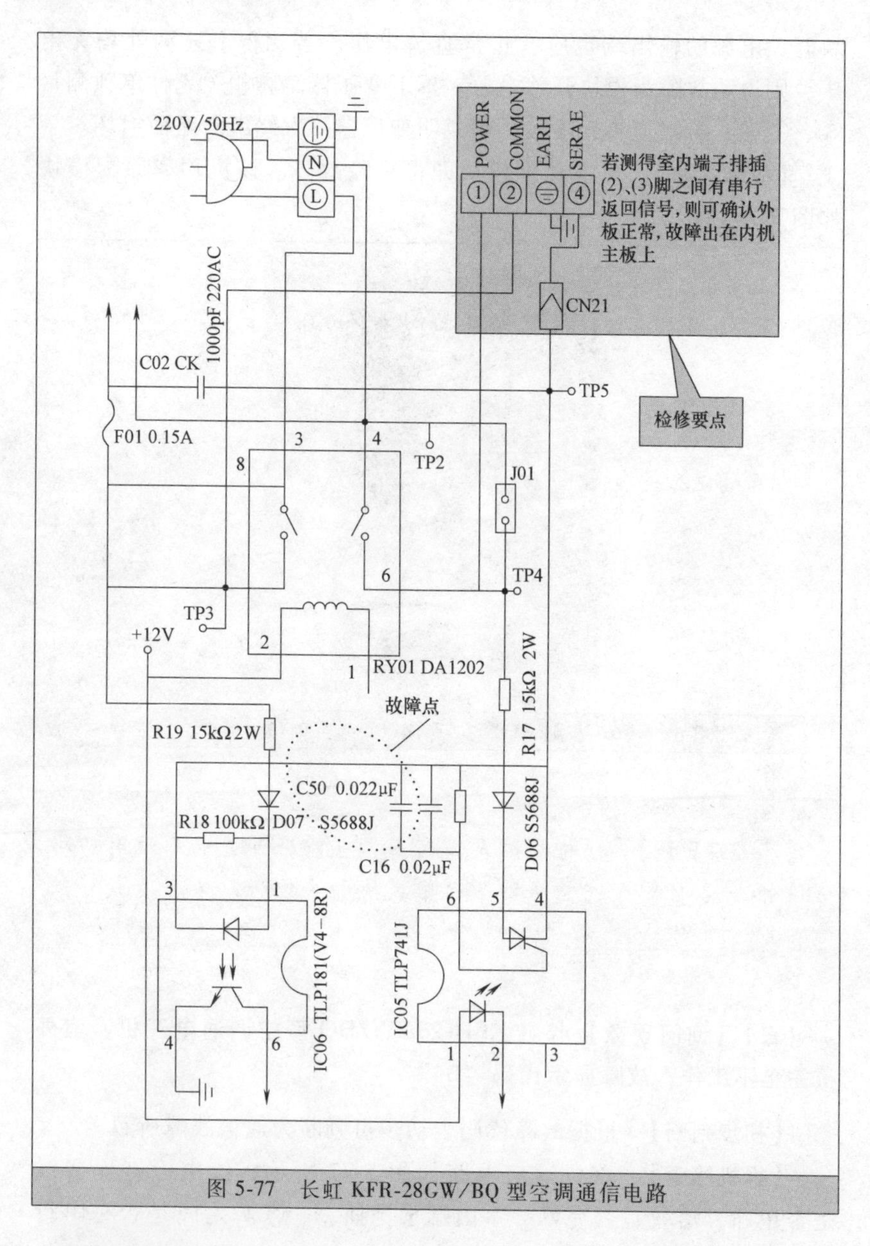

图 5-77　长虹 KFR-28GW/BQ 型空调通信电路

【故障排除】　经查该机故障是因 C50 失效所致，去掉 C50 后开机，空调器工作正常。

（四）【询问现象】长虹 KFR-36GW/BMF 交流变频空调除霜不干净

【初步判断】 根据维修经验，初步判断故障为盘管温度传感器检测电路。

【拆机检查】 重点检查传感器接插件接触是否不良或传感器性能是否不良。检修时首先目测接插件是否正常接触良好，是否有脱落的现象。然后测量其两端的阻值，并与当时温度下的正常阻值进行比较判断是否失效。在不明具体阻值的情况下，可利用手头不同阻值的传感器进行代换，或用一支可调电阻接在该处，并调节可调电阻来大致判断其具体阻值。

【故障排除】 具体在内主控板 CN16 接口的①和④脚之间接上一个 510kΩ 电阻，使室内机盘温升高。这样，在除霜时，内盘传感器阻值变化不快，就不会进入防冻结保护，压缩机就会工作时间更长，使外机的霜化掉。该机内主控板 CN16 接口相关电路截图如图 5-78 所示。

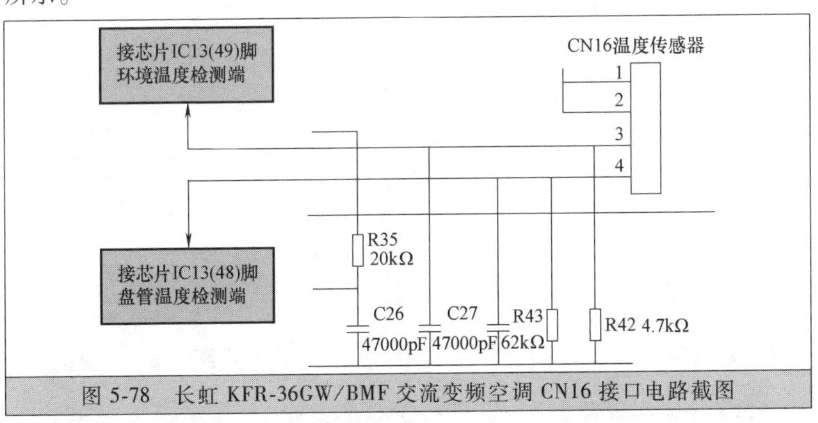

图 5-78　长虹 KFR-36GW/BMF 交流变频空调 CN16 接口电路截图

【维修日记】 除霜为机器制冷运行，且内外风机不会运行，室内机结霜。该机故障是因除霜时压缩机工作时间太短，室内机盘管温度传感器检测到温度过低进入防冻结保护状态，造成压缩机停机。

（五）【询问现象】长虹 KFR-36GW/BMF 交流变频空调将开关拨到“关”的位置，故障指示灯“1”“3”亮，“2”灯闪

【初步判断】 经查故障指示灯“1”“3”亮，“2”灯闪表示“AC 电压检测异常”。该机内外机均有电压检测电路，其中，室内机电压检测端主芯片 IC13 ㊻脚正常电压应为 2.5V，应重点检测电压检测电路是否正常。

【拆机检查】 首先拆开室内机，测得室内机主芯片 IC13㊻脚电压正常，再拆开外机电控板依次检查熔丝管 F12、D31、D33 是否正常。该机外机电压检测电路相关截图如图 5-79 所示。

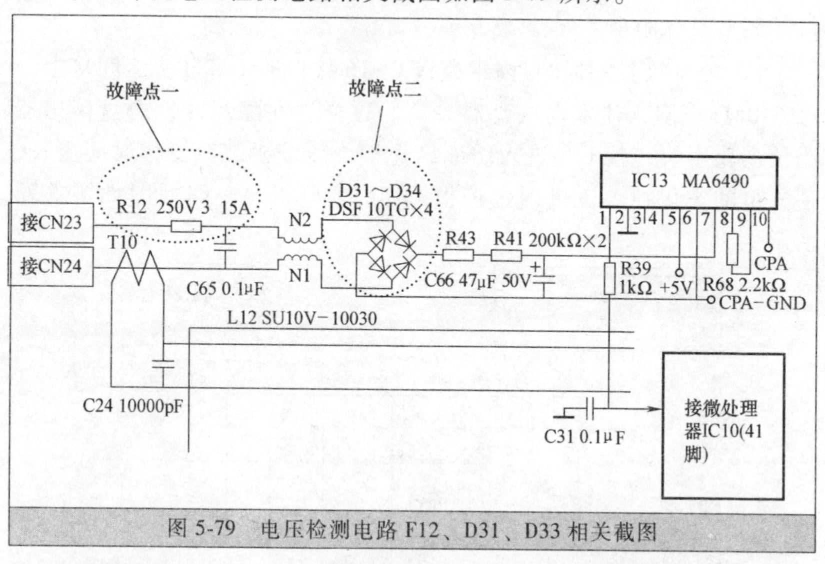

图 5-79 电压检测电路 F12、D31、D33 相关截图

【故障排除】 更换损坏的同型号元器件即可排除故障。

（六）【询问现象】长虹 KFR-36GW/BMF 交流变频空调开机后室内机工作正常，外机不动作

【初步判断】 根据维修经验，初步判断为 CPU 三要素电路故障所致。

【拆机检查】 重点检测晶振电压是否正常，该机外机晶振（X10）正常电压应为 2.0 和 1.7V。该机外机晶振电路如图 5-80 所示。

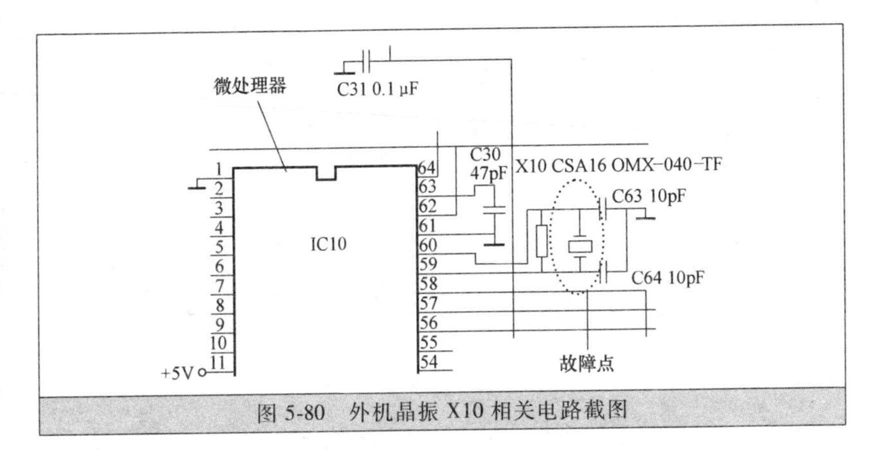

图 5-80 外机晶振 X10 相关电路截图

【故障排除】 如电压不正常，代换一只同型号的晶振即可排除故障。

【维修日记】 该故障的检修方法同样适用于长虹 KFR-28GW/BP 变频空调器。

（七）【询问现象】长虹 KFR-36GW/BMF 交流变频空调外风机工作正常，但压缩机一起动就停

【初步判断】 根据维修经验，初步可判断为电压检测电路互感器 BT202 异常所致。

【拆机检查】 重点检测电压检测电感器 BT202 阻值是否正常。该机电压检测电路互感器 BT202 正常阻值应为 230Ω 左右，经查 BT202 已损坏。相关电路截图如图 5-81 所示。

【维修日记】 该故障的检测方法同样可适用于长虹 KFR-28GW/BP 空调器。

（八）【询问现象】长虹 KFR-36GW/BMF 交流变频空调运行灯闪，将开关拨到“关”的位置，故障指示灯“1”亮

【初步判断】 经查故障指示灯“1”亮为通信故障。应重点检查开关管 STR-D1706、1Ω 熔断电阻是否正常。

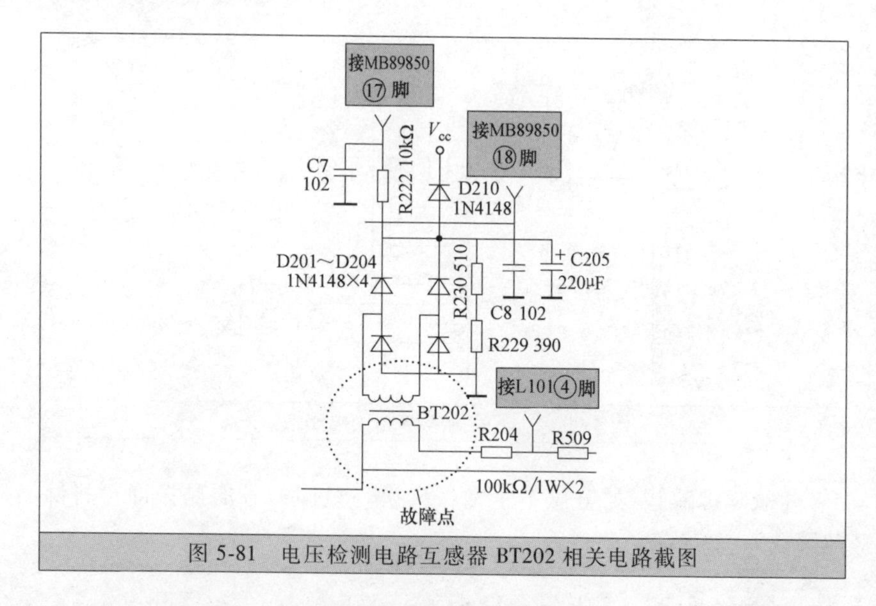

图 5-81　电压检测电路互感器 BT202 相关电路截图

【拆机检查】 拆开外机电控板重点检查开关管 IC14（STRD1706）是否炸裂，熔断电阻 R42 是否开路。开关管 STR-D1706、熔断电阻 R42 相关电路截图如图 5-82 所示。

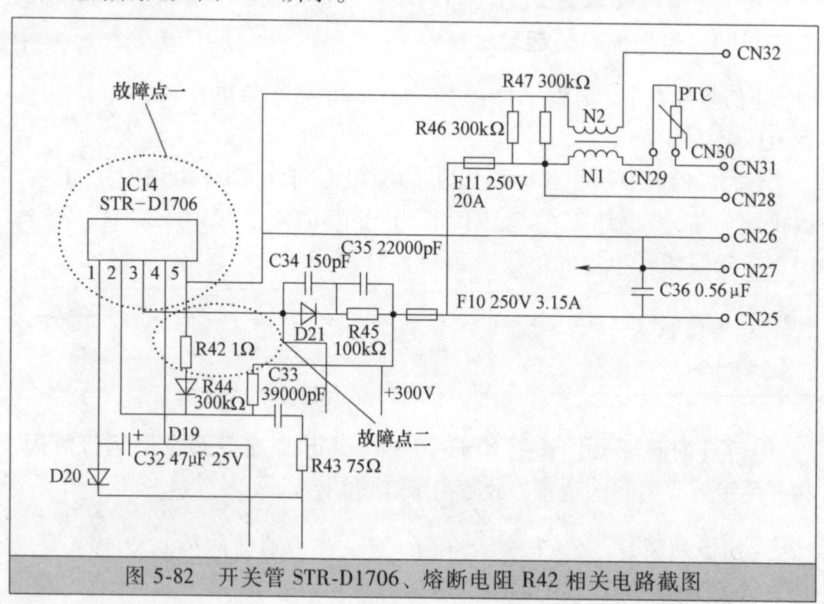

图 5-82　开关管 STR-D1706、熔断电阻 R42 相关电路截图

【故障排除】 换上损坏的同型号元器件，即可排除故障。

（九）【询问现象】长虹 KFR-40GW/BM 型变频空调通电后无任何动作，且遥控失灵

【初步判断】 根据维修该机型经验，应重点检查 CN301 两端 AC220V 电压是否正常；C304 两端+300V 电压是否正常。

【拆机检查】 首先打开机壳取下电源板，测 CN301 两端 AC220V 正常，而 C304 两端无+300V 电压，说明 C304 前端到 CN301 之间有开路现象，经检测故障是因熔断电阻 R301（5.6Ω）开路所致。该机电源电路熔断电阻 R301 相关截图如图 5-83 所示。

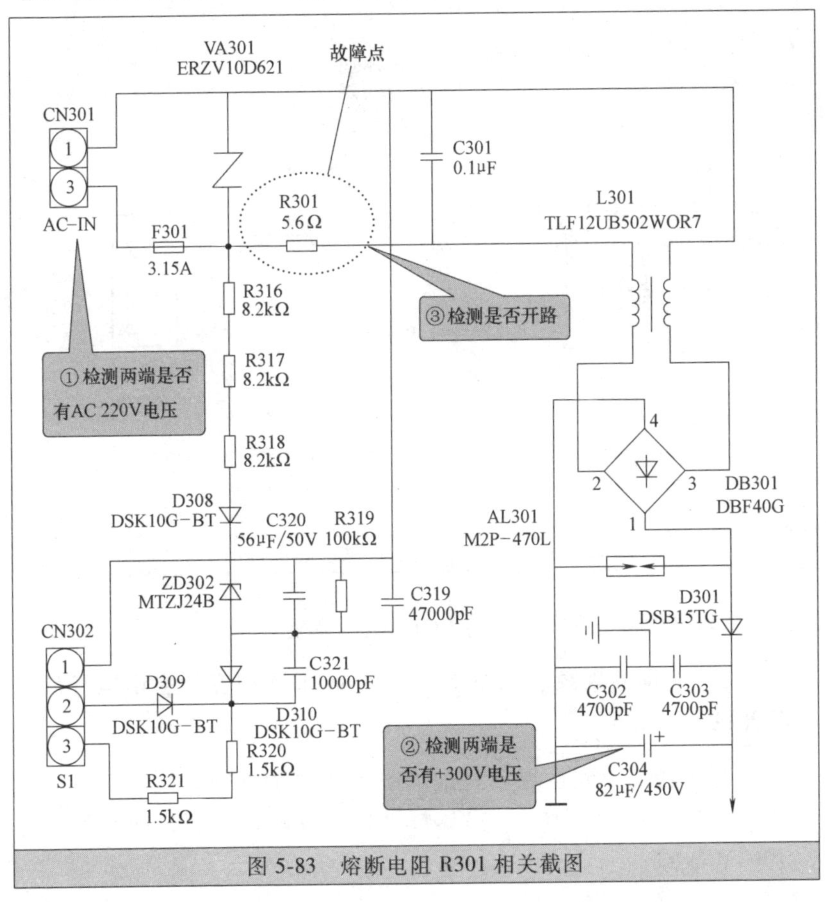

图 5-83　熔断电阻 R301 相关截图

【故障排除】 将 R301 换新后试机，故障排除。

（十）【询问现象】长虹 KFR-40GW/BM 型变频空调运行灯闪，手动关机后“1”灯一直亮

【初步判断】 到达现场后，将空调开关拨到“关”的位置，故障指示灯“1”亮，表示通信故障。

【拆机检查】 首先测试通信电压 DC24V 及光耦合器 PC11（PC817A）①脚电压是否变化，经测无电压变化，再测试发现光耦合器 PC11 次级断路。该机光耦合器 PC11 相关电路截图如图 5-84 所示。

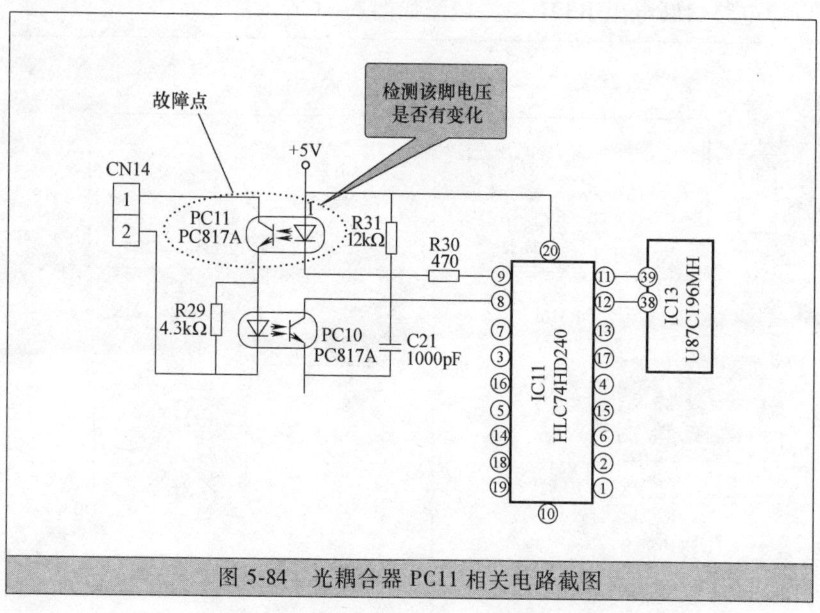

图 5-84 光耦合器 PC11 相关电路截图

【故障排除】 更换损坏的 PC11 即可恢复正常。

（十一）【询问现象】长虹 KFR-40GW/BM 型变频空调运行灯闪且不开机

【初步判断】 到达现场后按动遥控器“传感器转换”键，该空调的指示灯“1、2”亮，“3”灯灭，查故障代码表，确定为室外 EEPROM 故障。

【拆机检查】 用指针式万用表的直流电压档测 IC11 EEPROM（S2913ADP）③脚电压，看是否与主芯片有数据传输信号，经查无任何信号电压反应，说明故障出在 EEPROM。该机 EEPROM 相关电路截图如图 5-85 所示。

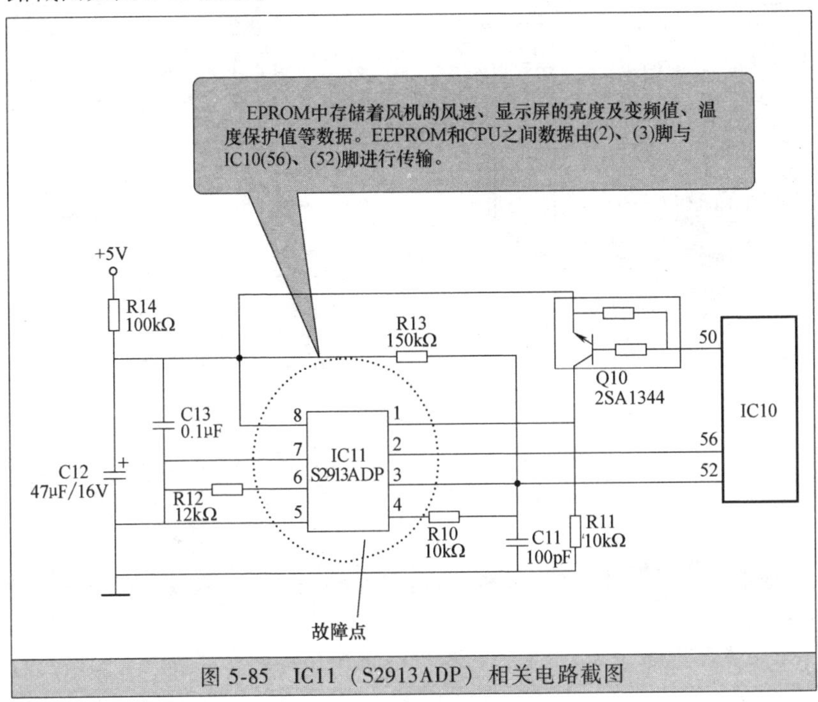

图 5-85　IC11（S2913ADP）相关电路截图

【故障排除】 由于本机 EEPROM 是插在插座上，可能是因插脚氧化所致。可取下插座，将 IC11 直接焊在电路板上即可。

（十二）【询问现象】长虹 KFR-50LW/Q1B 分体落地式空调器不制热

【初步判断】 经初步判断该故障有可能是因四通阀不吸合所致，应重点检查主芯片 D450、反相驱动器 ULN2003 及继电器 K463 是否正常。

【拆机检查】 首先确保器件 D450、D462、K463 无漏焊、虚焊、连焊；若 D450 的⑰脚正常而 D462 的⑩脚无输出，说明 ULN2003 损坏；若继电器 K463 的②脚有控制信号且①脚与地间电压在 12V 左右，但④脚与N间无220V交流电压，说明继电器K463损坏。相关电路维修资料如图5-86所示。

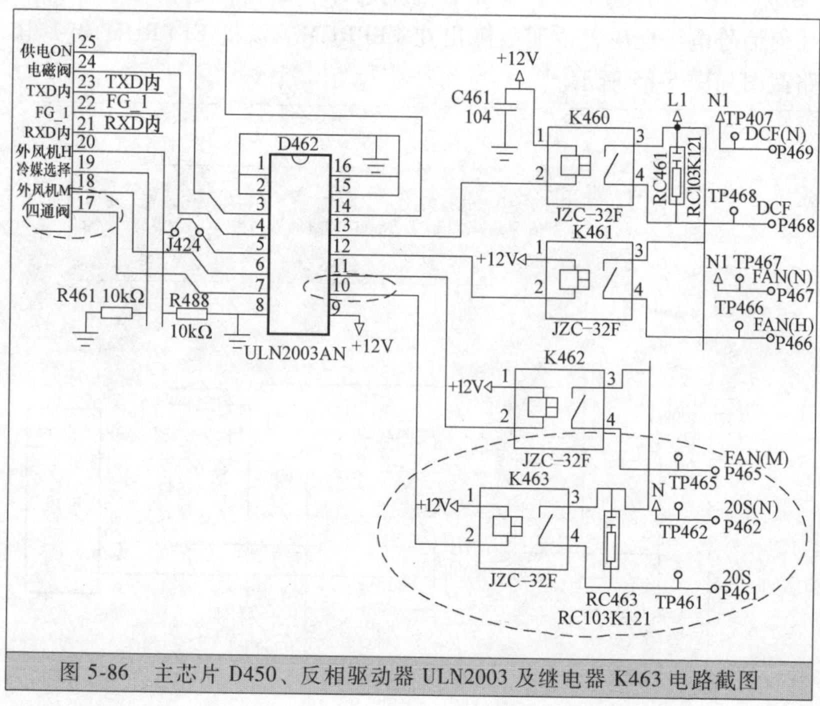

图5-86　主芯片D450、反相驱动器ULN2003及继电器K463电路截图

【故障排除】　按上述方法检测并更换损坏的元器件。

【维修日记】　若主控板四通阀输出220V电压正常，则更换四通阀。

（十三）【询问现象】长虹KFR-50LW/Q1B分体落地式空调器风机运转即停，并显示代码“E2”

【初步判断】　根据显示的故障代码初步判断为室外直流电动机故障，有可能是电动机或控制问题。

【拆机检查】　在开机运行的情况下，测试XS436第⑥脚反馈电平，若是高电平，说明控制板故障；若为低电平，说明是电动机有故障。该机室外直流电动机控制电路如图5-87所示。

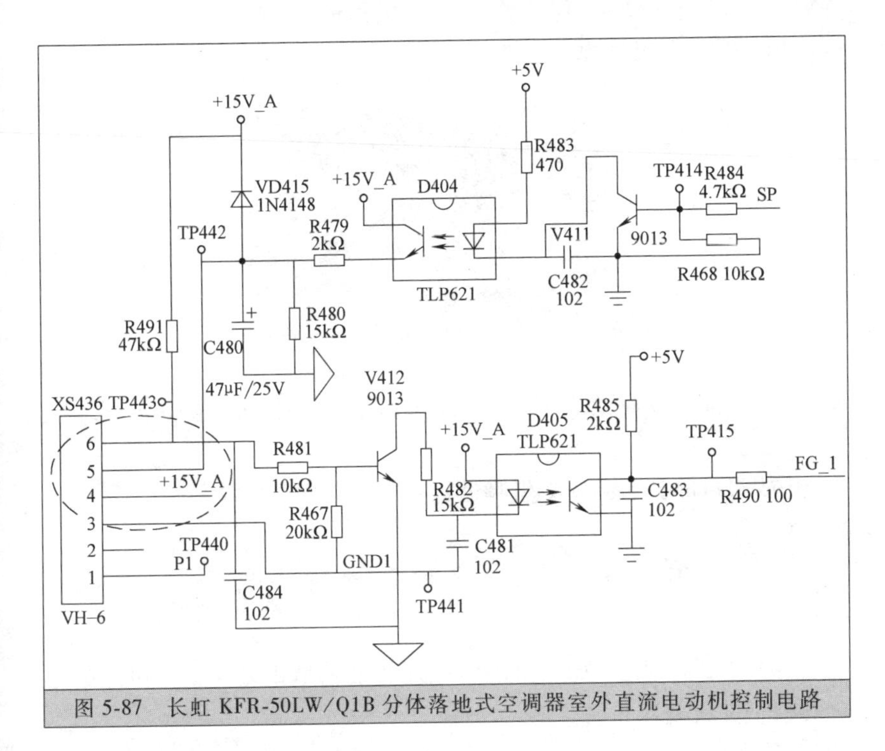

图 5-87　长虹 KFR-50LW/Q1B 分体落地式空调器室外直流电动机控制电路

【故障排除】　更换同型号电动机或控制板。

【维修日记】　该机显示代码“E2”，有时出会出现开机电动机不转故障。应测试 XS436④脚 DC+15V 是否正常；若测得电压正常而测其第⑤脚驱动电压为高电平，说明是电动机故障；若测得其④脚 DC+15V 正常而⑤脚为低电平，说明是控制板故障；若测得④脚无 DC+15V 电压，则可直接判断是控制板故障。

（十四）【询问现象】长虹 KFR-50LW/WBQ 变频空调器显示代码“E2”

【初步判断】　经查故障代码，显示“E2”是“通信异常”故障，此时室外机“LED1～LED3”指示灯“亮”→“灭”→“灭”。

【拆机检查】　重点检查室内主控板与室外控制板之间连接线路、室外机电脑板。经检测内室外机连线正常，怀疑为 CPU 引脚虚焊所致。该机室外机电脑板如图 5-88 所示。

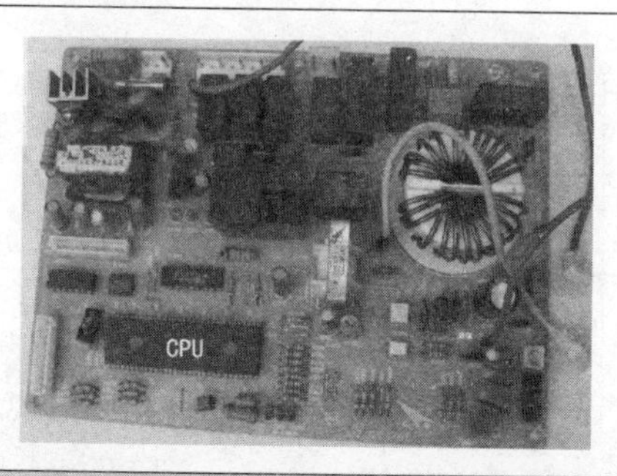

图 5-88　长虹 KFR-50LW/WBQ 变频空调器室外机电脑板

【故障排除】 对 CPU 引脚进行补焊后，故障排除。

第七节　松下空调案例易学快修

（一）【询问现象】松下 HC10KB1 空调器插电不开机，风扇就立即转动，开机制冷正常

【初步判断】 根据故障现象，初步可判断为风机控制电路存在故障，需要拆板维修。

【拆机检查】 拆机，检测室内机电脑板上风机控制继电器是否粘连或晶闸管击穿。经查为继电器损坏。该机风机控制继电器为固态继电器，如图 5-89 所示。

【故障排除】 更换相同规格风机控制继电器，即可排除故障。

（二）【询问现象】松下 CS/CU-G90KW 变频空调停止运行，显示故障代码“H19”

【初步判断】 经查，显示代码“H19”为室内风扇电动机电路异常。

【拆机检查】 首先将空调置于停止状态，用手拨动室内机风扇的叶片正常，再检查室内风机电路控制板的连接器（CN-MTTR）是否接触不良，重新插接好连接器 CN-MTTR 后，故障依旧，最后摘下室内控制板的连接器 CN-MTTR，测量风扇电动机的绕组电阻值为无

穷大，说明风机电动机短路损坏。相关电路截图如图 5-90 所示。

图 5-89　松下 HC10KB1 空调器风机控制继电器

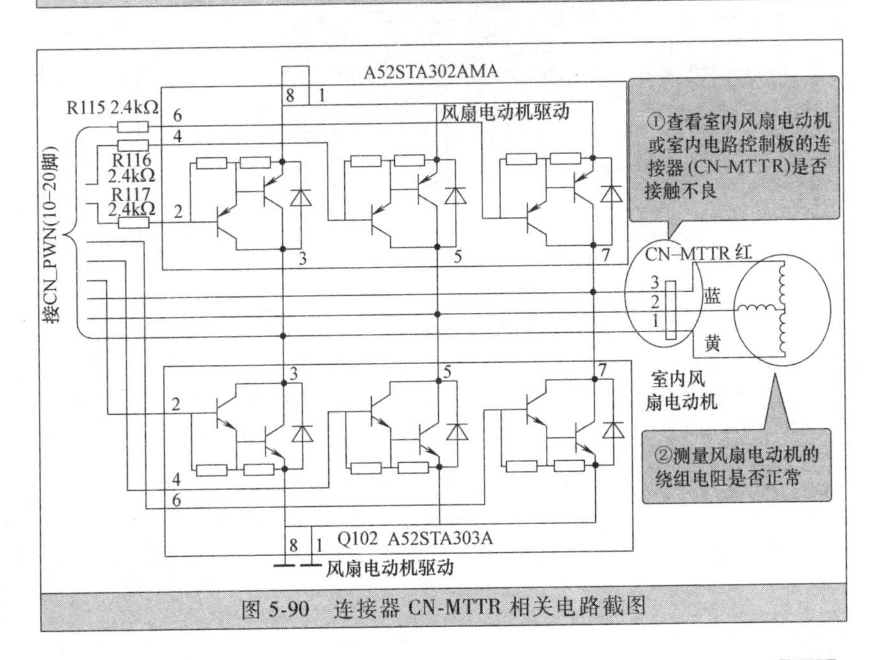

图 5-90　连接器 CN-MTTR 相关电路截图

【故障排除】 则更换新的风扇电动机后试机，故障排除。

【维修日记】 该机风机电动机正常时三个接电端子均为 7Ω 左右。

（三）【询问现象】松下 CS903K 空调器用遥控器无法开机

【初步判断】 先用同型号遥控器试机，故障依旧。进而换接收器，故障仍未排除，说明故障在室内机主板，需要拆板维修。

【拆机检查】 首先检测遥控器编号 A-B 转换开关 SW3，未发现有漏电和接触不良等故障。怀疑是时钟信号偏移所致，更换 4.00MHz 晶振，故障依旧。因而推测可能是 CPU（TMS73C45C78425Y）或是其外围元器件故障。先逐个检查其外围元器件，当检测到瓷片电容 C11（0.01μF）时发现有严重的漏电现象。相关电路截图如图 5-91 所示。

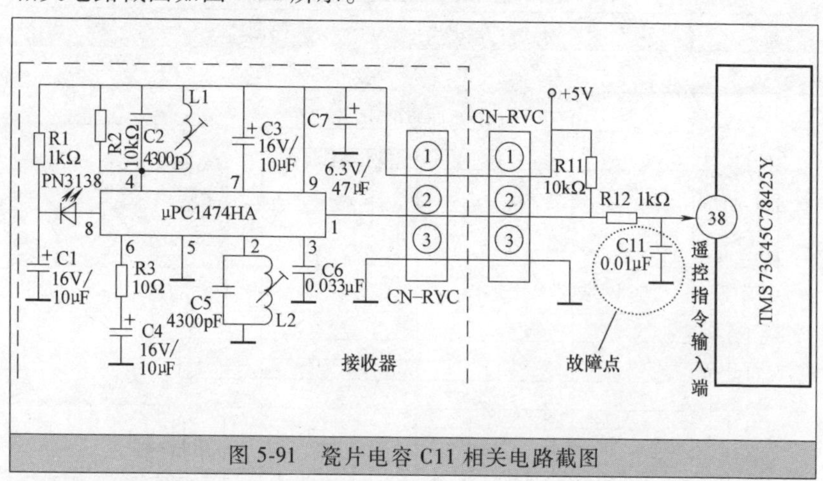

图 5-91　瓷片电容 C11 相关电路截图

【故障排除】 更换相同型号 C11 电容试机，一切恢复正常。

【维修日记】 C11 瓷片电容也可采用 0.01μF 金属膜电容器代换。

（四）【询问现象】松下 CS-A13KF2 型空调显示代码“H11”，不制冷

【初步判断】 到达现场后，用遥控器进行故障诊断，用细棒按住“诊断”键 5s，遥控器上显示故障代码“H11”，再按遥控器上温度“上升”和“下降”，转换故障代码，当空调检测的代码与遥控器显示的代码同为“H11”时，室内机蜂鸣器“哔哔……”地连续响。经对照故障代码为室内外通信异常。

【拆机检查】 首先检查室内外机连接线无错误、无断线，用万用表测量室内机至室外机通信线无跳变电压，说明故障在室内机。该机室内机主板如图 5-92 所示。

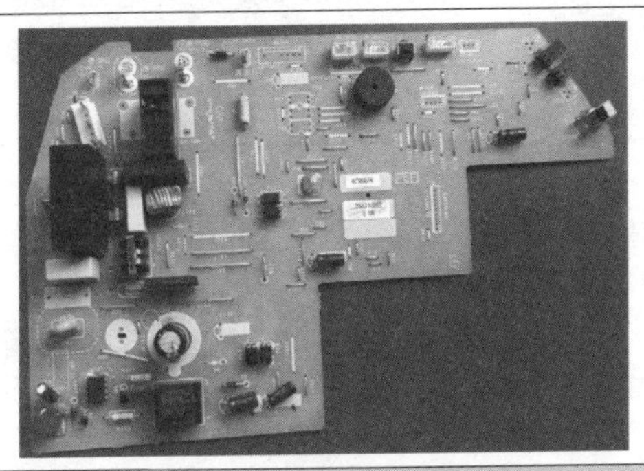

图 5-92　A746674 主板

【故障排除】 更换 A746674 主板后试机，故障排除。

【维修日记】 该机型主板有 A73C5644 和 A746674 两种板号，更换时应注意选择与原机型号一致的主板。

（五）【询问现象】松下 CS-C90KC 空调器工作时外机发出很大响声，刚开机短暂有冷气，但很快又不制冷

【初步判断】 首先检查外机风叶是否转动，如果不转动，则说明电动机故障。

【拆机检查】 于是拆下电动机，测量 3 条线电阻为 300~800Ω，转动轴时有阻力，反复几次可以转动，但响声较大，判断是轴承缺油。

【故障排除】 该电动机型号为 EP-6B20CQLCP /6P/20W，拆开电动机外壳，确认为其中 1 个轴承故障，型号为 608V，到市面修理电动机店同时更换 2 个轴承，装机恢复正常使用。

（六）【询问现象】松下 CS-G120 变频空调器接通电源开机后，室内机工作基本正常，但室外机不工作

【初步判断】 根据故障现象初步可判断为室外机开关电源存在故障，需要拆板维修。

【拆机检查】 该故障应重点测量开关电源 IC4 的+14V 和+5V 直流电压是否正常，如果测量 IC4 输入端 14V 电压正常，而输出端无+5V直流电压，则说明 IC4 有可能已损坏。相关维修资料如图 5-93 所示。

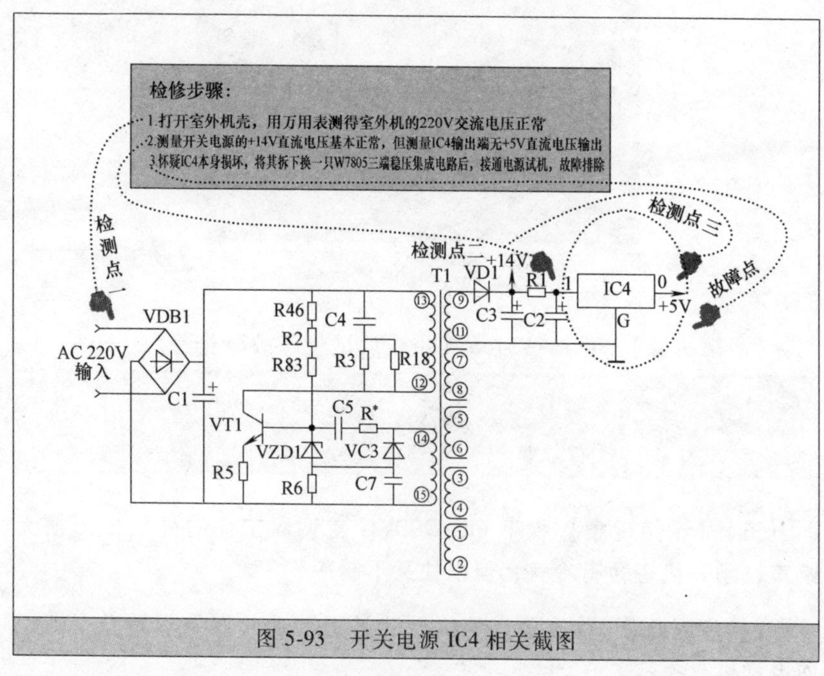

图 5-93　开关电源 IC4 相关截图

【故障排除】 卸下 IC4，采用一只 W7805 三端稳压集成电路代换，接通电源试机，故障排除。

（七）【询问现象】松下 CS-NE13KF1 变频挂机插上电还没开机，就听到室内风机飞速旋转起来，前挡板都没打开

【初步判断】 根据故障现象初步可判断为室内风机电路存在故障，需要拆板维修。

【拆机检查】 仔细检查室内控制板电路，发现控制室内风机继电器 SSR1 已严重烧毁，外壳已变形，如图 5-94 所示，很明显是继电器触点烧结短路导致空调没开机室内风机就工作。

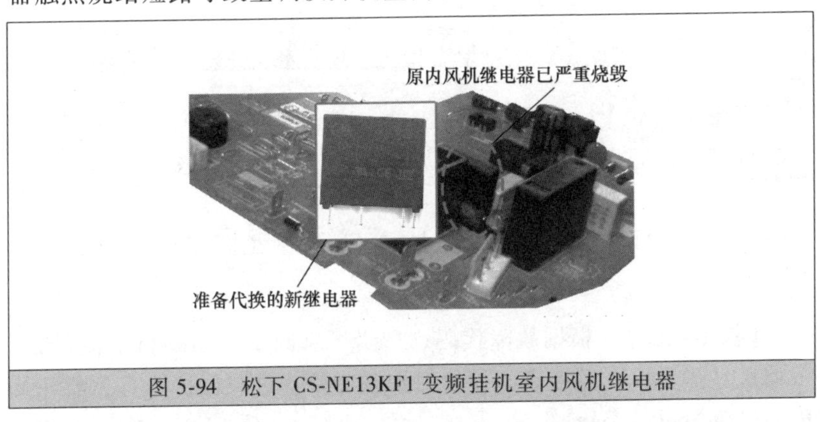

图 5-94　松下 CS-NE13KF1 变频挂机室内风机继电器

【故障排除】 换新室内风机继电器后，故障排除。

【维修日记】 该机室内风机为固态继电器，型号为 12D-1M（204）/2A250VAC。

（八）【询问现象】松下 CU-E13KD1/KFR-35W/BPD1 变频空调外机不转，室内机出风不冷

【初步判断】 根据故障现象，初步可判断为外机主板故障，需要拆板维修。

【拆机检查】 用万用表检测外机接线板电压正常，说明故障在外机电路，有可能为外机主板损坏。

【故障排除】 用如图 5-95 所示外机主板总成代换后试机，故障排除。

图 5-95　松下 CU-E13KD1/KFR-35W/BPD1 外机主板总成

【维修日记】 该机型外机主板型号有 A745879、A746437 和 A746437-5，更换时应注意选择与原机型号一致的主板。

（九）【询问现象】松下 CU-HA4558FWY 型柜机开机显示代码“E1”

【初步判断】 根据故障代码，初步可判断是否压缩机电流过大、压缩机过热、排气温度高、模块保护，应检查过载保护器有无断开及压缩机感温包是否短路。

【拆机检查】 首先查看冷凝器前无障碍物，正常，再检查高压管时发现开关破裂损坏，使高压开关动作，从而造成此故障。

【故障排除】 采用如图 5-96 所示型号为 A101016 的高压开关更换后，故障排除。

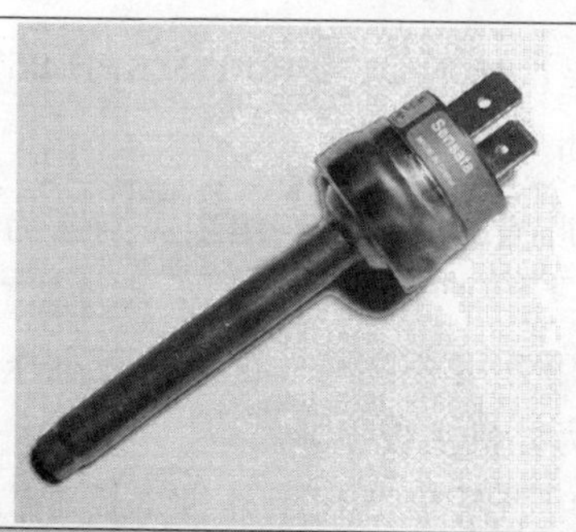

图 5-96　A101016 型高压开关

【维修日记】 压力开关主要用于制冷系统中，在高压压力与低压压力的管路循环系统，对系统异常高压压力的产生进行保护，以防止压缩机的损坏。压力开关在系统正常压力时，压力开关内的两个弹性膜片导通，出现异常压力保护时，呈现开路状态，但可恢复。高压开关损坏后，更换方法首先将制冷剂放净，用气焊取下，更换新部件后抽空定量加制冷剂。

（十）【询问现象】松下 HC10KB1 空调器制热模式下不工作，无热风吹出

【初步判断】 根据故障现象初步可判断为压缩机是否缺氧或气液分离器是否脏阻，需要准备压力表、气液分离器等工具和备件进行维修。

【拆机检查】 首先启动压缩机检查电流低于空调的额定电流，说明空调缺制冷剂。给空调加制冷剂后电压正常，而故障不变，怀疑气液分离器脏阻，拆机查看发现气液分离器下部结霜，相关资料如图 5-97 所示。

图 5-97　松下 HC10KB1 空调器气液分离器

【故障排除】 清洗或更换气液分离器，即可排除故障。

（十一）【询问现象】松下 KF-25GW/09 自动开机

【初步判断】 根据故障现象初步可判断为机内电路接触不良或短路故障，需要拆板维修。

【拆机检查】 首先应对室内电脑板进行清洗，如故障不变，则检查应急按键是否不良。该机室内电脑板型号是 CS-C909KW，如图 5-98 所示。

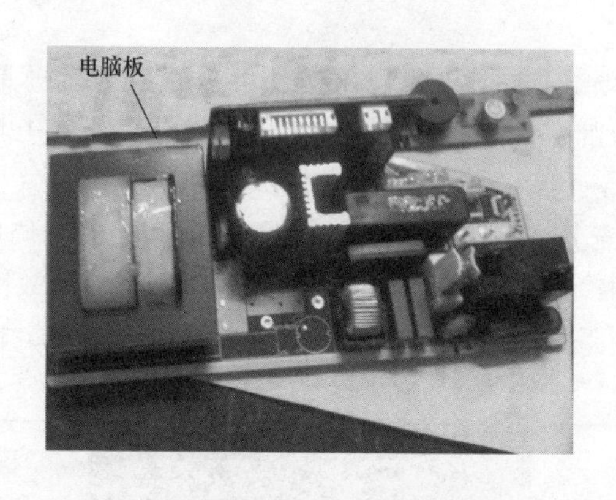

图 5-98 松下 CS-C909KW 电脑板

【故障排除】 代换应急按键，一般可排除故障。

（十二）【询问现象】松下 KF-25GW/ND1 空调器单独给外机供电，运行正常不停机，接回原来路线开机 2~3min 外机停机，停大概 30~60s 又自动开机，室内机运行，无故障代码，外机停机时，继电器能听到断开声

【初步判断】 根据故障现象，初步可判断为控制板存在故障，需要拆板维修。

【拆机检查】 首先检查应急开关按键 SW1 是否不良漏电，如拆除或代换应急开关后故障不变，则说明控制板存在故障。该机控制板如图 5-99 所示。

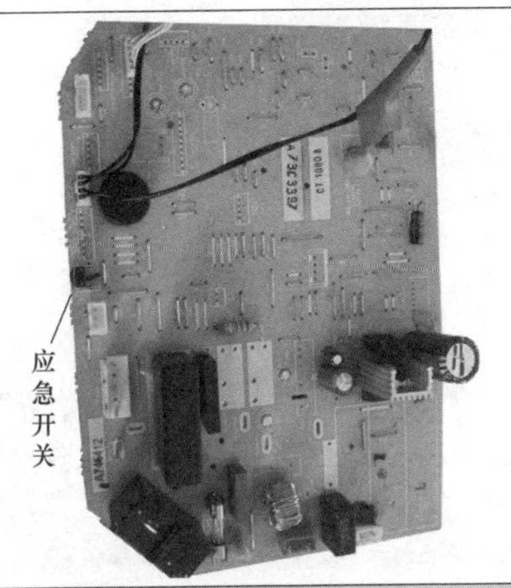

图 5-99　松下 KF-25GW/ND1 空调器控制板

【故障排除】 采用相同型号控制板代换，一般可排除故障。

【维修日记】 更换控制板必须在关机断开电源的前提下进行，操作过程中应记录线路编码及排插位置，更换线路板完成后，要检查线路是否有接线错误，在接线正确无误后，方可通电开机试运行。

（十三）【询问现象】松下 KFR-35GW/BpLE1K 型变频空调开机显示代码“H16”

【初步判断】 根据故障代码显示为外机电流检测器（CT）异常。即连续 3 次检测到 A-D 电流及频率（运转电流持续 20s<2A）。

【拆机检查】 首先检查压缩机空载（排气压力与回气压力）正常，再确认制冷系统，冷媒无泄漏，最后拆下外机 P 板发现 CT 引脚断线，如图 5-100 所示。

【故障排除】 重新焊接好电流检测器（CT）引脚断线后试机，故障排除。

（十四）【询问现象】一台板号为 A744282 型松下变频空调上电无任何反应

【初步判断】 根据故障现象初步可判断为电源、存储器或 CPU

外围电路存在故障，需要拆板维修。

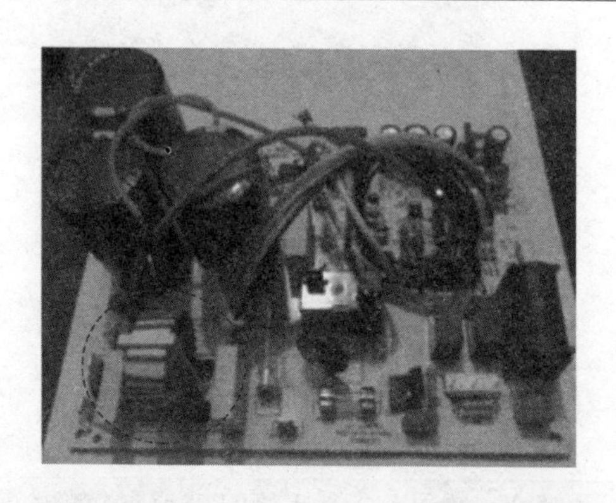

图 5-100　松下 KFR-35GW/BpLE1K 外机 P 板

【拆机检查】 先通电测 5V 与 12V 正常，晶振 X1①脚 2.1V，③脚 1.8V 正常。卸下存储器 24C16 读数据没发现有空白处。再对 CPU 外围逐一检查最后发现⑱脚接的贴片电容对地漏电，如图 5-101 所示。

图 5-101　A744282 主板

【故障排除】 对 CPU⑱相接的贴片电容刮胶后测量正常，焊好试机一切正常。此时再对这板进行故障代码查找，没发现有故障代码，说明原来此机一直正常使用中。

【维修日记】 因此种机出现故障时，代码会写入 24 系列存储器里面，方便下次查找。

（十五）【询问现象】一台板号为 A746853 型松下变频空调室内机风扇不转，并显示代码“H9”

【初步判断】 根据故障代码经查为室内机风扇电动机锁死，连续 7 次检测电流故障信号（每次间隔 25s 检测，风扇转速 RPM）。

【拆机检查】 拆机检查，发现室内机 P 板 CN-TH 端子异常，如图 5-102 所示处。

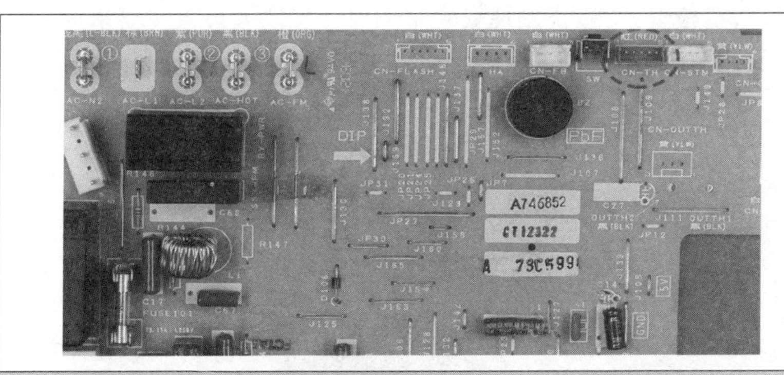

图 5-102　A746853 主板 CN-TH 端子截图

【故障排除】 重新插好 CN-TH 端子后试机，故障排除。

第八节　TCL 空调案例易学快修

（一）【询问现象】TCL KF-25GW/C1 型空调制冷效果差，且室内机送风强弱不均

【初步判断】 造成空调制冷效果差的原因可能是制冷剂不足或

管路堵塞等，而影响室内机蒸发效果，需要拆机维修。

【拆机检查】 经检查发现空调压力上下变化不稳定，初步定为堵塞，即管路堵或过滤网堵，进一步检查后发现压力变化不是由于堵塞而造成不稳定的，发现室风机送风口一边较大，另一边送风较小，检查贯流风扇，发现积满灰尘，使出风口送风强弱不均，从而造成蒸发器的空气循环不均，压力就会随着变化不定，直接影响空调的制冷效果。

【故障排除】 对贯流风扇进行清洗再装复后试机，运行正常。

（二）【询问现象】TCL 王牌 KF-23GW/D010 型空调室内机工作时有“滋滋”声

【初步判断】 到达现场后开机检查，判断“滋滋”声为冷媒截流声，需要拆机维修。

【拆机检查】 检查发现安装空调时，安装人员未按要求的方法进行安装，室内机配管折扁所致，如图 5-103 所示。

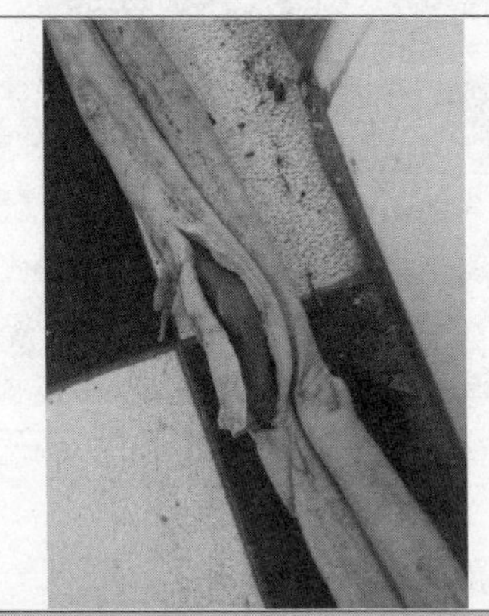

图 5-103　室内机配管折扁

【故障排除】 将折扁处割焊，重新焊接，再次安装后试机正常。

【维修日记】 维修空调时，不能只单纯考虑机子的自身问题，或纸上介绍的故障问题。应充分考虑外界的原因，以免造成走太多的弯路。

（三）【询问现象】TCL 王牌 KF-23GW/D010 型空调外机噪音大

【初步判断】 到过现场后开机检查，发现压缩机运转时有尖锐声音，初步可判断为压缩机运转所产生的机械噪音，需要拆机维修。

【拆机检查】 拆开外壳处理后，压缩机高压管道共振很厉害，调整管道也无济于事。

【故障排除】 最后尝试在压缩机的 2 个减振角垫上各一小块橡皮垫，改变了压缩机原有的位置后，噪音消除。

【维修日记】 处理噪音一定要找准噪音源，采取一些常规手段，往往能收到意想不到的效果。

（四）【询问现象】TCL 王牌 KF-25GW/AA 型空调用遥控无法开机，拔开电源插头再插上插头，电脑内有“嘀”的一声，按应急开关，整机工作正常

【初步判断】 根据故障现象可初步判断为室外机遥控接受头损坏或遥控损坏，需要拆板维修。

【拆机检查】 用遥控器在同一型号的空调上使用正常，判断为遥控接收头损坏，如图 5-104 所示。

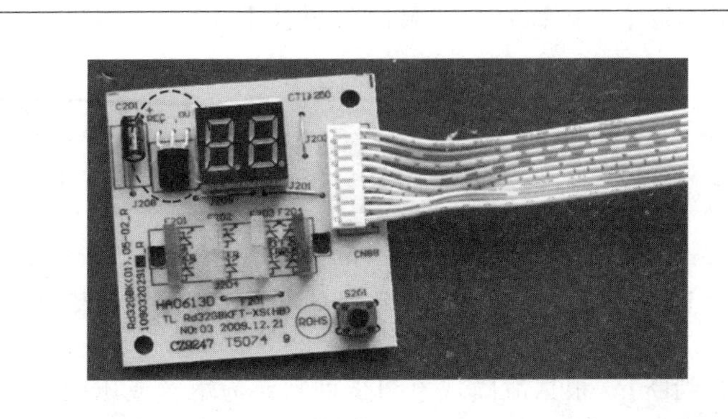

图 5-104　TCL 王牌 KF-25GW/AA 型空调遥控接收头

【故障排除】 更换遥控接收头后，故障排除。

（五）【询问现象】TCL王牌KF-25GW/C1型空调开机1~2个小时会自动保护停机

【初步判断】 到达现场后检查电流，压力都正常，可判定系统无故障，应为电气控制及保护各有故障，需要拆板维修。

【拆机检查】 测量室温及管温电阻在常温下为4kΩ左右阻值正常，但发现空调管温、室温传感器有两种，另外一种为常温阻值7.9kΩ。该型号挂机空调热敏电阻应为10kΩ/25℃，如图5-105所示。

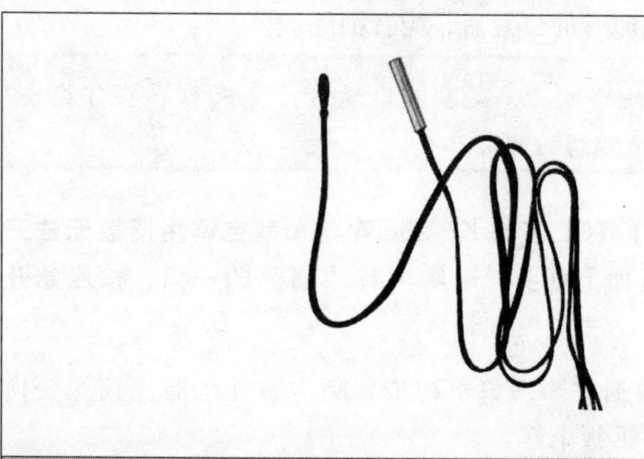

图5-105 10kΩ/25℃传感器

【故障排除】 将管温及室温同时更换上10kΩ/25℃传感器后，故障排除。

【维修日记】 更换配件应注意采用原机同型号配件，这种人为故障迷惑性强，应注意分析。

（六）【询问现象】TCL王牌KF-25GW/D020型空调整机不起动

【初步判断】 根据故障现象初步可判断为熔丝或压敏电阻损坏所致，需要拆板维修。

【拆机检查】 查看室内机发现熔丝管熔断，怀疑是由于电脑板出现故障，经检查在电脑板上的压敏电阻损坏。

【故障排除】　更换熔丝管并采用如图 5-106 所示规格为 MYN15-621K/385V 的压敏电阻代换后，故障排除。

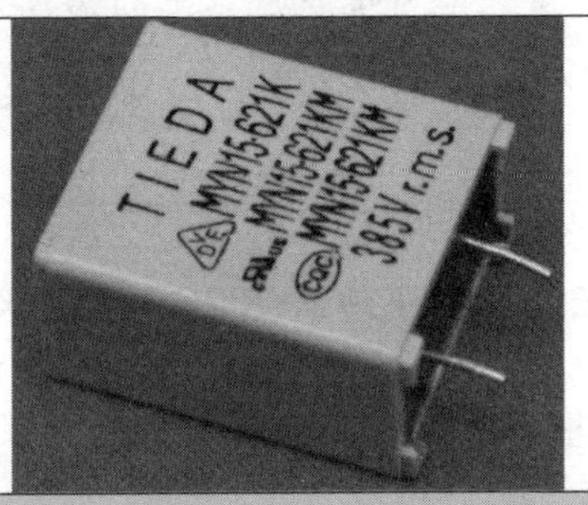

图 5-106　MYN15-621K/385V 的压敏电阻

【维修日记】　检修该故障在试机之前，还应排查电源电路等后级电路是否存在短路等故障。

（七）【询问现象】TCL 王牌 KF-32GW/D020 型空调整机不工作，无电源输入

【初步判断】　根据故障现象可初步判断为电源故障，如检查插座有电源则需要拆板维修。

【拆机检查】　首先室内机熔丝管和压敏电阻完好无损，判断为室内变压器损坏，导致电脑板供电中断，使整机无法工作。该机室内变压器如图 5-107 所示，规格型号是 GBYQ-02/220V/50/60Hz/12V/500mA。

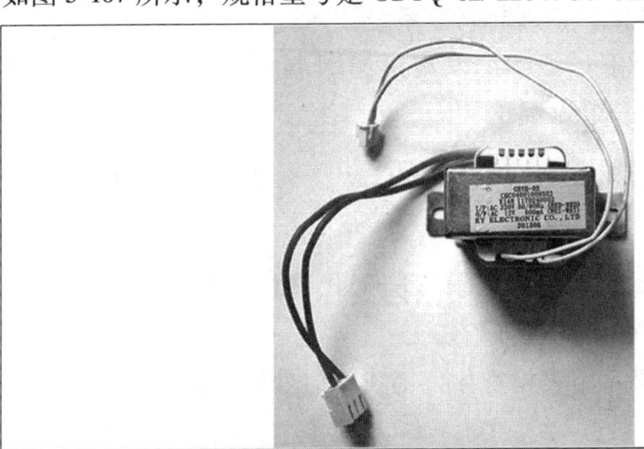

图 5-107　GBYQ-02 变压器

【故障排除】 更换室内机变压器后试机，故障排除。

【维修日记】 该机室内机变压器上的温度熔丝管损坏，也会出现类似故障，若是此类情况只须更换变压器上的温度熔丝也同样可以使用。

（八）【询问现象】TCL 王牌 KF-32GW 型空调不制冷，液管结霜

【初步判断】 根据故障现象初步可判断为系统故障，需要拆机维修。

【拆机检查】 检查制冷剂压力约 2kg，加 R22 制冷剂 0.5kg 左右压力还不到 3kg，断定为管路脏堵。

【故障排除】 拆开过滤器发现过滤网脏堵，换掉过滤器，加制冷剂后制冷正常。

（九）【询问现象】TCL 王牌 KF-32GW 型空调开机几十分钟后定时灯亮，外机停止工作

【初步判断】 根据故障现象初步可判断为制冷系统故障，需要拆机维修。

【拆机检查】 定时灯亮，检查电源管道电阻正常，制冷剂压力只有 3kg，把压力加到 5kg 后制冷正常，但电流比额定大 1～2A，运转十几分钟后压缩机保护，判断制冷系统故障。

【故障排除】 拆下过滤器，发现过滤网有脏堵，换掉过滤器加 R22 制冷剂后，制冷、电流都正常。

（十）【询问现象】TCL 王牌 KF-32GW 整机工作约 5min 后死机，指示灯闪烁

【初步判断】 到达现场后，根据闪烁代码检查初步可判断为室内 PG 电动机损坏，需要拆机维修。

【拆机检查】 用万用表检查始终有 PG 信号输出，估计 PG 电动机内霍尔元件性能不良。

【故障排除】 采用如图 5-108 所示型号为 BH12-4 的 PG 电动机

代换后，故障排除。

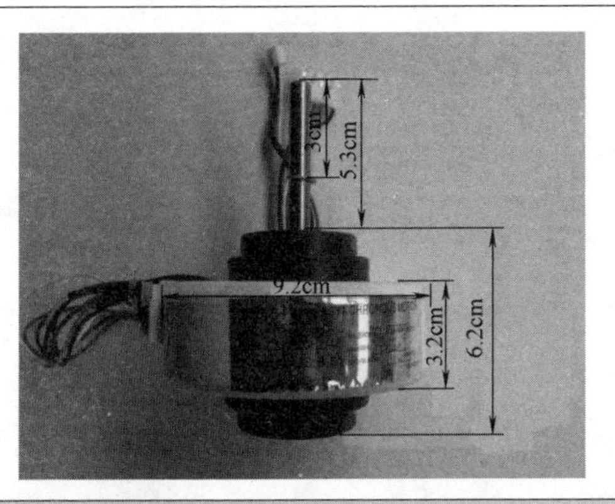

图 5-108　BH12-4PG 电动机

（十一）【询问现象】TCL 王牌 KF-35GW/D030 型空调平时运行正常，但一到中午机子就不制冷，且过热保护

【初步判断】 检测冷媒正常，外机散热条件正常，机器各个部位均正常，初步可判断为电源电压不正常所致，需要进一步分析检修。

【拆机检查】 后经过观察，发现此现象一般都是在中午外界温度超过 38℃时出现。通过进一步检查发现，用户家的电源线为铝芯线，空调运行时电压下降很大，怀疑低电压造成压缩机保护所致。

【故障排除】 建议用户更换电源线后故障排除。

【维修日记】 出现此现象是因为中午时，整栋楼用电量大，电压很低加上铝芯线压降大。造成压缩机在低电压情况上运行，发生压缩机保护。

（十二）【询问现象】TCL 王牌 KF-42LW/CA 型空调不制冷，有时压缩机能开起，有时不能开起

【初步判断】 根据故障现象可初步判断为线路接触不良、压缩机或起动电容故障，需要拆机维修。

【拆机检查】 首先检查外机接线良好，压缩机绕阻正常，判断起动电容容量不足。

【故障排除】 更换压缩机起动电容后制冷正常。

【维修日记】 电容容量不足时，有时可以启动，制冷正常，有时在用电高峰时就起动不了，给维修制造了一定的困难。

（十三）【询问现象】TCL 王牌 KF-45LW/AA 型空调外机噪声大，20 多分钟后保护停机显示代码“F4”

【初步判断】 实地检修时发现外机噪声非常大，机子振动强烈，外机出风口很热。代码“F4”实为制冷或制热效果差，室内机在开机 25min 后高于 25℃，持续 60s，机组即保护停机，显示“F4”。

【拆机检查】 拆开上盖发现风扇转速慢，测风扇电容容量只有 0.3μF，说明是因风扇电容容量减少后转速慢排风量小，导致冷凝器散热不良过热，制冷效果差，压缩机过载机组振动产生噪声。

【故障排除】 换上新如图 5-109 所示的 3μF/450V 电容后，试机噪声和故障代码消失，空调运行正常，故障排除。

图 5-109 3μF/450V 风扇电容

（十四）【询问现象】TCL 王牌 KF-70CW/D020 型空调开机 40min 左右，压缩机自动保护，过 20min 后压缩机又自动开机，过 15min 又自动保护，空调不制冷

【初步判断】 根据故障现象初步可判断为压缩机过热或过压保

护，需要拆机维修。

【拆机检查】 拆开室外机外壳，发现室外机过热，判断此机为制冷剂泄漏或压缩机短路。待压缩机完全冷却后，开机测系统压力为负压。判断为漏气而非压缩机短路。检查室外冷凝器及压缩机与冷凝器连接管，发现压缩机冷凝器连接管有一处裂缝。

【故障排除】 更换压缩机冷凝器连接管，抽真空注制冷剂后试机，空调制冷正常，故障排除。

（十五）【询问现象】TCL 王牌 KFR-25GW/AA 型空调机运行时，整个室内机抖动

【初步判断】 根据故障现象初步可判断为安装不当或其他机械故障，需要进一步拆机维修。

【拆机检查】 首先怀疑是否为安装问题造成的，排除后，检查是否由于外机的振动通过管路使室内机抖动，检查结果外机未发现异常。打开室内机检查各部件都正常，在室内机抖动工作的情况下用螺钉旋具从右向左推一下风扇电动机，故障即消失，于是判断故障在风机及风扇贯流部位。

【故障排除】 重新调整风机及风扇贯流位置后，故障消失。

（十六）【询问现象】TCL 王牌 KFR-35GW/D030 型空调外机噪音大

【初步判断】 该机为新装机，根据故障现象初步可判断为安装不符合规范所致，需要拆机维修。

【拆机检查】 拆开上盖，查看机内压缩机没有隔音棉，且回气管振动。

【故障排除】 用阻泥板包住回气管弯管处振动消失，用 1 张隔音棉包住压缩机，再用一张放在压缩机与外风扇间的隔音板旁，经处理后噪音正常，用户满意。

（十七）【询问现象】TCL 王牌 KFR-60LW/EY 型空调器无规律断电停机

【初步判断】 到达现场后试机工作 30min 左右，停机、显示消失、遥控和面板按键均不起作用。根据故障现象初步可判断为电脑板上的CPU及工作条件故障，需要拆板维修。

【拆机检查】 检查IC1（MS87C1404SK）CPU的工作条件，包括⑤脚对㉒脚的+5V电源、⑲和⑳脚外接晶体X1，㉑脚外接复位和时基脉冲产生器件，如图5-110所示，结果是NE555时基集成电路损坏。

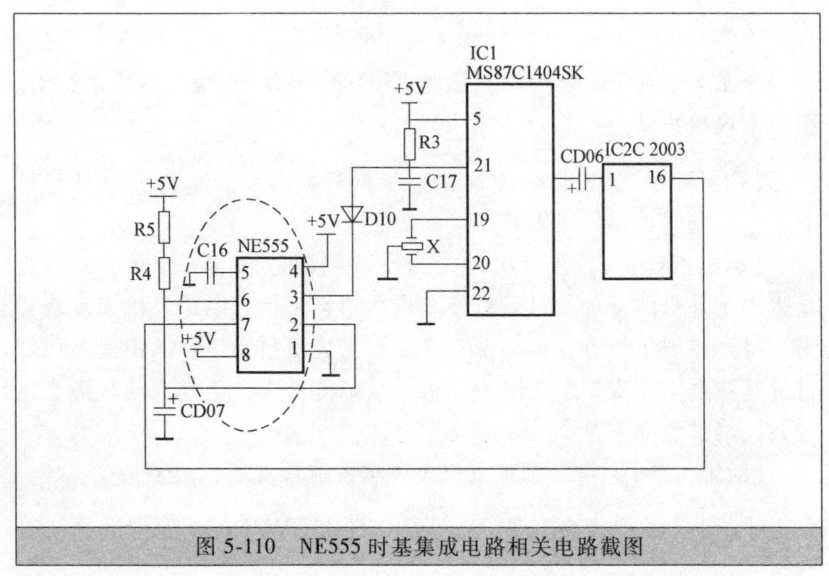

图5-110 NE555时基集成电路相关电路截图

【故障排除】 更换NE555时基集成电路后，故障排除。

【维修日记】 空调出现无规律断电停机是电脑板工作不稳定的典型表现，应重点检查电脑板上的CPU及工作条件。

（十八）【询问现象】TCL王牌KFR-60LW/EY型空调制冷正常，制热工作20~30min后变成吹风，压缩机热保护

【初步判断】 到达现场后试机，该机制冷正常，制热刚开机20~30min以内正常，30min后电流逐渐增大到13A之后，压缩机保护。根据故障现象，初步可判断为温度或过载保护电路故障。

【拆机检查】 检查时发现室内机管道烫手但外风机一直不停，说明盘管传感器不良，卸下传感器插片用万用表测量传感器两端电阻，如图5-111所示，测得电阻值正常，怀疑盘管传感器位置安装错误所致。

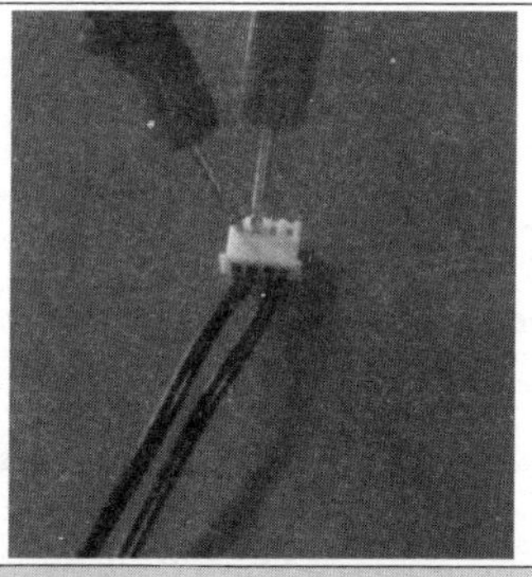

图5-111　检测TCL王牌KFR-60LW/EY型空调传感器

【故障排除】 下移盘管温控两根管子的位置，故障排除。

【维修日记】 该例故障由于制冷正常，应该排除压缩机等制冷系统有问题的可能性，可直接判断为传感器故障。

（十九）【询问现象】TCL王牌KFRd-120LW/D020S型空调显示代码“P6”，整机不工作

【初步判断】 根据故障现象初步可判断为内外机连线不良或外机控制板故障，需要拆板维修。

【拆机检查】 测内外信号连接线发现其中两线之间有300Ω的阻值，随检查连线发现加长连接处进水后打火，重新绝缘包扎密封后，两线之间为无穷大，开机故障显示仍然为“P6”，打开外机检查发现温度保护开关断路。

【故障排除】 更换温度保护开关后试机，故障排除。

【维修日记】 如果身边一时找不到温度保护开关，也可将温度开关短接应急处理。

（二十）【询问现象】TCL 王牌 KFRd-32GW/D010 型空调晚上制冷正常，白天开机 20~30min 后出现整机保护

【初步判断】 根据故障现象初步可判断为电源电压或系统故障，需要拆机维修。

【拆机检查】 首先检查电压 220V 正常，接上压力表压力 4kg 左右，比标称压力低。

【故障排除】 把制冷剂压力加至 5kg 后试机，故障排除。

（二十一）【询问现象】TCL 王牌 KFRd-50LW/EY 型空调工作 5min 后运转灯闪烁，外机停转

【初步判断】 根据故障现象初步可判断为系统或保护电路故障，需要拆板维修。

【拆机检查】 上门拆机，发现该机先前被人修过。上电试机，在工作的 5min 内，制冷正常，测电流在停机瞬间也正常，系统压力也在 4.5MPa，未堵，也排除系统泄漏情况，此机处于保护状态，测外管温，阻值为 3kΩ，内管温阻值为 2kΩ，表明内外管温异常。

【故障排除】 更换管温传感器并重新包扎绝缘后，测阻值 10kΩ 左右，开机后工作 1 个多小时再无此现象出现，故障排除。

【维修日记】 更换新管温传感器接线时应注意使用防水胶布包扎，以免接线处进水后使阻值异常，从而也会出现整机检测保护故障。

第六章

易学快修第4步——资料查阅与总结

（一）故障代码查阅

1. TCL 1-1.5P 变频机故障代码查阅

（1）故障类型代码对照表见表6-1。

表6-1 故障类型代码对照表

指示灯板代码	数码管代码	故障类型
RUN、TIMER-同闪	E0	室内外通信故障
	EC	室外通信故障
RUN-1次/8s	E1	室温传感器
RUN-2次/8s	E2	内盘管温度传感器
RUN-3次/8s	E3	外盘管温度传感器
RUN-4次/8s	E4	系统异常
RUN-5次/8s	E5	机型配置错误
RUN-6次/8s	E6	室内风机故障
RUN-7次/8s	E7	室外温度传感器
RUN-8次/8s	E8	排气温度传感器
RUN-9次/8s	E9	变频驱动、模块故障
RUN-10次/8s	EF	室外风机故障(直流电动机)
RUN-11次/8s	EA	电流传感器故障
RUN-12次/8s	EE	EEPROM故障
RUN-13次/8s	EP	压缩机顶部温度开关故障
RUN-14次/8s	EU	电压传感器故障
RUN-15次/8s	EH	回气温度传感器

（2）室外电源板显示代码对照表见表6-2。

表6-2 室外电源板显示代码对照表

闪烁次数	故障内容	闪烁次数	故障内容
1	IPM保护	4	排气温度过高保护
2	过欠电压	5	外盘管高温保护
3	过电流	6	驱动故障保护

（续）

闪烁次数	故障内容	闪烁次数	故障内容
7	与室内通信故障	19	室外 EEPROM 故障
8	压缩机过热故障(压缩机顶部开关)	20	室外风机保护
		21	室内风机保护
9	外环温传感器短断路故障	23	系统缺制冷剂故障
10	室外热交温度传感器短路断路故障	24	机型匹配错误
		25	室内环境传感器故障
11	排气温度传感器短断路故障	26	室内盘管传感器故障
		27	室内 EEPROM 故障
12	电压传感器故障	28	室内风机故障
13	电流传感器故障	29	室内副盘管传感器故障
14	IPM 故障	30	室外驱动故障
15	室外机电控通信故障	31	室外环境温度过高过低保护
16	直流风机无反馈		
17	除霜状态	32	室内盘管防冻结
18	回气温度传感器短断路故障	33	室内盘管防过热

（3）保护代码对照表见表 6-3。

表 6-3　保护代码对照表

指示灯代码	保护类型	数码管代码
RUN-闪，TIMER-1 次/8s	过、低压保护	P1
RUN-闪，TIMER-2 次/8s	过电流保护	P2
RUN-闪，TIMER-4 次/8s	排气温度过高保护	P4
RUN-亮，TIMER-5 次/8s	制冷防过冷保护	P5
RUN-亮，TIMER-6 次/8s	制冷防过热保护	P6
RUN-亮，TIMER-7 次/8s	制热防过热保护	P7
RUN-亮，TIMER-8 次/8s	室外温度过高、过低保护	P8
RUN-闪，TIMER-9 次/8s	驱动保护(负载异常)	P9
RUN-闪，TIMER-10 次/8s	模块保护	P0

2. 奥克斯 KFR-45LW/TBP 型变频故障代码对照表

（1）室内机故障代码对照表见表 6-4。

表 6-4　室内机故障代码对照表

故障代码	故障名称	排查部位
故障 11	内环温传感器故障	①内环温传感器、②内主控板
故障 12	内盘传感器故障	①内盘传感器、②内主控板

（续）

故障代码	故障名称	排查部位
故障 13	室内防冻结保护	①蒸发器、②室内风机停、③毛细管堵、④内盘管传感器、⑤内主控板
故障 14	室内防高温保护	①蒸发器脏、②室内风机停、③细连机管堵、④内盘管传感器、⑤内主控板
故障 15	室内通信故障	①电源电压、②电抗器、③模块板、④外主控板
故障 16	室内电源瞬时停电	①电源电压、②电抗器、③模块板、④外主控板
故障 17	室内过电流保护	①电源电压、②系统压力、③模块板、④外主控板
备注	同时按住:“小时”、“分钟”键 2s 后,蜂鸣器响两声进入故障查询	

（2）室外机故障代码对照表见表 6-5。

表 6-5 室外机故障代码对照表

故障代码	故障名称	排查部位
故障 21	外环温传感器	①外环温传感器、②外主控板
故障 22	外盘管传感器	①外盘管传感器、②外主控板
故障 23	外排气传感器	①制冷剂过多过少、②冷凝器、蒸发器散热不良、③排气温度传感器、④外主控板
故障 24	无负载	①火线应穿过互感器、②系统缺液电流小、③外主控板
故障 26	室外过电流保护	①电源电压、②系统压力、③模块板、④外主控板
故障 28	室外电压异常	①电源电压、②电抗器、③模块板、④外主控板
故障 29	室外电源瞬时停电	①电源电压、②电抗器、③模块板、④外主控板
故障 2A	制冷过载保护	①冷凝器脏、②外风机停、③毛细管堵、④外盘管传感器、⑤外主控板
故障 2B	室外除霜显示	正常
故障 2C	模块故障	①电源电压、②压缩机线、③电抗器、④模块板、⑤外主控板、⑥压缩机
故障 2D	室外 EE 故障	①EE 用错、②EE 插反、③EE 接触不好、④外主控板
备注	再次同时按住:“小时”、“分钟”键 2s 后,蜂鸣器响一声,恢复显示温度	

3. 格力最新家用空调故障代码查阅（见表 6-6）

表 6-6 格力家用空调故障代码

故障、保护定义	显示器代码	室内机指示灯显示	
系统高压保护	E1	运行指示灯	灭 3s 闪烁 1 次
内侧防冻结保护	E2		灭 3s 闪烁 2 次
系统低压保护	E3		灭 3s 闪烁 3 次
压缩机排气保护	E4		灭 3s 闪烁 4 次
低电压过流保护	E5		灭 3s 闪烁 5 次
通信故障	E6		灭 3s 闪烁 6 次
逆缺相保护	E7		灭 3s 闪烁 7 次
防高温保护	E8		灭 3s 闪烁 8 次
防冷风保护	E9		灭 3s 闪烁 9 次
整机交流电压下降降频	E0		灭 3s 闪烁 10 次
无室内电动机反馈	H6		灭 3s 闪烁 11 次
故障电弧保护	C1		灭 3s 闪烁 12 次
漏电保护	C2		灭 3s 闪烁 13 次
接错线保护	C3		灭 3s 闪烁 14 次
无地线	C6		灭 3s 闪烁 16 次
跳帽故障保护	C5		灭 3s 闪烁 15 次
室内环境感温包开、短路	F1	制冷指示灯	灭 3s 闪烁 1 次
室内蒸发器感温包开、短路	F2		灭 3s 闪烁 2 次
室外环境感温包开、短路	F3		灭 3s 闪烁 3 次
室外冷凝器感温包开、短路	F4		灭 3s 闪烁 4 次
室外排气感温包开、短路	F5		灭 3s 闪烁 5 次
制冷过负荷降频	F6		灭 3s 闪烁 6 次
电流过大降频	F8		灭 3s 闪烁 8 次
排气过高降频	F9		灭 3s 闪烁 9 次
直流输入电压过高	PH		灭 3s 闪烁 11 次
化霜	H1	制热指示灯	灭 3s 闪烁 1 次
静电除尘保护	H2		灭 3s 闪烁 2 次
压缩机过载保护	H3		灭 3s 闪烁 3 次
系统异常(防高温停机保护)	H4		灭 3s 闪烁 4 次
模块保护	H5		灭 3s 闪烁 5 次
PFC 保护	HC		灭 3s 闪烁 6 次
同步失败	H7		灭 3s 闪烁 7 次
水满保护	H8		灭 3s 闪烁 8 次
电加热管故障	H9		灭 3s 闪烁 9 次
制热防高温降频	H0		灭 3s 闪烁 10 次
压缩机退磁保护	HE		灭 3s 闪烁 14 次
直流输入电压过低	PL		灭 3s 闪烁 21 次

（续）

故障、保护定义	显示器代码	室内机指示灯显示	
管温过高降频	FA		
防冻结降频	FH		
滑动门故障	FC		
二氧化碳检测故障	FP		
制冷剂泄漏	F0		制冷灯闪烁 10 次
二氧化碳浓度过高报警	Cd		
湿度传感器故障	L1		
水箱水位开关故障	L2		
直流风机故障/外风机故障保护	L3		
功率过高保护	L9		运行灯闪烁 20 次
按键功能被屏蔽	LC		
欠相，脱调（缺相）	Ld		
压缩机堵转	LE		
室内机型号不匹配	LP		
压缩机相电流检测电路故障	U1		
整机过流检测电路故障	U5		
四通阀换向异常	U7		
PG 电动机（室内风机）过零检测故障	U8		
外风机过零检测电路故障	U9		
无室外电动机反馈	UH		
射频模块故障	rF		
室内机与检测板通讯故障	JF		
室外记忆芯片读写故障	EE	制热灯闪烁 15 次	
电容充电故障	PU		
模块温度过高保护	P8		
模块感温包电路故障	P7		
压缩机相电流过流保护	P5		
模块温度过高限/降频	EU		

4. 美的 KF-120LW/S-JZ1（D2）系列分体落地式空调故障代码查阅（见表 6-7）

5. 美的 KF-23GW/Y-DA400(D2) 系列壁挂式空调故障代码查阅（见表 6-8）

表 6-7 美的 KF-120LW/S-JZ1 系列分体落地式空调故障代码

故障代码	代码含义	备注
E0	驱动板 E 方故障	适用机型：KF-51LW-JZ1(D2)、KFR-51LW/D-JZ1 (D2)、KF-72LW-JZ1 (D2)、KFR-72LW/D-JZ1(D2)、KF-72LW/S-JZ1(D2)、KFR-72LW/SD-JZ1 (D2)、KF-120LW/S-JZ1(D2)、KFR-120LW/SD-JZ1(D2)
E1	T1 传感器故障	
E2	T2 传感器故障	
E3	T3 传感器故障(仅冷暖机型)	
E4	T4 传感器故障	
E5	室内负载驱动板与显示按键板通信故障	
EC	室内电动机过零信号故障	
P1	电压超限保护	
P4	室内蒸发器保护	
P5	室外冷凝器高温保护(仅冷暖机型)	
P9	防冷风关风机(仅冷暖机型)	
Pd	压缩机电流过载保护	
E8	室内外通信故障	
ER	压缩机低压故障	
Ed	压缩机断相故障	
EE	压缩机相序反接故障	
EF	零线相线接错故障	
P7	室外排气高温保护	
P6	压缩机低压保护	
PC	压缩机高压保护	
E7	室外风机失速或压缩机起动异常或室外机被盗	

说明：空调器使用过程中，如显示屏显示以下代码，可能空调器发生了相应故障，此时请进行以下操作：关机并关闭电源→10s 后打开电源并开机→仍然显示代码→关机并关闭电源→联系检修。(不再显示代码，可继续使用)

表 6-8 美的 KF-23GW/Y-DA400 系列壁挂式空调故障代码

故障代码	代码含义	备 注
E1 或乱码	上电时读 EEPROM 参数故障	适用机型：KF-23GW/Y-DA400(D2)、KFR-23GW/DY-DA400(D2)、KF-26GW/Y-DA400 (D2)、KFR-26GW/DY-DA400(D2)、KF-32GW/Y-DA400(D2)、KFR-32GW/DY-DA400(D2)、KF-35GW/Y-DA400(D2)、KFR-35GW/DY-DA400 (D2)、KFR-36GW/DY-DA400(D2)、KF-23GW/Y-DA400 (D3)、FR-23GW/DY-DA400(D3)、KF-26GW/Y-DA400(D3)、FR-26GW/DY-DA400(D3)、KF-32GW/Y-DA400 (D3)、FR-32GW/DY-DA400(D3)、KF-35GW/Y-DA400(D3)、FR-35GW/DY-DA400(D3)
E2	过零检测故障	
E3	风机速度失控	
E4	255 次电流保护	
E5	室内房间温度传感器开路或短路	
E6	室内蒸发器温度传感器开路或短路	

说明：空调器使用过程中，如显示屏显示上述代码，可能空调器发生了相应故障，此时请进行以下操作：关机并关闭电源→10s 后打开电源并开机→仍然显示代码→关机并关闭电源→联系检修。(不再显示代码，可继续使用)

（二）主流芯片参考应用电路

1. 功率模块 PM20CTM060 变频压缩机驱动应用电路（如图 6-1 所示）

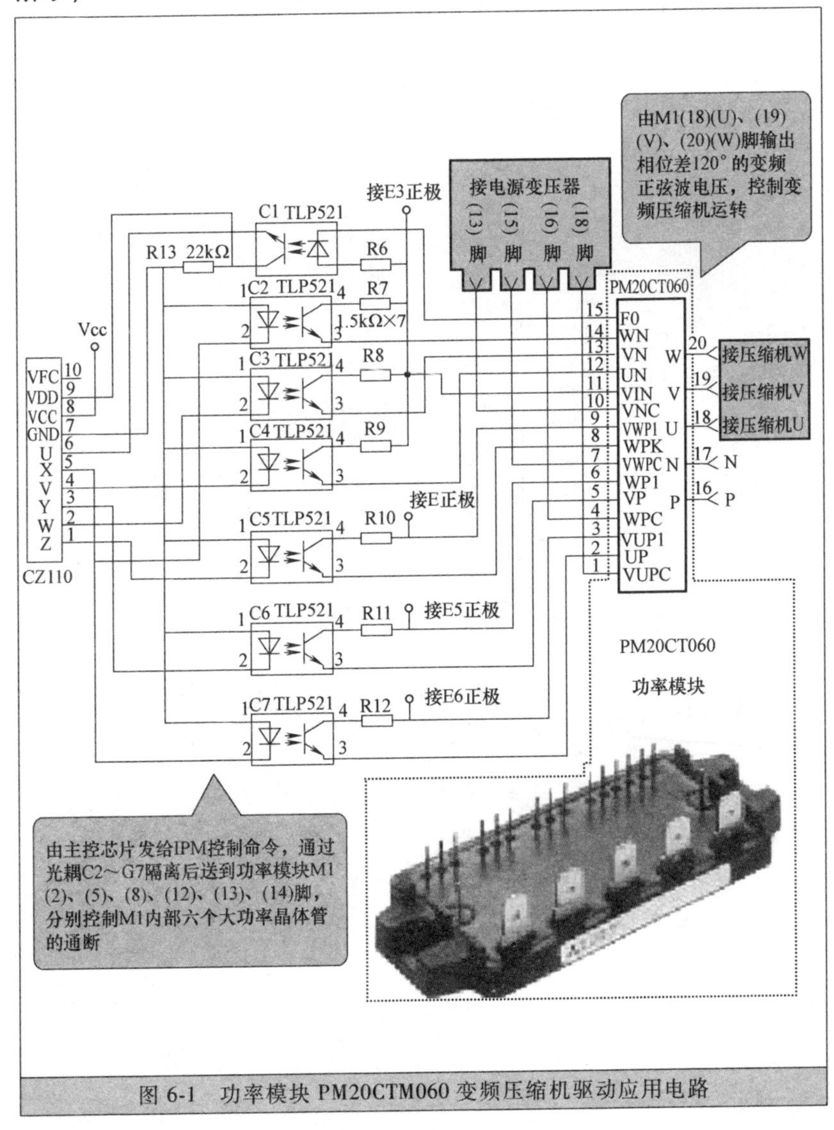

图 6-1　功率模块 PM20CTM060 变频压缩机驱动应用电路

2. 功率模块 PM50CSD060 应用电路（如图 6-2 所示）

3. 主芯片 M37546G4SP 参考应用电路（如图 6-3 所示）

4. 主芯片 MC68075R3 参考应用电路（如图 6-4 所示），引脚功能见表 6-9

5. 主芯片 TMP87C809 参考应用电路（如图 6-5 所示）

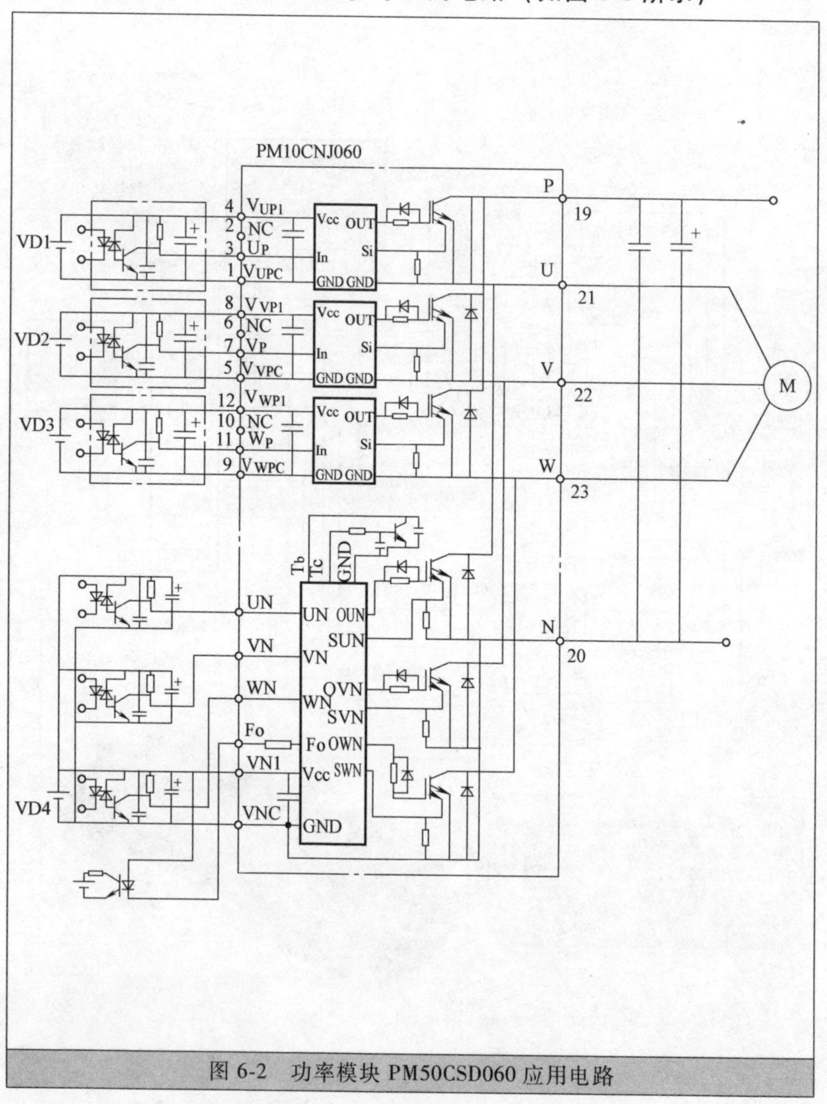

图 6-2　功率模块 PM50CSD060 应用电路

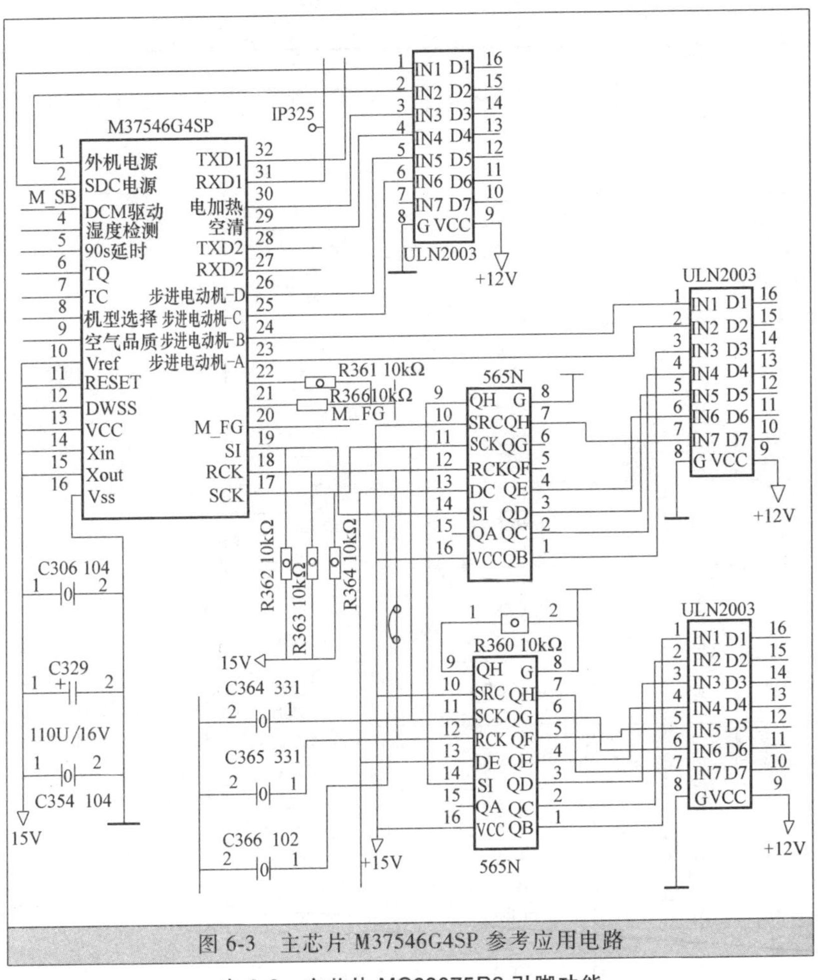

图 6-3　主芯片 M37546G4SP 参考应用电路

表 6-9　主芯片 MC68075R3 引脚功能

引脚序号			引脚定义	引脚功能	备注
40 脚封装	42 脚封装	44 脚封装			
㊱	㊲	①	PA3	端口 A3	MC68HC06SR3 为微处理器，采用 40 脚 PDIP、42 脚 SDIP、44 脚 QFP。此表同时适用于微处理器 MC68HC705SR3CP
㊲	㊳	②	PA4	端口 A4	
㊳	㊴	③	PA5	端口 A5	
㊴	㊵	④	PA6	端口 A6	
㊵	㊶	⑤	PA7	端口 A7	
	①	⑥	VSS	地	

（续）

引脚序号			引脚定义	引脚功能	备注
40 脚封装	42 脚封装	44 脚封装			
	②	⑦	VSS	地	
②	③	⑧	$\overline{\text{RESET}}$	复位	
③	④	⑨	$\overline{\text{IRQ}}$	中断触发	
④	⑤	⑩	VDD	电源	
⑤	⑥	⑪	OSC1	振荡器 1	
⑥	⑦	⑫	OSC2	振荡器 2	
⑦	⑧	⑬	VPP	电源	
⑧	⑨	⑭	TIMER	定时器	
⑨	⑩	⑮	PC0	端口 C0	
⑩	⑪	⑯	PC1	端口 C1	
⑪	⑫	⑰	PC2	端口 C2	
⑫	⑬	⑱	PC3	端口 C3	
⑬	⑭	⑲	PC4	端口 C4	
⑭	⑮	⑳	PC5	端口 C5	
⑮	⑯	㉑	PC6	端口 C6	
⑯	⑰	㉒	PC7	端口 C7	
⑰	⑱	㉓	PC8	端口 C8	
⑱	⑲	㉔	PD6/$\overline{\text{IRQZ}}$	端口 D6/中断触发	MC68HC06SR3 为微处理器，采用 40 脚 PDIP、42 脚 SDIP、44 脚 QFP。此表同时适用于微处理器 MC68HC705SR3CP
⑲	⑳	㉕	PD5/$\overline{\text{VRH}}$	端口 D5/转换器参考电压（高）	
⑳	㉑	㉖	PD4/$\overline{\text{VRL}}$	端口 D4/转换器参考电压（低）	
㉑	㉒	㉗	PD3/AN3	端口 D3/ADC 模拟输入	
㉒	㉓	㉘	PD2/AN2	端口 D2/ADC 模拟输入	
㉓	㉔	㉙	PD1/AN1	端口 D1/ADC 模拟输入	
㉔	㉕	㉚	PD0/AN0	端口 D0/ADC 模拟输入	
㉕	㉖	㉛	PB0	端口 B0	
①		㉜	VSS	地	
		㉝	VDD	电源	
	㊷	㉞	NC	空脚	
㉖	㉗	㉟	PB1	端口 B1	
㉗	㉘	㊱	PB2	端口 B2	
㉘	㉙	㊲	PB3	端口 B3	
㉙	㉚	㊳	PB4	端口 B4	
㉚	㉛	㊴	PB5	端口 B5	
㉛	㉜	㊵	PB6	端口 B6	
㉜	㉝	㊶	PB7	端口 B7	
㉝	㉞	㊷	PA0	端口 A0	
㉞	㉟	㊸	PA1	端口 A1	
㉟	㊱	㊹	PA2	端口 A2	

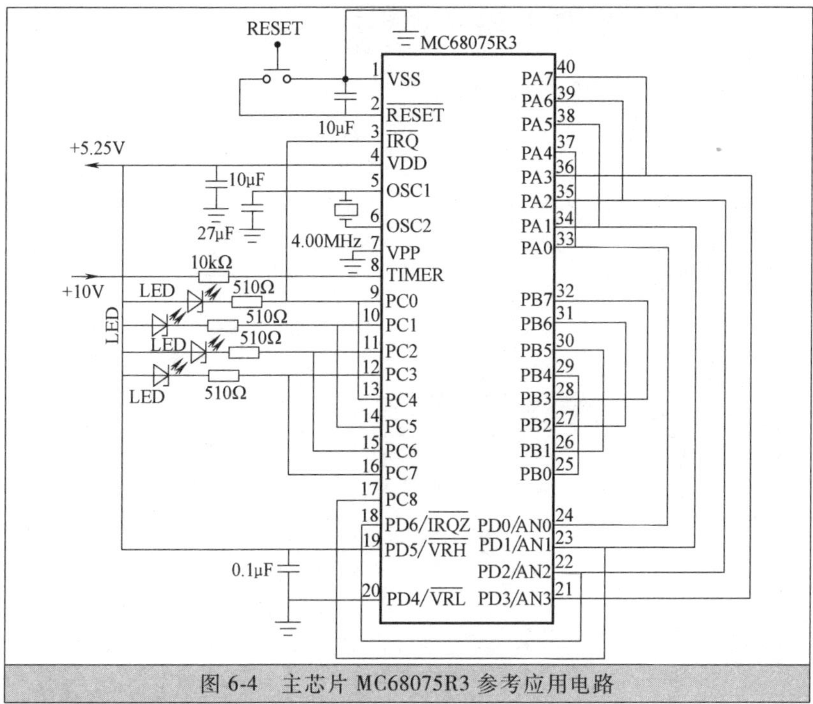

图 6-4　主芯片 MC68075R3 参考应用电路

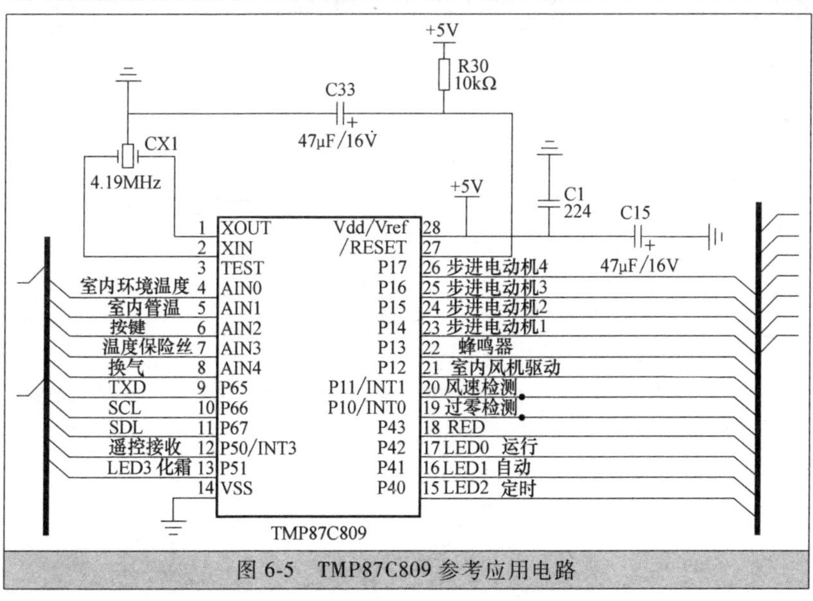

图 6-5　TMP87C809 参考应用电路

6. 主芯片 μPD780021 参考应用电路（如图 6-6 所示），引脚功能见表 6-10

表 6-10 主芯片 μPD780021 引脚功能表

引脚序号	引脚定义	引脚功能	引脚序号	引脚定义	引脚功能
1	P40/AD0	电加热	24	P35/SO31	端口 P/串行输出(具体机型未用)
2	P41/AD1	背光源	25	P36/SCK31	端口 3/串行时钟(具体机型未用)
3	P42/AD2	摇摆、空气清新	26	P20/SI30	与开关面板通信输入
4	P43/AD3	高风	27	P21/S010	与开关面板通信输出
5	P44/ADR	中风	28	P22/SCK30	通信时钟输出
6	P45/AD5	低风	29	P23/RxDO	与室外板通信输出
7	P46/AD6	微风	30	P24/TxDO	与室外板通信输出
8	P47/AD7	端口 4/地址与数据总线(具体机型未用)	31	P25/ASCKO	端口 2/异步串行时钟(具体机型未用)
9	P50/A8	红色发光条	32	VDD1	+5V(电源正)
10	P51/A9	红色发光条	33	AVSS	地(AD 采样)
11	P52/A10	端口 5/地址总线(具体机型未用)	34	P17/ANI7	室内蒸发器温度
12	P53/A11	LED0	35	P16/ANI6	室内房间温度
13	P54/A12	LED1	36	P15/ANI5	端口 1/模拟输入(具体机型未用)
14	P55/A13	LED2	37	P14/ANI4	端口 1/模拟输入(具体机型未用)
15	P56/A14	LED3	38	P13/ANI3	端口 1/模拟输入(具体机型未用)
16	P57/A15	LED4			
17	VSSD	地(电源)			
18	VDDO	电源(+5V 电源)			
19	P30	室内风扇温度保险			
20	P31	制冷测试			
21	P32	制热测试			
22	P33	快检			
23	P34	PCB 自检			

（续）

引脚序号	引脚定义	引脚功能
39	P12/ANI2	端口 1/模拟输入（具体机型未用）
40	P11/ANI1	端口 1/模拟输入（具体机型未用）
41	P10/ANI0	端口 1/模拟输入（具体机型未用）
42	AVREF	参考电压+5V
43	AVDD	+5V 电源（AD 采样）
44	RESET	复位
45	XT2	晶振
46	XT1	晶振
47	IC（VPP）	内部连接（接 VSS0）
48	X2	晶振(8.38MHz)
49	X1	晶振(8.38MHz)
50	VDD	地（电源）
51	P00/INTP0	遥控接收
52	P01/INTP1	过零检测
53	P02/INTP2	风速检测
54	P03/INTP3/ADTRO	端口 0/外部中断输入/AD 触发输入（具体机型未用）
55	P70/T100/TO0	端口 7/定时器输入/定时器输出（具体机型未用）
56	P71/T101	端口 7/定时器输入（具体机型未用）
57	P72/TIN50/TO50	端口 7/定时器输入/定时器输出（具体机型未用）
58	P73/TIN51/TO51	端口 7/定时器输入/定时器输出（具体机型未用）
59	P74/PCL	端口 7/可编程时钟（具体机型未用）
60	P75/BUZ	端口 7/蜂鸣器时钟（具体机型未用）
61	P64/RD	端口 6/读选通（具体机型未用）
62	P65/WR	端口 6/写选通（具体机型未用）
63	P66/WAIT	端口 6/等待（具体机型未用）
64	P67/ASTB	端口 6/地址选通（具体机型未用）

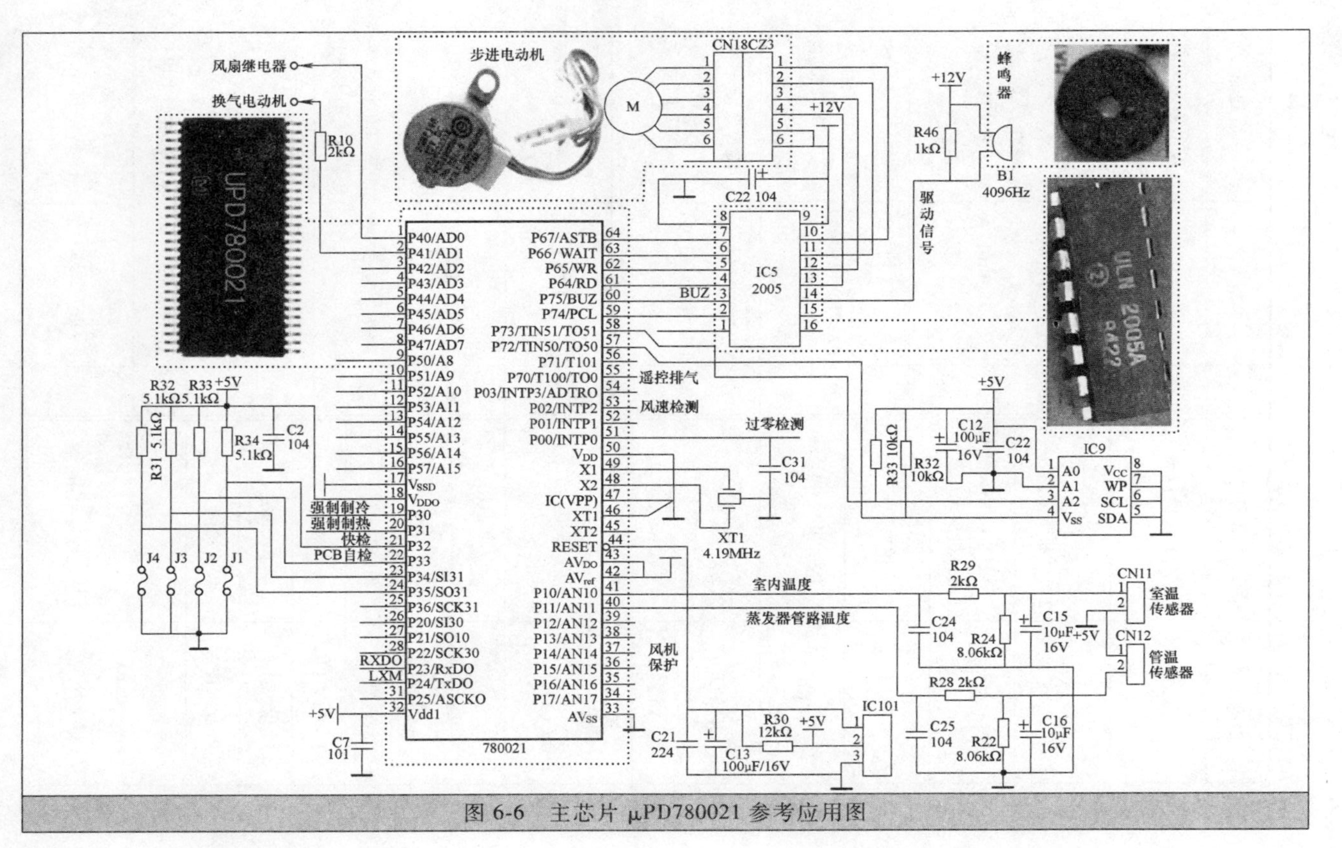

图 6-6　主芯片 μPD780021 参考应用图

（三）空调器通病良方

1. 变频空调器室内机不通电故障通用检修方法

变频空调器室内机出现不通电故障，可按如下方法检修。

1）首先检查电源电压是否稳定；相序是否正确；电源线径、开关、插座等容量是否匹配；接线是否牢固。相关检修资料如图 6-7 所示，在空调器的电源插头上面均标有“L”—相线；“N”—中线；“⏚”—保护接地线。这些标志提示用户的电源必须与空调器电源插头标志相符合：相序必须是左零右相，能够良好接地，这些措施可以有效避免空调器外壳出现感应电压，防止受到外部干扰。

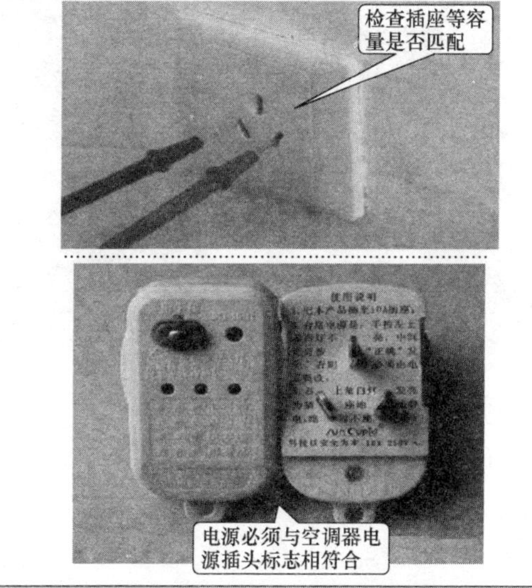

图 6-7　检查空调器电源插座

2）检查空调器室内机的电源插座或断路器接线和用户的进户电源开关接线接触是否良好，如果电源电压正常，只是接线接触不良，这样容易导致空调器有时使用正常，有时会出现自动关机现象。

3）如果用户是农村自建房和用户私自安装的电源线，检查用户的电源线的容量是否足够，电源电压不稳定或者电源线平方不够，会引起空调器运行后自动保护停机或者因起动电流较大而不能起动的现象。

4）检查空调器的电源电压是否正常，空调器的工作电压范围一般在190~230V，在此基础上可以变化±20V，这个变化值是空调器工作电压极限值，空调器在此范围内可以工作，但不能长期工作，如果电压变化不稳定，空调器会自动保护。

5）空调器室内机一般都采用的变压器电源，通电不工作，如果检查交流供电正常，则测量电源变压器输出端是否有输出电压，如果有就换室内机板，没有则换变压器。如图6-8所示。

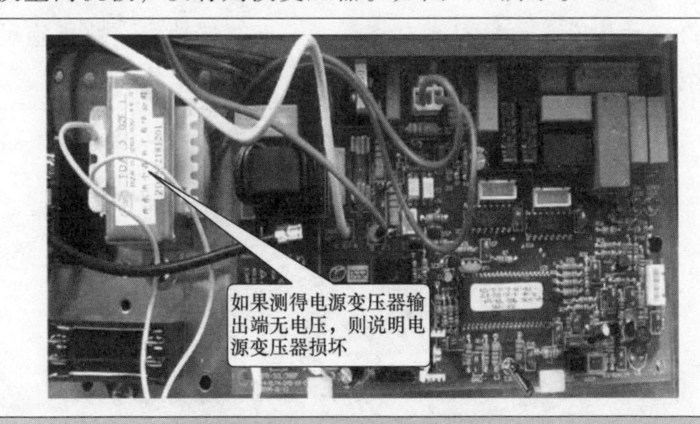

图6-8　检测电源变压器

2. 开机无反应故障通用维修方法

该故障可按如下操作方法检修：

1）根据故障分析，首先检查电源，有220V输入，排除电源问题。

2）测量电源插头L、N电阻为无穷大，可能熔丝管烧坏或变压器烧坏。

3）打开室内机面板检查主板熔丝管已烧断，如图6-9所示。

4）安装新的熔丝前，应先要检查空调室内或室外机有无漏电或短路现象。

5）更换相同规格的熔丝管，试机正常，故障排除。

3. 遥控不开机，显示屏不显示故障通用检修方法

该故障可按如下操作方法检修：

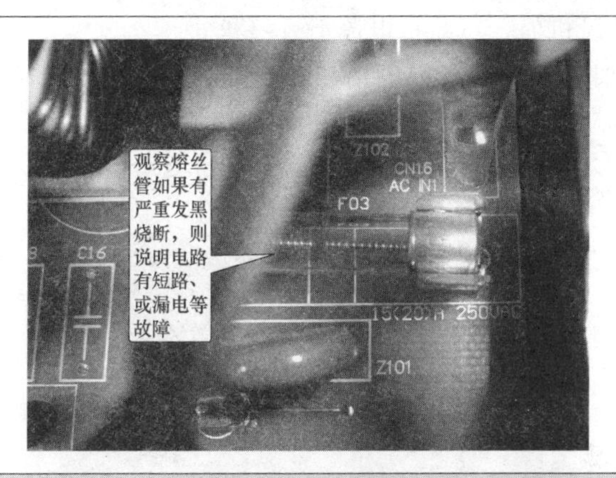

图 6-9　主板熔丝管

1）首先检测电脑板上有无 AC220V 或 DC310V 电压。

2）如测得无 AC220V 或 DC310V 电压，则检测 L7805 三端稳压器（如图 6-10）输出电压端即：②脚与③脚间有无+5V 直流电压。

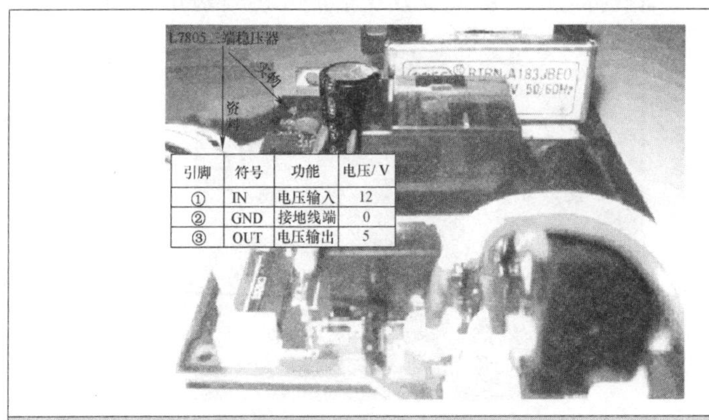

引脚	符号	功能	电压/V
①	IN	电压输入	12
②	GND	接地线端	0
③	OUT	电压输出	5

图 6-10　检测 L7805 三端稳压器

3）如测得无+5V 直流电压，则说明三端稳压器损坏。

4）更换 L7805 三端稳压器，一般可排除故障。

4. 室外机反复起动和停机故障通用检修方法

该故障可按如下操作方法检修：

1）首先观察室外机，发现空调工作时外风扇电动机转速慢，工作 30min 外风机停，压缩机电流上升停机。

2）此时用手触摸风扇电动机外壳很烫，测量电动机绕组正常，如图 6-11 所示。

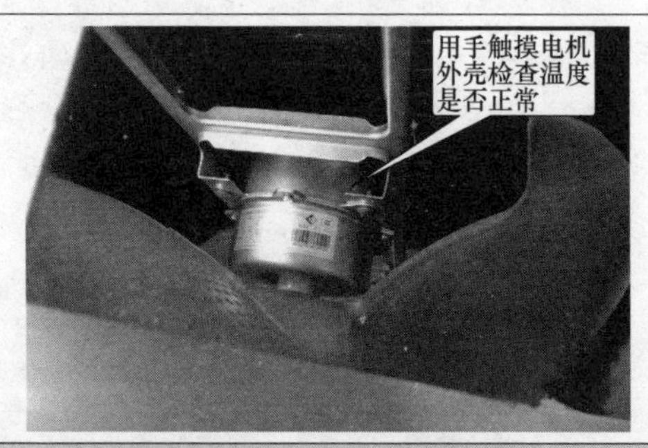

图 6-11　检查风扇电动机温度

3）根据检测可以判定：由于风扇电容（如图 6-12 所示）失效造成风机保护，风机停转后系统散热不良，致使压缩机过流而停止工作，3min 后压缩机再起动，如此反复，造成外机频繁开停。

图 6-12　室外机风扇电容

用相同规格外机风扇电容代换，试机工作正常。

5. 空调器不制热故障通用检修方法

该故障可按如下操作方法检修：

1）首先观察外风机转，但压缩机不转。能听到四通阀吸合声，测内板四通阀继电器（如图 6-13 所示）输出也正常。

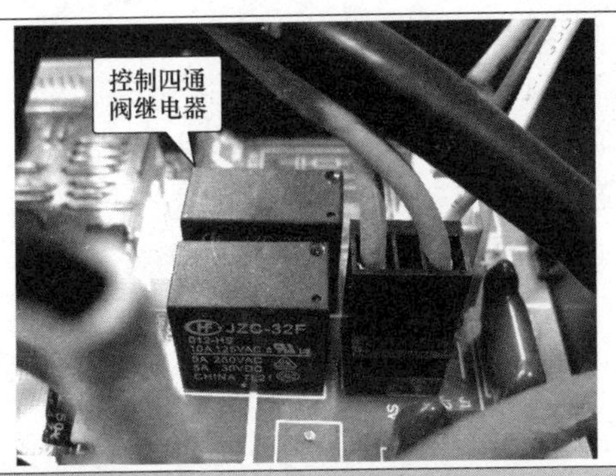

图 6-13　检查内板四通阀继电器

2）不制热故障如果室内机供电正常，外风机、四通阀吸合正常，压缩机不动作，应首先查交流接触器（如图 6-14 所示）是否吸合，线圈阻值是否正常，然后再查压缩机问题。

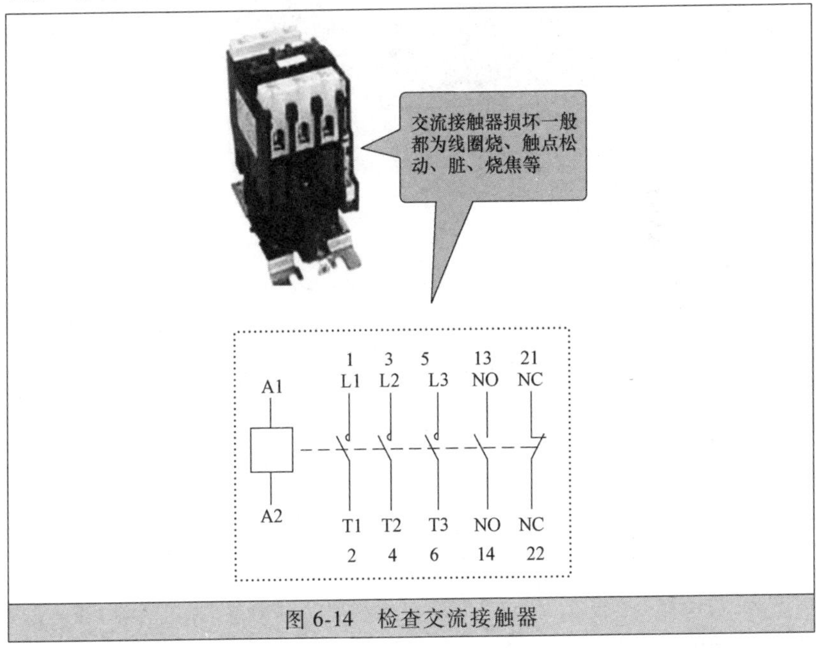

图 6-14　检查交流接触器

3）测交流接触器供电正常，强制按下交流接触器，压缩机起动。

4）再测交流接触器线圈已断路。

5）更换交流接触器，试机正常，故障排除。

6. 空调器制冷效果差故障通用检修方法

该故障可按如下操作方法检修：

1）首先检查用户电源正常。

2）检查室内机出风也正常。

3）检测室内机进出风口温差偏小，观察室外机连接管处，发现低压管处结霜，如图 6-15 所示。

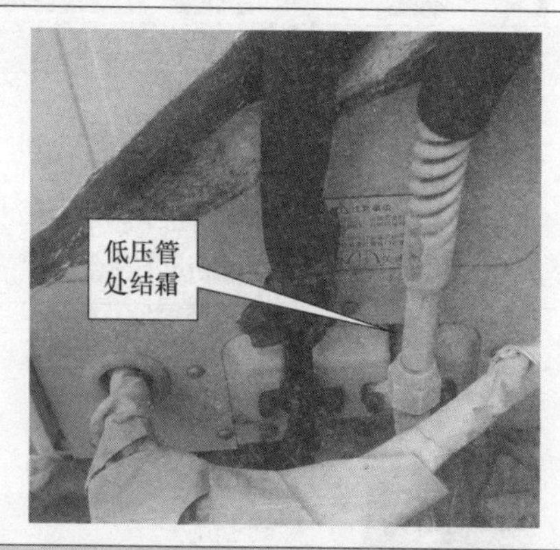

图 6-15　低压管结霜

4）因此判断系统制冷剂过多，放掉部分制冷剂后效果更差，分析错误。

5）进一步分析，判断系统存在截流。打开室内机面板，触摸蒸发器，发现蒸发器上下部分温差明显偏高。

6）用手摸室内机蒸发器分液毛细管，发现下两路毛细管只有微冷并有轻微结霜，因此判断为此两路毛细管阻，如图 6-16 所示。

7）焊下此两路毛细管，出现毛细管口处有焊液将毛细管出口处阻塞，更换毛细管后试机正常，故障排除。

7. 空调器夏天制冷很好，但冬天用制热时效果差故障通用检修方法

该故障可按如下操作方法检修：

1）首先开机检查测气管压力偏低为 14kg，根据故障现象怀疑系统缺制冷剂。

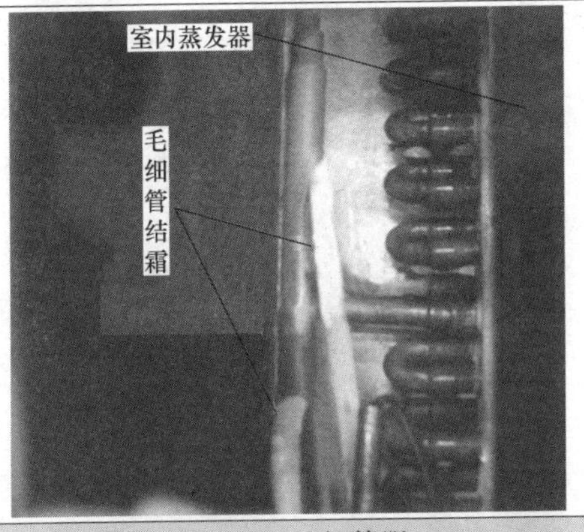

图 6-16　毛细管阻

2）但测量系统平衡压力为 10kg，结合用户反映夏天制冷很好的情况，确定系统不存在漏制冷剂现象。初步分析可能为四通阀串气或单向阀密封不良。

3）给四通阀通断电，阀块吸合正常，换气声明显，如图 6-17 所示，说明四通阀正常。

图 6-17　检查四通阀是否串气

4）放掉制冷剂，重新抽空，定量加注制冷剂，开机故障依旧。

5）故断定故障为单向阀密封不严，制冷剂未通过辅助毛细管、单向阀，通阀各管温度正常，确诊为单向阀漏，制热毛细管未起作用，使气管压力偏低，制热效果差。如图 6-18 所示。

6）更换单向阀，重新抽空加注制冷剂，机器工作正常，故障排除。

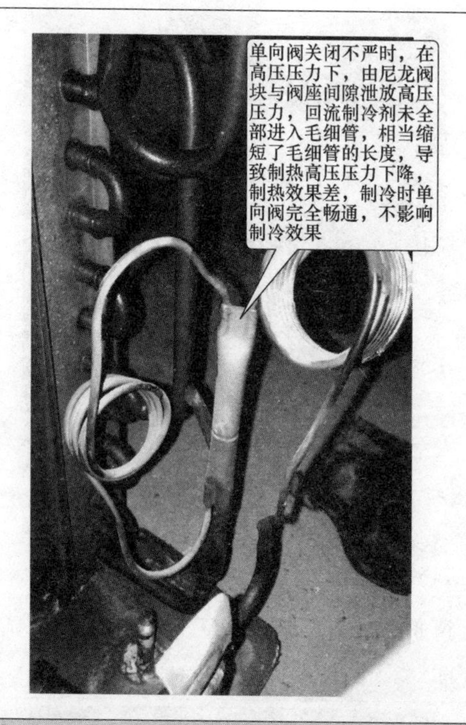

图 6-18　检查单向阀是否密封不严

（四）如何缩短维修时间和减少维修失误

1. 利用应急修理法排除故障缩短维修时间

应急修理法就是通过暂时取消某部分电路或某个元器件进行修理的一种方法。比如，维修因继电器异常导致室内风扇不转故障时，若手头没有此类继电器，可以用为电加热器供电回路的继电器来更换，达到排除故障的目的；再比如，在检修压敏电阻短路仪器熔断器熔断故障时，因市电电压正常时压敏电阻无作用，所以维修时若手头没有该元器件，可不安装它，并更换熔断器即可排除故障。

利用应急修理法，还可以通过代换元器件等方法，解决上门维修受客观条件困惑的问题，有些故障通过此方法维修后，会出现一些与原机不一致的现象（例如，显示上出现差异），但只要能排除故障，

机器能正常工作，急用户所急，与用户沟通解释，待手头有故障配件时再次上门更换，一般不会引起用户反感。

2. 减少失误是成功快修的保障

造成维修失误一般有如下几个方面：

（1）经验失误。譬如检修一格力空调因遥控按键无效，查+5V正常，按收头输入脚也有变化，凭经验判CPU问题，代换后故障依旧，换+5V滤波电容后正常。原本是简单的故障，因为经验的思维定势而误入歧途，单凭经验有时会把我们导向更深的误区。

（2）对转修机不做详细检查。对转来的“二手机”或电路板应先检查之前维修工所焊接部位，所换元器件的是否正确，然后再进一步检修。这样可以少走不必要的弯路，提高维修效率。

（3）对元器件参数不熟悉造成的失误。对电路的元器件参数认识不够清晰，随意进行代换，会造成机器设备性能改变，甚至发生更大的故障。

（4）对元器件仅做简单检测或对新元器件不检测就直接上机。建议新元器件特别是电源管、光耦合器、整流桥要上机进行老化试验，或尽可能选用拆机件。换件后要对机器的各项性能和电压进行观察、检测。

机械工业出版社家电维修类部分精品图书

序号	书号	书名	定价
1	57501	电动自行车维修从入门到精通(图解版)	49
2	57280	中央空调安装与维修从入门到精通(图解版)	49
3	57226	智能手机维修从入门到精通(图解版)	49
4	57122	一步到位精修电动三轮车	35
5	57049	制冷维修综合技能从入门到精通(图解版)	79
6	56968	办公电器维修技能从入门到精通(图解版)	79
7	54323	一步到位精修电动车蓄电池	25
8	54156	零基础学家电维修与拆装技术轻松入门	35
9	53856	一步到位精修电动车充电器与控制器	30
10	53463	高新变频空调器电控板解析与零件级维修直观图	79
11	52979	一步到位精修电动自行车	30
12	52781	电动自行车/三轮车电气故障诊断与排除实例精选(第2版)	39.8
13	50792	图解小家电维修一本就够——从入门到精通	59.8
14	50227	小家电维修看图动手全能修	79.8
15	49755	汽车电子电气元器件检测技术实习教程	39.8
16	45398	零起点学电子技术必读	99
17	45260	简单轻松学制冷维修	49.8
18	37946	中央空调维修技能“1对1”培训速成	45
19	30203	音响调音快易通　问答篇　第2版	20

读者需求调查表

个人信息

姓名		出生年月		学历	
联系电话		手机		E-mail	
工作单位				职务	
通讯地址				邮编	

1. 您感兴趣的科技类图书有哪些？

□自动化技术 □电工技术 □电力技术 □电子技术 □仪器仪表 □建筑电气

□其他（ ）以上各大类中您最关心的细分技术（如 PLC）是：（ ）

2. 您关注的图书类型有：

□技术手册 □产品手册 □基础入门 □产品应用 □产品设计 □维修维护

□技能培训 □技能技巧 □识图读图 □技术原理 □实操 □应用软件

□其他（ ）

3. 您最喜欢的图书叙述形式为：

□问答型 □论述型 □产例型 □图文对照 □图表 □其他（ ）

4. 您最喜欢的图书开本为：

□口袋本 □32 开 □B5 □16 开 □图册 □其他（ ）

5. 你常用的图书信息获得渠道为：

□图书征订单 □图书目录 □书店查询 □书店广告 □网络书店 □专业网站

□专业杂志 □专业报纸 □专业会议 □朋友介绍 □其他（ ）

6. 你常用的购书途径为：

□书店 □网络 □出版社 □单位集中采购 □其他（ ）

7. 您认为图书的合理价位是（元/册）：

手册图册（ ） 技术应用（ ） 技能培训（ ） 基础入门（ ） 其他（ ）

8. 您每年的购书费用为：

□100 元以下 □101～200 元 □201～300 元 □300 元以上

9. 您是否有本专业的写作计划？

□否 □是（具体情况： ）

非常感谢您对我们的支持，如果您还有什么问题欢迎和我们联系沟通！

地址：北京市西城区百万庄大街 22 号 机械工业出版社电工电子分社 邮编 100037

联系人：张俊红 联系电话：13520543780 传真：010-68326336

电子邮箱：buptzjh@163.com（可来信索取本表电子版）

编著图书推荐表

<table>
<tr><td>姓　　名</td><td></td><td>出生年月</td><td></td><td>职称/职务</td><td></td><td colspan="2">专　　业</td></tr>
<tr><td>单　　位</td><td colspan="3"></td><td>E-mail</td><td colspan="3"></td></tr>
<tr><td>通讯地址</td><td colspan="5"></td><td>邮政编码</td><td></td></tr>
<tr><td>联系电话</td><td colspan="2"></td><td colspan="3">研究方向及教学科目</td><td colspan="2"></td></tr>
<tr><td colspan="8">个人简历（毕业院校、专业、从事过的以及正在从事的项目、发表过的论文）</td></tr>
<tr><td colspan="8"></td></tr>
<tr><td colspan="8">您近期的写作计划有：</td></tr>
<tr><td colspan="8"></td></tr>
<tr><td colspan="8">您推荐的国外原版图书有：</td></tr>
<tr><td colspan="8"></td></tr>
<tr><td colspan="8">您认为目前市场上最缺乏的图书及类型有：</td></tr>
<tr><td colspan="8"></td></tr>
</table>

地址：北京市西城区百万庄大街 22 号　机械工业出版社，电工电子分社
邮编：100037　网址：www. cmpbook. com
联系人：张俊红　电话：13520543780/010-68326336（传真）
E-mail：buptzjh@ 163. com（可来信索取本表电子版）